2018 China Life Sciences and Biotechnology Development Report

2018
中国生命科学与生物技术发展报告

科学技术部 社会发展科技司
中国生物技术发展中心 编著

科学出版社
北京

内 容 简 介

本书总结了 2017 年我国生命科学基础研究、生物技术应用和生物产业发展的主要进展情况，重点介绍了我国在生命组学与细胞图谱、脑科学与神经科学、合成生物学、表观遗传学、结构生物学、免疫学、再生医学、新兴与交叉技术等领域的研究进展，以及生物技术应用于医药、工业、农业、环境等方面的情况，分析了我国生物产业的现状和发展态势，并对 2017 年生命科学论文和生物技术专利情况进行了统计分析。本书分为总论、生命科学、生物技术、生物产业、投融资、文献专利 6 个章节，以翔实的数据、丰富的图表和充实的内容，全面展示了当前我国生命科学、生物技术和生物产业的基本情况。

本书可为生命科学和生物技术领域的科学家、企业家、管理人员和关心支持生命科学、生物技术与产业发展的各界人士提供参考。

图书在版编目（CIP）数据

2018 中国生命科学与生物技术发展报告 / 科学技术部社会发展科技司，中国生物技术发展中心编著. —北京：科学出版社，2018.11
ISBN 978-7-03-059180-7

Ⅰ. ①2… Ⅱ. ①科… Ⅲ. ①生命科学 - 技术发展 - 研究报告 - 中国 -2018 ②生物工程 - 技术发展 - 研究报告 - 中国 -2018 Ⅳ. ① Q1-0 ② Q81

中国版本图书馆 CIP 数据核字（2018）第 240885 号

责任编辑：王玉时 / 责任校对：彭 涛
责任印制：徐晓晨 / 封面设计：金舵手世纪

科学出版社 出版
北京东黄城根北街 16 号
邮政编码：100717
http://www.sciencep.com

北京虎彩文化传播有限公司 印刷
科学出版社发行 各地新华书店经销

*

2018 年 11 月第 一 版 开本：787×1092 1/16
2018 年 11 月第二次印刷 印张：21 1/2
字数：510 000
定价：218.00 元
（如有印装质量问题，我社负责调换）

《2018 中国生命科学与生物技术发展报告》

编写人员名单

主　　编：吴远彬　张新民

副 主 编：田保国　沈建忠　范　玲　孙燕荣　董志峰

参加人员：（按姓氏汉语拼音排序）

敖　翼	陈大明	陈　方	陈书安	陈　欣
崔　蓓	邓洪新	董　华	董丽娟	董志扬
顿宝庆	范　红	范月蕾	冯　勇	耿红冉
郭　伟	郭亚楠	韩双艳	华玉涛	黄英明
江洪波	旷　苗	李　刚	李萍萍	李苏宁
李祯祺	林　浩	林　敏	刘　和	刘晓婷
卢　姗	罗会颖	马　强	毛开云	濮　润
阮梅花	沈世华	施慧琳	苏　燕	苏　月
万　涛	万印华	王恒哲	王　玥	王　跃
魏于全	奚廷斐	夏宁邵	谢庆国	邢新会
徐　萍	许　丽	杨　凌	杨　阳	姚驰远
尹军祥	于建荣	于振行	袁天蔚	占贞贞
张　彤	张兆丰			

前　　言

近年来，现代生命科学与生物技术取得一系列重要进展和重大突破，并正在加速向应用领域渗透，在解决人类发展面临的环境、资源和健康等重大问题方面展现出广阔的应用前景。随着大数据技术的快速发展，生命科学研究正向基于数据的科学发现范式转变。物理学、材料学、计算科学等多学科与生命科学交叉融合并不断发展，生物成像、基因编辑技术、单细胞技术、生命组学等技术不断革新，大大提高了人类认识和解析生命的能力，推动生命科学研究向精准、定量和可视化的方向进一步发展。生命科学走向成熟，逐渐向数字化、平台化与工程化发展。基因编辑、再生医学、3D打印、合成生物学、脑机接口等技术的快速发展，进一步增强了生物技术在医药、工业和农业等领域的应用深度与广度。

党中央、国务院始终高度重视生命科学和生物技术发展。习近平总书记、李克强总理多次做出重要批示，指出生命科学是21世纪重要的综合性学科领域，关系人类的生存、健康和可持续发展。中国政府正在深入实施创新驱动发展战略，落实"健康中国2030"规划纲要，通过科技创新有力推动生命科学领域的研究与相关产业快速发展，对提高人民健康和生活水平、改善环境质量正发挥着日益重要和明显的作用。希望中国的科学家、企业家与各国同行一起，瞄准生命科学重大需求，进一步加强交流与合作，相互借鉴，以更多科学突破和创新积极应对人类生存发展面临的共同挑战，形成新的生产力，推动世界经济和社会可持续发展，共创人类美好的未来。

2017年，科学技术部联合各部委，先后印发《"十三五"生物技术创新专项规划》《"十三五"健康产业科技创新专项规划》《"十三五"卫生与健康科技创新专项规划》《"十三五"中医药科技创新专项规划》《"十三五"医疗器械科技创新专项规划》等生命科学和生物技术专项规划，不仅要发展先进有效、安全便捷的健康技术以应对重大疾病和人口老龄化挑战，还要发展先进高效的生物技术来带动生物制造、生物能源、生物农业等产业的创新发展。在过去的一年中，我国生命科学与生物技术领域取得积极进展，论文和专利数量方面呈现增长态势，共发表论文 107 181 篇，专利申请数量和授权数量分别达 32 879 件和 11 212 件，均名列全球第 2 位。科学技术部评选的中国科学十大进展中有 4 项与生命科学有关，我国科学家在合成生物学、传染病学等多个领域取得突破性进展。天津大学等机构利用多级模块化和标准化人工基因组合成方法，实现了由小分子核苷酸到活体真核长染色体的定制合成；北京大学等机构以流感病毒为模型，发明了人工控制病毒复制进而将病毒直接转化为疫苗的技术，实现了病毒疫苗领域的革命性突破；浙江大学联合了 11 家机构共同完成的"以防控人感染 H7N9 禽流感为代表的新发传染病防治体系重大创新和技术突破"项目获 2017 年度国家科学技术进步奖特等奖。在药物研发方面，各类新药开发进程加快，原创性成果不断产生，国家食品药品监督管理总局共批准了抗肿瘤药物、抗感染药物、风湿性疾病及免疫药物、内分泌系统药物、呼吸系统药物、预防用生物制品（疫苗）、循环系统药物、皮肤五官药物、神经系统药物、消化系统药物等领域的 15 个新药上市。我国医药产业的主营业务收入、对外贸易总额、利润总额保持较快增速，主营业务收入更是恢复至两位数增长，在保供应、稳增长、调结构等方面发挥了重要作用。我国生命健康行业投融资增速放缓，共发生 455 起投资事件，合计 474 亿元人民币，仅比 2016 年增加了 17 亿元人民币。

自 2002 年以来，科学技术部社会发展科技司和中国生物技术发展中心每年出版发行我国生命科学与生物技术领域的年度发展报告，已成为本领域具有一定影响力的综合性年度报告。本书以总结 2017 年我国生命科学研究、生物技术和生物产业发展的基本情况为主线，重点介绍了我国在生命组学与细胞图谱、脑科学与神经科学、合成生物学、表观遗传学、结构生物学、免疫学、再生医学、新兴与交叉技术等领域的研究进展，以及生物技术应用于医药、工业、农业、环境等方面的情况，分析了我国生物产业的现状和发展态势。报告以文字、数据、图表相结合的方式，全面展示了 2017 年我国生命科学、生物技术与产业领域的研究成果、论文发表、专利申请、行业发展和投融资情况，以及我国在生物医药、生物农业、生物制造、生物服务等产业取得的重要进展。

　　本书可为生命科学和生物技术领域的科学家、企业家、管理人员和关心支持生命科学、生物技术与产业发展的各界人士提供参考。

编　者

2018 年 10 月

目　　录

第一章　总　　论

2017 年，全球生命科学与生物技术领域持续发展。2017 年，全球共发表生命科学论文 635 512 篇，相比 2016 年增长了 0.47%；生物技术领域专利申请数量和授权数量分别为 106 454 件和 46 918 件，申请数量比上年度增长了 6.40%。*Science* 杂志评选的 2017 年十大科技突破中与生命科学直接相关的有 4 项，间接相关的有 3 项；无论基础前沿还是转化应用，我国发展速度均高于全球平均水平。2017 年中国发表生命科学相关论文 107 181 篇，比 2016 年增长了 10.56%，10 年年均增长率达 16.33%，显著高于国际水平。同时，中国生命科学论文数量占全球的比例也从 2008 年的 5.63% 提高到 2017 年的 16.87%。我国科学技术部评选的中国科学十大进展中有 4 项与生命科学有关。2017 年，中国生物技术专利申请数量和授权数量分别为 32 879 件和 11 212 件，申请数量比上年度增长了 24.17%，授权数量比上年度下降了 2.73%，占全球数量比值分别为 30.89% 和 23.90%。

 ## 一、国际生命科学与生物技术发展态势

随着大数据技术的快速发展，生命科学研究正向基于数据的科学发现范式转变。物理学、材料学、计算科学等多学科与生命科学交叉融合的发展，推动了生物成像、基因编辑技术、单细胞技术、生命组学等技术不断革新，大大提高了人类认识和解析生命的能力。生命科学走向成熟，逐渐向数字化、平台化与工程化发展。基因编辑、再生医学、3D 打印、合成生物学、脑机接口等技术的快速发展，进一步增强了生物技术在医药、工业和农业等领域的应用深度与广度。

（一）重大研究进展

1. 生命图谱的绘制范围日益扩大，层次不断递进

生命图谱绘制为解析生命、认识生命提供基础，正逐渐从分子图谱扩展到细胞图谱。瑞典皇家理工学院等机构合作绘制了癌症病例图谱"Atlas"[1]；北京大学联合美国安进公司等机构，合作构建了单细胞水平肝癌微环境免疫图谱[2]，这些图谱为疾病发生机制研究提供重要启示。华中科技大学等机构首次合作绘制出乙酰胆碱能神经元全脑分布图谱、全脑精细血管立体定位图谱。美国哈佛大学-麻省理工学院 Broad 研究所等机构合作完成了首张高分辨率小肠细胞图谱的绘制[3]。美国贝勒医学院等机构合作构建出首个高分辨率的人基因组折叠四维图谱[4]，追踪其不同时间点的折叠状态。

2. 人体微生物组的研究证明其与健康和疾病发生密切相关

2017 年，美国国立卫生研究院（NIH）"人类微生物组计划（HMP）"发布第二阶段成果，揭示了人体微生物组的时空多样性。人体微生物组与疾病关系研究进入机制研究阶段，揭示了微生物组调控多种疾病进程的因果机制。美国华盛顿大学和俄罗斯圣彼得堡国立技术大学合作进行了基于特定肠道微生物代谢途径的分析，揭示其影响免疫应答的分子机制[5]；德国柏林夏里特医学院联合美国麻省理工学院等机构合作证实高盐饮食影响肠道微生物组成，以诱导辅助性 T 细胞 17（TH17）驱动自身免疫，进而引起高血压[6]。与此同时，

---

1 Uhlen M, Zhang C, Lee S, et al. A pathology atlas of the human cancer transcriptome [J]. Science, 2017, 357(6352).

2 Zheng C, Zheng L, Yoo J K, et al. Landscape of Infiltrating T Cells in Liver Cancer Revealed by Single-Cell Sequencing [J]. Cell, 2017, 169(7):1342.

3 Haber A L, Biton M, Rogel N, et al. A single-cell survey of the small intestinal epithelium [J]. Nature, 2017, 551(7680):333-339.

4 Rao S, Huang S C, Glenn S H B, et al. Cohesin Loss Eliminates All Loop Domains [J]. Cell, 2017, 171(2):305.

5 Steed A L, Christophi G P, Kaiko G E, et al. The microbial metabolite desaminotyrosine protects from influenza through type I interferon [J]. Science, 2017, 357(6350): 498-502.

6 Wilck N, Matus M G, Kearney S M, et al. Salt-responsive gut commensal modulates TH17 axis and disease [J]. Nature, 2017, 551(7682): 585-589.

人体微生物组研究助力癌症精准医疗，美国芝加哥大学、法国古斯塔夫·鲁西癌症研究所等机构相继证实肠道微生物组成影响黑色素瘤[7]和上皮性肿瘤[8]PD-1免疫疗法的治疗效果；多国机构合作发现人体微生物组影响化疗药物吉西他滨[9]、5-氟尿嘧啶[10]的疗效。微生物组药物研发正处于药物发现/临床试验阶段，并持续推进。

3. 仿生与创制能力的发展提高人体机能增进和疾病防诊治的水平

合成生物学在非天然碱基的合成与应用、生物大分子设计乃至全基因组的创制等领域取得了重大进展。美国斯克里普斯研究所等机构展开合作，在大肠杆菌的细胞 DNA 中，加入两种外源化学碱基，并完成活细胞 DNA 转录与蛋白质翻译[11]；美国加州理工学院、德国慕尼黑理工大学、美国哈佛大学医学院联合法国国家健康与医学研究院等机构分别利用分型组装[12]、逐步构建[13,14]、DNA"积木"[15]等新型 DNA 折纸策略，生成了纳米尺度、不同形状的自组装架构；继 2014 年第 1 条酵母染色体被合成后，2017 年又有 5 条

7 Matson V, Fessler J, Bao R, et al. The commensal microbiome is associated with anti-PD-1 efficacy in metastatic melanoma patients [J]. Science, 2018, 359(6371): 104-108.

8 Routy B, Le Chatelier E, Derosa L, et al. Gut microbiome influences efficacy of PD-1-based immunotherapy against epithelial tumors [J]. Science, 2018, 359(6371): 91-97.

9 Geller L T, Barzily-Rokni M, Danino T, et al. Potential role of intratumor bacteria in mediating tumor resistance to the chemotherapeutic drug gemcitabine [J]. Science, 2017, 357(6356): 1156-1160.

10 Scott T A, Quintaneiro L M, Norvaisas P, et al. Host-microbe co-metabolism dictates cancer drug efficacy in C. elegans [J]. Cell, 2017, 169(3): 442-456.

11 Zhang Y, Ptacin J L, Fischer E C, et al. A semi-synthetic organism that stores and retrieves increased genetic information. [J]. Nature, 2017, 551(7682):644.

12 Tikhomirov G, Petersen P, Qian L. Fractal assembly of micrometre-scale DNA origami arrays with arbitrary patterns [J]. Nature, 2017, 552(7683):67.

13 Praetorius F, Kick B, Behler K L, et al. Biotechnological mass production of DNA origami [J]. Nature, 2017, 552(7683):84.

14 Wagenbauer K F, Sigl C, Dietz H. Gigadalton-scale shape-programmable DNA assemblies [J]. Nature, 2017, 552(7683):78.

15 Ong L L, Hanikel N, Yaghi O K, et al. Programmable self-assembly of three-dimensional nanostructures from 10 000 unique components [J]. Nature, 2017, 552(7683):72.

染色体 [16,17,18,19,20,21,22] 被法国国家科学研究院联合中国天津大学等机构合作构建完成。

4. 精准医学成为临床实践新方向，疾病防治手段更加多样化

以生命组学、大数据技术、大队列为核心的精准医学正在成为医学研究的主要模式，其目标就是疾病的精准分类、预防、诊断和治疗。2017 年，美国癌症联合委员会首次将分子标记纳入乳腺癌的分期标准中；加拿大 BC 癌症研究所等机构分析确定了 7 种卵巢癌分子亚型；美国国立卫生研究院基于基因组学研究发现了 8 种宫颈癌亚型；美国癌症基因组图谱研究计划综合分析发现，食管癌是两种不同类型的癌症；美国麻省综合医院等机构利用单细胞 RNA 测序技术，为脑神经胶质瘤的精准分型提出新思路。基因检测、液体活检等为早诊提供了重要技术手段，美国加州大学圣地亚哥分校已开发出高通量甲基化无创检测新技术；美国约翰·霍普金斯大学医学院联合应用液体活检和蛋白肿瘤标志物检测，实现一次检测 8 种不同的早期肿瘤。美国默沙东公司研发的药物 Keytruda 用于治疗所有"MSI-H/dMMR 亚型"实体肿瘤，成为美国食品药品监督管理局（FDA）首次按照分子特征而不是根据组织来源区分肿瘤类型而批准的药物。

---

16 Mercy G, Mozziconacci J, Scolari V F, et al. 3D organization of synthetic and scrambled chromosomes [J]. Science, 2017, 355(6329): eaaf4597.

17 Mitchell L A, Wang A, Stracquadanio G, et al. Synthesis, debugging, and effects of synthetic chromosome consolidation: synVI and beyond [J]. Science, 2017, 355(6329): eaaf4831.

18 Richardson S M, Mitchell L A, Stracquadanio G, et al. Design of a synthetic yeast genome [J]. Science, 2017, 355(6329): 1040-1044.

19 Shen Y, Wang Y, Chen T, et al. Deep functional analysis of synII, a 770-kilobase synthetic yeast chromosome [J]. Science, 2017, 355(6329): eaaf4791.

20 Wu Y, Li B Z, Zhao M, et al. Bug mapping and fitness testing of chemically synthesized chromosome X [J]. Science, 2017, 355(6329): eaaf4706.

21 Xie Z X, Li B Z, Mitchell L A, et al. "Perfect" designer chromosome V and behavior of a ring derivative [J]. Science, 2017, 355(6329): eaaf4704.

22 Zhang W, Zhao G, Luo Z, et al. Engineering the ribosomal DNA in a megabase synthetic chromosome [J]. Science, 2017, 355(6329): eaaf3981.

5. 细胞治疗技术为重大疾病和慢性疾病患者带来福祉

科学发展产生了大量的新技术、新突破，为疾病预防、诊治提供更为多样化的手段。免疫疗法为癌症治疗提供新手段，免疫检查点抑制剂和细胞免疫疗法是当前免疫疗法研究热点。美国加州大学戴维斯综合癌症中心[23]、美国宾夕法尼亚大学[24]、美国凯撒医疗集团[25]等机构的多项临床试验揭示免疫检查点抑制剂联合化疗疗效显著，美国默沙东公司的PD-1单抗Pembrolizumab联合培美曲塞和卡铂一线治疗非鳞非小细胞肺癌已经获批。FDA批准首个基因疗法——瑞士诺华公司的Kymriah上市，开启了CAR-T和基因疗法产业元年，成为医药研发的又一个风口。基因疗法也入选了《科学》杂志评选的2017年年度十大突破，美国Spark Therapeutics公司的"矫正型"基因疗法Luxturna已用于治疗遗传性视网膜病变。

干细胞的应用前景日趋明朗，在代谢性疾病、神经疾病、生殖疾病、眼部疾病、心血管疾病等多种疾病中显示出治愈潜力。2017年，美国波士顿儿童医院及康奈尔维尔医学院分别实现了体外构建造血干细胞，有望突破白血病治疗的细胞来源瓶颈；美国华盛顿大学首次在成年小鼠眼中再生出功能正常的视网膜细胞。

（二）技术进步

1. 生物成像技术与基因编辑技术愈发准确高效

生物成像技术正在向精确、深度、实时、活体方向发展。2017年，冷冻电

---

23 Rittmeyer A, Barlesi F, Waterkamp D, et al. Atezolizumab versus docetaxel in patients with previously treated non-small-cell lung cancer (OAK): a phase 3, open-label, multicentre randomised controlled trial [J]. The Lancet, 2017, 389(10066): 255-265.

24 Langer C J, Gadgeel S M, Borghaei H, et al. Carboplatin and pemetrexed with or without pembrolizumab for advanced, non-squamous non-small-cell lung cancer: a randomised, phase 2 cohort of the open-label KEYNOTE-021 study [J]. The Lancet Oncology, 2016, 17(11): 1497-1508.

25 Fehrenbacher L, Spira A, Ballinger M, et al. Atezolizumab versus docetaxel for patients with previously treated non-small-cell lung cancer (POPLAR): a multicentre, open-label, phase 2 randomised controlled trial [J]. The Lancet, 2016, 387(10030): 1837-1846.

子显微镜获得诺贝尔化学奖。

基因编辑技术大大提高了操控和改造生命的效率和准确性，正在生命科学全领域中进行应用研究。该技术更加精准，已经实现点对点的编辑，美国哈佛大学、美国哈佛大学 - 麻省理工学院 Broad 研究所先后实现了精准靶向编辑 DNA和 RNA 中的单个突变，为治疗点突变遗传疾病提供了重要工具，这一进展入选《科学》杂志评选的 2017 年年度十大突破。基因编辑技术已初步进行疾病治疗的探索，基于基因编辑技术的临床试验也持续开展，并有望在 2018 年取得突破。

2. 测序技术和仪器研发向高通量、高精度、低成本和便携性迈进

单细胞测序新技术不断改进，北京大学与美国哈佛大学开发的 LIANTI 技术、美国俄勒冈健康与科学大学开发的 SCI-seq、奥地利科学院等机构开发的 CROP-seq 技术提高了通量、保真性、基因覆盖率等技术性能。多重组学单细胞测序技术也是开发重点，北京大学建立的 single-cell COOL-seq 技术实现了对单细胞进行多达 5 个层面（染色质状态、核小体定位、DNA 甲基化、基因组拷贝数变异和染色体倍性）的基因组和表观基因组的特征分析。

高通量、高精度、低成本和便携性是测序技术和仪器研发的方向。纳米孔测序技术入选 2016 年《科学》评选的十大科学突破。Oxford Nanopore 公司便携式纳米孔测序仪 MinION 不仅完成了对埃博拉病毒的现场检测[26]，而且在国际空间站展开了对鼠、病毒和细胞的 DNA 测序及人类全基因组测序[27]，这些应用证实了纳米孔测序技术在测序中的应用潜力。一系列新型测序技术也不断涌现，由英国诺丁汉大学开发的 Read Until 测序技术通过与纳米孔测序联用，实现了高度选择性的 DNA 测序[28]。第二代基因测序技术也在不断改进，Illumina 在

---

26 Quick J, Loman N J, Duraffour S, et al. Real-time, portable genome sequencing for Ebola surveillance [J]. Nature, 2016, 530: 228-232.

27 Business Wire. Wellcome Trust Centre for Human Genetics and Genomics plc First to Sequence Multiple Human Genomes Using Hand-Held Nanopore Technology [EB/OL]. [2017-2-20]. http://www.businesswire.com/news/home/20161201006115/en/Wellcome-Trust-Centre-Human-Genetics-Genomics-plc.

28 Loose M, Malla S, Stout M. Real-time selective sequencing using nanopore technology [J]. Nature Methods, 2016, 13: 751-754.

2017 年年初推出了 NovaSeq 新型测序仪，有望将人类全基因组测序成本降至 100 美元。

3. 新一代生命组学技术水平进一步提高

基因组测序技术和设备向高精度、长读长、低成本、便携式方向发展，助力高质量基因组图谱的绘制，为解析生命铺平道路。美国加州大学联合英国伯明翰大学等机构合作，利用纳米孔测序仪 MinION 首次对人类基因组进行了组装[29]。单细胞 RNA 测序技术、表观转录组、空间转录组等转录组分析技术的进步，为绘制更为精确的转录组图谱奠定基础，北京大学和美国康奈尔大学合作实现全转录组水平上单碱基分辨率的 1- 甲基腺嘌呤修饰位点鉴定[30]。蛋白质组学研究已经从单纯提高覆盖率的定性研究向更加真实地描述生物体本质的定量研究和空间分布研究发展，瑞典皇家理工学院联合英国剑桥大学等机构基于免疫荧光（IF）显微镜技术，合作绘制人类蛋白质组亚细胞图谱，描述了蛋白质在多个细胞器和亚细胞结构中的空间分布[31]。代谢组分析技术向超灵敏、高覆盖、原位化方向发展，代谢产物成为疾病筛查的重要标志物。与此同时，多组学交叉、多维度分析正在推动系统生物学的深入发展，以更好地理解人类疾病的致病机理。

4. 人机交互等工程化技术有助于人类机体增强和寿命延长

脑 - 机接口技术是下一个科学前沿，美国凯斯西储大学利用 BrainGate2 系统实现了脊髓受损患者对自身肢体的意念控制；美国斯坦福大学通过脑 - 机接口完成了脑电波控制的电脑字符快速、精准输入。

组织工程、3D 打印、类器官构建、器官芯片等一系列技术的交叉融合和快

29 Jain M, Koren S, Miga K H, et al. Nanopore sequencing and assembly of a human genome with ultra-long reads [J]. Nature Biotechnology, 2018, online.

30 Li X, Xiong X, Zhang M, et al. Base-resolution mapping reveals distinct m1A methylome in nuclear-and mitochondrial-encoded transcripts [J]. Molecular Cell, 2017, 68(5): 993-1005.

31 Thul P J, Åkesson L, Wiking M, et al. A subcellular map of the human proteome [J]. Science, 2017, 356(6340): 820-831.

速突破，成为组织、器官制造领域的"助推剂"。科研人员利用体外构建的组织实现了对脊髓损伤、软骨损伤、视网膜损伤等多种疾病的替代修复治疗。美国哥伦比亚大学、美国辛辛那提儿童医院在体外构建了肺、肠、胃；美国劳伦斯利弗莫尔国家实验室利用芯片大脑模拟研究药物对大脑的影响，多种类器官或器官芯片为药物研发和疾病研究提供了更加优化的模型，未来有可能实现有完整功能的器官再造，为器官移植提供更多供体。

5. 大数据、人工智能深刻影响生命科学研究，全面赋能健康与医疗

在健康与医疗领域，大数据、互联网、可穿戴设备、人工智能的结合带来了全新的智慧医疗模式，正在改善医疗供给模式，重构健康服务体系。以市场化应用最为突出的 IBM Watson 为代表，人工智能已快速渗透医疗健康领域，用于疾病诊断和病理分析，美国 IBM Watson、我国香港中文大学、美国谷歌公司等机构分别开发的人工智能系统在脑癌、皮肤癌、肺癌、乳腺癌、胃癌等癌症的分析诊断与辅助治疗中表现出应用潜力。

（三）产业发展

作为 21 世纪创新最为活跃、影响最为深远的新兴产业，生物产业也是我国战略性新兴产业的主攻方向，对于我国抢占新一轮科技革命和产业革命制高点，加快壮大新产业、发展新经济、培育新动能，建设"健康中国"具有重要意义。

1. 代表性领域现状与发展态势

随着第四次工业革命的到来，生命科学行业将继续走上一条变革性的技术之旅。目前，生命科学行业公司正在通过拥抱这些新技术（包括 3D 打印、人工智能、云计算、大数据、物联网、区块链、连续制造技术、机器人流程自动化、数字医疗、基因疗法、CAR-T 等）以及建立以患者为中心的文化为未来做准备。战略联盟和新的经营模式也将有助于整个行业的增长。

德勤在题为《2018 年全球生命科学展望》的报告中指出目前行业的主要经济发展趋势：全球处方药销售预计将以 6.5% 复合年均增长率（CAGR）快速增

长，到 2022 年达到 10 600 亿美元；孤儿药市场在未来 5 年将翻一番，在 2022 年达到 2 090 亿美元；生物制剂在全球医药市场占比将超过 1/4，中国生物仿制药在研数量成为第一，并有潜力成为生物仿制药的前沿市场；目前仿制药在全球药品容量的占比超过了 80%，随着更多药物专利到期，这一比例预计将继续保持增长；肿瘤学仍将是重点治疗领域；超过 40% 的化合物和 70% 的肿瘤学化合物有潜力成为个体化药物，个体化药物将以整个行业 2 倍的速度增长；体外诊断仍将保持医疗技术领域最大板块；在 2022 年，全球排名靠前的 10 家公司预计在医疗技术市场中占据 37% 的份额。

据 Evaluate Pharma 发布的《2018 年药品市场评估概览及 2024 年展望》数据显示：预计到 2024 年，全球处方药销售额将增至 1.2 万亿美元，而罕见病领域的市场份额将达到惊人的 20%；诺华将在 2024 年成为全球领先的处方药公司，销售额达 532 亿美元，紧随其后的是辉瑞和罗氏，报告称二者的排名可能会不分上下；2024 年预计全球制药业的研发支出将达到总销售额的 16.9%，低于 2017 年的 20.9%，这表明未来的研发重点将放在提高研发效率上；肿瘤学仍然是行业内一个重要的发展方向，2017～2024 年的复合年均增长率预计为 12%；报告还强调了可能影响医药行业增长的其他因素，包括生物仿制药的威胁或行业内重磅明星产品的通用化风险（如专利过期失效等）。

在生物农业领域，2017 年转基因作物整体发展态势良好，尤其是在中国，转基因政策持续迎来利好因素。近年来，抗性问题持续成为转基因产业化中的一个热点话题。如何保持转基因作物的抗虫性以及杂草对农药的敏感性，进而降低农民对农药的使用，对于企业来说至关重要。同时，以 CRISPR 为代表的基因编辑技术蓬勃发展。2017 年更是基因编辑在农业领域发展的重要一年。这种新的育种技术，由于能够高效、准确地对基因组进行修改，大幅降低了育种时间。同时由于基因编辑技术形成的新品种由于不含有外源基因，被业界以及许多政府认为不属于转基因的监管范畴。

据国际农业生物技术应用服务组织（ISAAA）发布的《2017 年全球生物技术／转基因作物商业化发展态势》数据显示，2017 年，24 个国家种植了 1.898 亿公顷转基因作物，比 2016 年的 1.851 亿公顷增加了 470 万公顷（1 160 万英亩）。从 1996 年的 170 万公顷增加到 2017 年的 1.898 亿公顷，增长了 112 倍，累计已经达到 23 亿公顷。另外 43 个国家 / 地区（17 个国家 / 地区和欧盟 26 国）进口转基因作物用于粮食、饲料和加工。

2017 年，随着全球谷物价格的复苏（根据联合国粮农组织谷物价格指数，2017 年全年平均指数较 2016 年上升了 3.2%）以及各国转基因政策的持续转好，全球转基因作物种植面积进一步扩大。2017 年，全球范围内共有 102 种关于转基因作物的批准申请，涉及 65 个品种，有 6 个新的转基因作物品种获得批准，包括马铃薯（1 种）、甘蔗（1 种）、玉米（1 种）、大豆（1 种）和油菜（2 种）。其中巴西批准的转基因甘蔗 CTC20BT 是全球批准的首款转基因甘蔗产品。

在生物能源行业，据国际可再生能源机构（IRENA）发布的新数据显示，2017 年全球可再生能源发电容量增加 167GW，达到 2 179GW。其中，全球生物能源容量增长了 5GW，约 5%。到年底，全球生物能源容量估计达到 109GW。亚洲继续占生物能源容量增长的大部分，中国增加 2.1GW，印度增加 510MW，泰国增加 430MW。欧洲的生物能源容量也增加了 1GW。南美的生物能源容量增加了 500MW。美国的生物能源总容量从 2016 年的 12.98 GW 增加到 13.151 GW。2017 年，美国固体生物燃料和可再生废弃物生物能源发电容量达到 10.567GW，高于 2016 年的 10.415GW；2017 年沼气发电量达到 2.429GW，高于 2016 年的 2.41GW。

国际能源署（IEA）在以往发布的"2℃场景"报告中指出，生物能源在 2060 年将占最终能源需求的近 17%，有助于累计减少 20% 的碳排放。IEA 发布的《技术蓝图：提供可持续生物能源》显示，到 2030 年，生物能源的投资将从目前 250 亿美元 / 年上升到 600 亿美元 / 年；2050 年至 2060 年之间，该数值将达到 2 000 亿美元 / 年。

2. 全球生命科学投融资与并购形势

总体来看，2017 年全球生命科学领域的投融资创历史新高。安永会计师事务所发布的 *2018 M&A Firepower Report: Life Sciences Deals and Data* 的研究报告指出，随着 2017 年年终美国税法的实施，以及企业资本总额上升及债务的下降，生命科学领域迎来并购高峰的条件已经成熟。2017 年医疗技术并购价值上涨了50%，总并购价值超过2 000亿美元。2017年，生物制药的并购交易仅占总额的四分之一，而2016年这一比例接近80%。

目前，很少有大型制药公司会选择开展多元化业务。但在2018年，生命科学领域的企业领导者们需要做更多的预测和准备，假设一些科技巨头未来在布局生命科学领域后将会对行业可能产生的影响。根据上文报告中的数据显示，生命科学领域仍有大规模整合的可能性，特别是生物制药领域，市场高度分散。

据《医疗健康行业2017投融资报告》中的数据显示，2017年，全球生命健康行业领域融资规模较2016年增长57%，达到1 571亿人民币，再创历史新高。生物技术、医药领域的大笔融资涌现，使得全球医疗健康行业融资规模又一次出现大幅上升。相比于2016年的1 191起融资事件，2017年仅发生1 028起，下降10%。在整体投资规模快速增长的背景之下，投资事件的下降意味着单笔投资规模大幅上升。2017年全球生命健康行业单笔融资规模达到15 282万人民币，相比于2016年的7 880万人民币上升了94%，资本集中趋势明显。

2017年生命健康行业融资事件主要集中在以技术为驱动的生物技术、医疗设备、信息化、科技医疗四大领域，合计发生652起，占总比的63.4%。此外，近两年生命科学市场大热，巨头们忙着兼并整合，拥有核心技术的创新型企业更成为资本方眼中的优质标的。2017年生命科学领域共发生12起仪器企业并购案，其中交易额超过1亿美元的并购案有5个。

根据全球数据研究机构PitchBook的数据，2017年，尽管交易量比去年略有下降，全球生物技术行业风险投资达到100亿美元。全球大部分地区的投资都在增长，但是大部分交易被美国企业吸收。在欧洲，生物技术投资额从去年的8.82亿美元增长至12亿美元。从行业来看，农业科技是生物技术行业投资的新热点。

二、我国生命科学与生物技术发展态势

中国生命科学研究领域近年来发展迅速，在国家政策支持和团队合作攻关之下，多项重大研究进展正在改变科学研究范式和疾病诊疗模式，各类新兴技

术和颠覆性技术的出现及应用将持续推动我国生命科学产业不断前进。

（一）重大研究进展

1. 多组学研究推进生命科学大发现

测序技术创新和组学平台建设为深入研究物种进化、作物育种、疾病机制等重要生命科学问题奠定基础。

在基因组方面，全基因组测序技术的广泛应用推动各项研究的持续深入。我国科学家对深海贻贝、虾夷扇贝、仿刺参、深圳拟兰、人参、苦荞、驯鹿等多个物种的全基因组测序加深了对物种进化的认识。基于全基因组关联分析，水稻广谱抗瘟性基因 *Pigm*、天然变异的抗病基因 *bsr-d1*，以及与陆地棉纤维品质相关的 19 个候选基因位点的功能解析，为农作物的遗传改良和抗病育种提供了重要指导；人类导致男性不育的 *Piwi* 基因和早发性高度近视的 *BSG* 基因突变的识别鉴定，为疾病预防、早期诊断和精准医疗提供了理论基础和方法策略。

在转录组方面，单细胞 RNA 测序分析技术的进步助力各项调控机制的揭示。北京大学通过自主开发的新型 RNA 甲基化的测序技术 m1A-MAP，实现全转录组水平上单碱基分辨率的 1- 甲基腺嘌呤修饰位点鉴定。中国科学院生物化学与细胞生物学研究所建立的空间转录组分析新方法 Geo-seq，可以获得具有空间位置信息的少量细胞转录组图谱。中国科学院 - 马普学会计算生物学伙伴研究所对人、黑猩猩、恒河猴的大脑前额叶皮质层的转录组研究，揭示了人类特有的前额叶皮质层重组变化对人类大脑的功能进化的作用。该机构还开发了一种用于整合单细胞和群体细胞转录组数据的计算工具包（iCpSc），为深入探索细胞分化机制和细胞命运调控因子提供了新的工具。

在蛋白质组方面，通过高水平分析平台开展了一系列与健康相关的重要问题研究。复旦大学创建了基于质谱的高通量糖基化肽段分析方法 pGlyco2.0，实现从糖链、肽段、糖肽三个层面对糖肽数据库检索的精确质控。在蛋白质图谱的研究中，复旦大学在蛋白质组水平绘制了小鼠转录因子定量图谱，同济大学首次报道了小鼠植入前胚胎蛋白质组动态图谱。对于疾病诊疗问题，北京蛋白质组研究中心建立世界首个健康人群尿蛋白质组定量参考范围；上海交通大学通过系统比较健康人群和肺癌患者血清和唾液外泌体的蛋白质组，验证了癌症相关蛋白质存在于血清和唾液外泌体中的假说。

在代谢组方面，代谢产物成为疾病筛查的重要标志物。中国科学院大连化学物理研究所鉴定并验证了一组新型的肝癌代谢标志物组合——甘氨胆酸盐和苯丙氨酰色氨酸。华东理工大学等机构开发了一系列特异性检测 NADPH 的高性能遗传编码荧光探针 iNap，实现了在活体、活细胞及各种亚细胞结构中对 NADPH 代谢的高时空分辨检测与成像。

在细胞图谱方面，绘制人体生理和病理条件下的细胞图谱将为重大疾病诊断和治疗提供新的手段。华中科技大学首次绘制出小鼠乙酰胆碱能神经元全脑分布图谱，在单细胞水平解析了全脑内乙酰胆碱能神经元的定位分布。北京大学首次在单细胞水平上描绘了肝癌微环境中的免疫图谱，证明可能的肝癌靶点基因。2017 年 9 月 7 日，中国人血细胞分子图谱（Atlas of Blood Cells，ABC）研究联盟成立，并入选 2017 中国十大医学进展。

2. 脑科学研究在非人灵长类动物模型领域实现"领跑"

中国科学院神经科学研究所、脑科学与智能技术卓越创新中心非人灵长类平台成功克隆了世界上首例体细胞克隆猴，标志中国率先开启了以体细胞克隆猴作为实验动物模型的新时代。

在脑神经回路研究方面，浙江大学首次指出大脑中存在一条介导"胜利者效应"的神经环路，为认知类神经环路研究提供了新的靶点脑区。华中科技大学与中国科学院上海生命科学研究院合作发现星形胶质细胞之间存在电偶联特性，为确立神经胶质细胞在大脑高级功能中的重要作用提供证据。

在脑发育研究方面，中国科学院动物研究所揭示了组蛋白变体 H2A.z 对胚胎大脑发育的影响机制，同时证实了其在大脑功能发挥方面的重要作用。

在脑成像领域，中国自主开发了多种成像方法 / 系统，如华中科技大学和中国科学院神经科学研究所利用自主研发的精准成像 fMOST 技术，在单神经元水平解析了胆碱能神经元在全脑定位分布和基底前脑内的精细形态结构；华中科技大学历时 16 年完成显微光学切片断层成像技术，目前已获得小鼠全脑及细胞构筑、血管网络和神经元形态的三维重建图谱。中国科学院自动化所研究人员开发出高通量电镜三维影像系统，利用该平台实现了对清醒的斑马鱼（而非标本）的全脑神经元活动的追踪。此外，北京大学发布了基于高质量大样本的中国人脑精细结构模板，使得中国人脑的研究无需基于西方人的结构模板。

在脑功能研究方面，中国科学院神经科学研究所从脊髓水平痒觉特异的胃泌素释放肽受体（GRPR）阳性神经元着手，系统地阐明了痒觉信息传递的神经环路机制，解释了神经科学研究的一大谜团。

3. 合成生物学迈向生命的按需定制

合成生物学在按需创造生命方面实现进一步重大突破，将为医药、材料和能源等行业带来颠覆性变革。

在基因电路工程方面，暨南大学首次将推测合成烟曲霉酸的基因簇中的 9 个基因逐步导入米曲霉 NSAR1 菌株中，并在终产物中检测到烟曲霉酸，为使用生物合成途径来扩大夫西地酸类抗生素的化学多样性奠定基础。清华大学和中国科学院深圳先进技术研究院合作开发了一种机器学习与途径标准化组装相结合的新方法，优化酿酒酵母的异源代谢途径，实现高产菌株的高效获取。

在合成药物与生物基产品方面，中国科学院青岛生物能源与过程研究所牵头多机构通过阐明和调控工业微藻中甘油三酯分子组装机制，实现藻油饱和度的人工理性设计，证明藻油品质能够"定制化"。

在底盘细胞修饰和改造方面，天津大学、清华大学和深圳华大基因团队合作，利用多级模块化和标准化人工基因组合成方法，实现了由小分子核苷酸到活体真核长染色体的定制合成，成功设计构建了 4 条酿酒酵母长染色体。"酵母长染色体的精准定制合成"入选 2017 年度中国科学十大进展，这一科研成果标志着人类向"再造生命"又迈进一大步。

4. 表观遗传学研究逐渐走向下游

中国表观遗传学研究呈现从空白到顶尖的迅猛发展势头，目前已广泛应用于疾病诊疗和药物研发。

在遗传修饰与基因调控方面，清华大学医学院发现了影响辅助性 T 细胞发育的关键转录因子；厦门大学药学院发现了能够与 eRNA 直接作用的去甲基化酶蛋白——JMJD6；中国科学院广州生物医药与健康研究院与南方科技大学发现了体细胞重编程过程中的关键障碍因子 NCoR/SMRT；清华大学与新加坡 A*STAR 分子细胞生物学研究所合作解析了小鼠早期胚胎发育谱系分化过程中表观基因组动态调控；中国人民解放军海军军医大学（以下简称海军军医大学）发现 DNA 修饰酶 Tet2 蛋白可以通过调控 RNA 修饰的新方式；此类发现为进一步的调控机制研究奠定基础。

在疾病治疗的相关研究中，中国医学科学院和海军军医大学发现了 RNA 解旋酶的表观修饰功能，为抗病毒天然免疫过程中的分子机理研究提供了新的研究方向。中国科学院北京基因组研究所联合武汉大学在急性髓系白血病（AML）中发现靶向酸性核磷蛋白 ANP32A 调节表观遗传修饰治疗肿瘤。中南大学湘雅医院与美国埃默里大学合作发现，压力环境导致基因组中腺嘌呤甲基化修饰的出现，可能与精神异常或精神疾病有重要关系。

在农作物增产抗病的研究中，中国科学院植物生理生态研究所发现了协调水稻广谱抗病与产量平衡的遗传与表观新机制，为作物高抗与产量矛盾提出新的理论，也为作物抗病育种提供了有效技术。

在临床应用和疾病干预方面，表观遗传学为精准诊疗提供了新思路。南京大学首次系统地阐明了 N- 末端 alpha- 乙酰基转移酶 NatD 在肺癌侵袭转移中的新机制；上海交通大学 Bio-X 研究院与中国科学院生物化学与细胞生物学研究所利用基因敲除小鼠模型阐明了人类 X 染色体连锁智力发育障碍候选基因 - 组蛋白去甲基化酶 Phf8 缺陷导致认知障碍的机制；中国科学技术大学联合美国斯坦福大学通过 ATAC-seq 技术首次发现 T 细胞淋巴瘤（CTCL）的表观遗传调控机制以及对组蛋白乙酰化酶抑制剂治疗的反应；该类研究对疾病的个性化诊治具有重要意义。

5. 结构生物学前端已进入国际前沿

伴随着成像技术和构象分析技术的完善，各类大分子及活体细胞的高分辨率结构得到揭示。

在大分子与"细胞机器"的功能与机制方面，通过单颗粒冷冻电镜技术，清华大学科研人员先后观察了真核生物电压门控钠离子通道、ATP 敏感性钾离子通道、酿酒酵母剪接体、人源剪接体、胆固醇逆向运输关键蛋白 ABCA1、完整藻胆体冷冻电镜三维结构。中国科学技术大学与南京农业大学合作，首次揭示了 ATR-ATRIP 复合体的 3.9 埃分辨率的结构，为研制新型 ATR 激酶抑制剂用于肿瘤治疗奠定了结构基础。清华大学解析了拟南芥 AtLURE1.2-AtPRK6LRR 复合物的结构，从原子水平阐明了 PRK6 受体激酶 C 末端识别 LURE 吸引肽的结构基础，为更好地理解花粉管吸引的分子机制提供了线索。

在重大疾病和慢性疾病的防治诊疗与药物研发方面，清华大学首次解析了呼吸链超级复合物的三维结构，为人类攻克线粒体呼吸链系统异常所导致的疾病提供了良好开端。清华大学与北京大学共同解析了 ATP 敏感的钾离子通道（KATP）的冷冻电镜结构和组装模式，有助于 II 型糖尿病疗法的开发。利用 X 射线晶体衍射技术，中国科学院上海生命科学研究院解析了 JMJ14 处于 apo 状态和底物复合物状态的结构；清华大学揭示了 beta2 肾上腺素受体同时结合正构拮抗剂卡拉洛尔（carazolol）与胞内别构拮抗剂 Cmpd-15 的复合物结构；上海科技大学、中国科学院上海药物研究所和复旦大学首次获得人胰高血糖素样肽-1 受体（glucagon-like peptide-1 receptor，GLP-1R）跨膜区非活化状态的晶体结构；上海科技大学解析了人源大麻素受体 CB1 与四氢大麻酚（THC）类似物复合物的三维精细结构；该类研究为药物研发奠定了结构生物学基础。

6. 免疫学领域基础研究和临床应用齐头并进

随着免疫学领域调控机制研究的愈发深入，免疫疗法也陆续应用于多种肿瘤的临床治疗。

在免疫细胞的再认识方面，北京大学在单细胞水平对肝肿瘤微环境中 T 淋巴细胞的转录组及 T 细胞受体（TCR）序列进行了综合分析，揭示了肝肿瘤相关的 T 细胞在功能、分布和发展状态等方面的独特性质。中国科学院生物物理所在小鼠肠道组织发现了一群能够分泌白细胞介素 -10（IL-10）的固有淋巴样细胞（ILC）新亚群（命名为"ILC_{reg}"），揭示了 ILC_{reg} 细胞在肠道炎症中的重要调节作用。

在免疫识别、应答与调节机制研究方面，清华大学发现"生发中心"B 细胞所表达的 Ephrin-B1 分子参与维持抗体免疫应答正常运转的新机制，为抗体疫苗研发开拓思路。海军军医大学报道了非编码 RNA（lncRNA-ACOD1）通过结合细胞内代谢酶 GO T2 调控胞内代谢促进病毒逃逸的新发现，为病毒感染调控机制提出了新观点。厦门大学发现了 Hippo 信号通路新功能，为多种自身免疫性疾病的发病机理提供理论依据。

在感染与免疫方面，中国科学院遗传与发育生物学研究所发现一个位于寨卡病毒 prM 蛋白中的关键位点，揭示了寨卡病毒感染导致小头畸形的分子机制。北京大学指出传统中药苏木的抗神经炎症活性成分苏木酮 A 的直接作用靶点蛋白为 IMPDH2，同时在 IMPDH2 蛋白上发现了一个全新的药物作用位点，对于靶向药物的设计和研发具有指导意义。

在肿瘤免疫方面，南京传奇生物科技有限公司发布了 CAR-T 临床试验数据，引发了国内外广泛关注。此外，中国科学院广州生物医药与健康研究院构建了包含 TLR2 共刺激信号的第三代 CAR-T 细胞，开拓了 CAR 分子设计的新思路。中国药科大学研发了一种利用免疫细胞运输抗癌药物，穿透血脑屏障对抗残留肿瘤细胞的新型靶向给药策略，为癌症治疗特别是脑部肿瘤治疗指出了新方向。

7. 再生医学领域亮点纷呈

新型通用技术和新型技术的融入使再生医学领域成果产出进入井喷期。

在干细胞领域，北京大学与美国 Salk 生物学研究所合作，在国际上首次建立了具有全能性特征的多能干细胞系（EPS），为研究哺乳动物早期胚胎提供了新工具。中国科学院动物研究所和北京基因组研究所揭示了 m6A 甲基化修饰在脊椎动物造血干细胞命运决定中的调控机制。中国人民解放军陆军军医大学（以下简称陆军军医大学）大坪医院首次直观显示成体心肌细胞的分裂全过程，证实了心肌细胞具备再生能力，改写了"只有极少数幼稚的单核心肌细胞有增殖可能"的观点。清华大学 - 北京大学生命科学联合中心通过 1 199 例连续病例证明决定造血干细胞移植预后的是该供者选择体系而非经典的人类白血病抗原（HLA），挑战了 HLA 全合同胞始终作为首选造血干细胞供者的经典法则。

在组织器官制造领域，中国人民解放军空军军医大学（以下简称空军军医大学）西京医院成功实施了全球首例组织工程再生骨修复大段骨缺损手术，标志着应用组织工程技术修复大段骨缺损成为可能。南通大学发明了构建组织工程神经的新技术和新工艺，并在国际上率先应用于临床。

在生物 3D 打印领域，杭州捷诺飞生物科技股份有限公司科研团队研发出"离散制造微层析成像技术（MCT）"，并制造了我国首台自主知识产权的高通量集成化生物 3D 打印机，使我国该领域的技术水平实现国际领先。中国科学院深圳先进技术研究院开发了一种添加天然植物活性小分子淫羊藿苷的用于修复骨缺损或骨折的多孔支架材料，实现了难治愈性骨缺损的骨修复治疗。

在器官芯片领域，大连理工大学利用微流控器官芯片技术开发出新一代人工肾，可以完整模拟整个血液净化过程。中国科学院生物化学与细胞生物学研究所研究团队与多家单位科学家合作，突破"类肝细胞"体外培养技术，成功研制出生物人工肝系统，为治疗急性肝衰竭提供了全新方案。同时，国内首条人源性生物人工肝临床研发生产线也已在上海市嘉定区建成。

8. 人工智能成为加速智慧医疗实现的催化剂

人工智能全面赋能中国智慧医疗的时代正在开启。

在辅助诊疗系统方面，中山大学联合西安电子科技大学开发出"CC-Cruiser 先天性白内障人工平台"，广州中山眼科中心据此推出全球首个"眼科人工智能（AI）诊疗"系统，在探索人工智能的临床应用方面迈出第一步。香港中文大学利用人工智能影像识别技术诊断肺癌及乳腺癌，准确率分别达 91% 及 99%。广州医科大学联合美国加州大学圣地亚哥分校等机构，利用迁移学习技术开发了一种新的人工智能疾病诊断系统,既可准确区分老年性黄斑变性和糖尿病性黄斑水肿,也适用于判断细菌性/病毒性小儿肺炎。中国科学院分子影像重点实验室自主研发的超声影像大数据人工智能辅助诊断技术,在慢性乙肝患者的肝纤维化分期诊断上获得了新突破。陆军军医大学开发出一种采用机器学习算法对测试结果进行准确判断的血型测试试纸,为血型鉴定提供了新的策略。

在智能虚拟助理方面,海宁市中心医院"虚拟医生"已正式投入使用。

9. 基因编辑技术不断迈向精准化

基因编辑技术实现一步到位式操作,在动物模型建立和临床应用方面走在世界前列。

在技术开发方面,中国科学院神经科学研究所、脑科学与智能技术卓越创新中心与北京大学合作实现整条目标染色体的选择性消除,为染色体缺失疾病动物模型的建立以及非整倍体疾病的治疗提供了新策略。

在疾病动物模型建立上,南方医科大学实验动物中心成功培育出世界首例白化西藏小型猪,同时敲除了与免疫相关的基因,标志着自主构筑的基于小型猪受精卵制备基因修饰猪的平台取得了突破性进展。

在非人灵长类动物研究中,昆明理工大学利用 TALEN 靶向基因编辑技术对食蟹猴 *MECP2* 基因进行了敲除,首次建立基因编辑瑞特综合征(RTT)猴模型,并首次从脑发育、眼动、转录组等方面对瑞特综合征模型进行了评估。

在基因编辑加速迈向临床应用方面,中国研究机构也承担了大国责任,贡献了中国力量,例如中美合作培育出的首批敲除猪内源性逆转录病毒基因的无"毒"克隆猪,成功解决了猪器官用于人体异种器官移植的关键难题;中国华大基因参与的国际合作团队首次利用基因编辑技术在早期人类胚胎上对人类胚胎中和遗传性心脏疾病有关的致病点突变进行高效修正,将其与体外受精等技术结合使用,或许能提供新的遗传病治疗方案。

10. 农作物产量性状和调控机制研究取得系列突破

我国农作物研究重磅突破不断,并获得多项国家奖励。

在作物品种培育方面，"水稻高产优质性状形成的分子机理及品种设计"项目荣获 2017 年度国家自然科学一等奖，该项目围绕"水稻理想株型与品质形成的分子机理"这一核心科学问题，鉴定、创制和利用水稻资源，实现了"绿色革命"新突破。袁隆平院士领衔的"袁隆平杂交水稻创新团队"荣获 2017 年度国家科学技术进步奖——创新团队奖。中国科学院亚热带农业生态研究所运用突变体诱导、野生稻远缘杂交、分子标记定向选育等一系列育种新技术，培育出超高产优质"巨型稻"。四川农业大学揭示了抗病遗传基因位点 *Bsr-d1* 抗谱广、抗性久、对水稻产量性状无明显影响等特征，为粮食作物相关抗病和应用研究提供理论基础。

在农业微生物方面，南京农业大学报道了病原菌攻击宿主的全新致病机制——"诱饵模式"，这是人类首次在更精准的层面认识这类严重危害植物的病原菌分子机理，为改良农作物的持久抗病性提供了新方向。

（二）技术进步

1. 单细胞测序技术世界领先

各类科研机构陆续取得新型单细胞测序技术突破，超高准确率的新型测序仪在深圳面世。

在单细胞测序技术方面，北京大学等机构在国际上率先开发出新型单细胞测序技术 scCOOL-seq，可以同时对染色质状态、核小体定位、DNA 甲基化、基因组拷贝数变异以及染色体倍性等 5 个层面开展研究。

在测序平台构建方面，中国科学院青岛生物能源与过程研究所等机构研发了简易高效的单细胞分选平台，使用"FOCOT（Facile One-Cell-One-Tube）"方法分离获取单个细胞，实现与单细胞测序直接对接。

在测序仪研发方面，南方科技大学及深圳市瀚海基因生物科技有限公司研发的第三代单分子基因测序仪 GenoCare 成为当今世界上准确率最高（达99.9985%）且唯一应用于临床的第三代基因测序仪；通过使用 GenoCare，南方科技大学等机构合作实现世界首例利用单分子测序技术进行 NIPT 临床检测并获得成功。

2. 多项疾病精准检测技术成功研发

常见疾病的新型检测技术以及新型疾病的首创检测技术的成功研发，为疾病的精准诊疗奠定基础。

中国空军军医大学西京医院与美国加州大学圣地亚哥分校共同研发了一种针对 DNA 甲基化标志的微创检测方式，通过对少量肿瘤组织的 DNA 甲基化水平分析，能够有效识别结直肠癌、肺癌、乳腺癌、肝癌四种常见癌症。

广州医科大学研制了符合国情的慢阻肺初筛技术，首次提出了慢阻肺的早期干预策略；为配合药物治疗，建立了社区分层精准综合防治模式，发现减少生物燃料烟雾暴露可降低慢阻肺发病危险度。

中南大学湘雅二医院、深圳市人民医院和北京大学人民医院联合围绕红斑狼疮这一复杂性疾病诊治难题，历经 19 年共同攻关，创新性地建立了高特异性及高敏感性的系统性红斑狼疮 DNA 甲基化诊断技术，突破了现有的诊断瓶颈，解决了临床关键问题。

中国食品药品检定研究院联合北京大学医学部、河北大学、中国人民解放军军事医学科学院基础医学研究所等多家单位共同研究并建立推广新型戊肝病毒（HEV）检测技术，先后在国际上首次报道了 HEV4 型和兔 HEV，并围绕着这两个新型 HEV 开展了病毒结构、致病性、传播因素、流行特点、动物模型以及诊断技术等系列研究，取得了多项突破性研究成果。

3. 新兴技术助力医药领域发展

各类新兴技术涌入医药研发领域，中国首次受理细胞治疗药物。

在疫苗研制方面，北京大学等机构以流感病毒为模型，发明了人工控制病毒复制进而将病毒直接转化为疫苗的技术。*Science* 评述该进展为病毒疫苗领域的革命性突破，*Nature* 称其为"驯服病毒的新方法"。浙江大学李兰娟院士领衔，联合了 11 家单位共同完成的"以防控人感染 H7N9 禽流感为代表的新发传染病防治体系重大创新和技术突破"项目获 2017 年度国家科学技术进步奖特等奖。在发现新病原、确认感染源、明确发病机制、开展临床救治、研发新型疫苗和诊断技术等方面取得了六项重大创新和技术突破，创建了新发突发传染病防治"中国模式"和"中国技术"，成功防控了人感染 H7N9 禽流感病毒疫情。

在新药开发领域，武汉光谷人福生物医药有限公司与中国人民解放军军事医学科学院放射与辐射医学研究所共同研发的重组质粒 - 肝细胞生长因子注射液（PUDK-HGF）获得国家食品药品监督管理总局（简称 CFDA，自 2018 年 3 月 21 日起，CFDA 职责归口于国家市场监督管理总局，不再保留 CFDA）核准签发的 III 期临床试验批文，将开展肢体动脉闭塞症、肢体静息痛和缺血性溃疡等严重血管疾病的 III 期临床研究，有望为上述疾病的治疗带来新希望。厦门大学研发的首个国产"九价宫颈癌疫苗"的临床试验申请已通过审评，获准开展临床试验，并将在厦门海沧生产。2017 年 12 月 8 日，国家食品药品监督管理总局药品审批中心（CDE）受理了来自南京传奇生物科技有限公司 CAR-T 细胞治疗药物（LCAR-B38MCAR-T）的临床申请，这是我国 CDE 受理的首个 CAR-T 细胞药物申请临床批文。2018 年 3 月 12 日，国家食品药品监督管理总局批准了南京传奇生物科技有限公司 CAR-T 细胞治疗药物的临床试验申请。

4. 生物影像领域原研能力提升

分子成像使传统的医学诊断方式发生了革命性变化。

在 CT 领域，武汉光电国家研究中心研究出基于溶液法制备的全无机双钙钛矿铯银铋溴（$Cs_2AgBiBr_6$）单晶 X 射线直接探测器。

在 MRI 领域，中国科学院武汉物理与数学研究所开发了一种新型磁共振成像（MRI）分子传感器；合肥工业大学研发了一种安全的亚 10nm 高性能纳米磁共振造影剂，实现 T1 型纳米磁共振造影剂的冻干粉针剂型。

在 PET 领域，中国自主研发生产的全球首台动物全数字 PET 仪器被送往芬兰国家 PET 中心，将在图尔库 PET 中心用于专门针对小鼠、大鼠、兔、猴等动物的疾病研究和新药研发。

在生物光学成像领域，北京大学分子医学研究所跨学科团队成功研制新一代高速高分辨微型化双光子荧光显微镜；同样来自北京大学的生物动态光学成像中心研究组首次成功研发适合于统计型超分辨成像的小尺寸光闪烁半导体聚合物量子点（Pdots），打开聚合物量子点超分辨成像的新领域。华中科技大学研究团队研制一种全脑定位系统的全自动显微成像方法（MOST），有望帮助基础神经科学和临床研究者们最终绘制一个完整脑的神经连接地图。

在超声领域，北京大学成功研制出可实现自由状态脑成像的 2.2 克微型化佩戴式双光子荧光显微镜，将在脑疾病神经机制可视化研究中发挥重要作用。该成像系统被 2014 年诺贝尔生理学或医学奖得主 Edvard I. Moser 称之为研究大脑的空间定位神经系统的革命性新工具。西安交通大学成功研制我国超声微泡造影成像首套实验系统和首台原型样机，推出我国首款超声微泡造影成像和灌注参量成像产品设备，形成两个系列共 14 个型号的产品设备，并获得国际行业认证。

5. 工业生物技术领域打破核心技术壁垒

关键工业技术的攻关成功，打破了国际技术壁垒，推动我国相关产业持续健康发展。

在药物生产方面，西北工业大学开发了"吸附分离聚合物材料结构调控与产业化应用关键技术"，获 2017 年度国家科技进步二等奖，并应用于西药原料药的提纯精制，打破了头孢合成用吸附分离和负载材料的国外垄断局面，实现了头孢产业升级。

在工业酶领域，江南大学研究团队主持的"结构特异性醇 / 酯制备用高选择性工业酶的高效创制关键技术"获 2017 年度中国石油和化学工业联合会技术发明一等奖，该成果开发了具有自主知识产权和适合工业化要求的高选择性、高活性、高稳定性工业酶的高效创制及应用技术体系，填补国内空白。中国科学院上海生命科学研究院创建了打通产学研价值链的酶工程技术体系，其中 DL- 丙氨酸等 8 条生物催化生产工艺和精氨酸酶制剂为国际首创。清华大学研发出了全球唯一的"纳米固定化酶"新型技术，使得低成本生产乙醇成为现实，并已打造出一条国际间的合作生产线。

（三）产业发展

进入 21 世纪以来，以分子设计、基因操作和基因组学为核心的技术突破，推动了以生命科学为支撑的生物产业深刻变革，全球生物产业进入了一个加速发展的新时期，对解决人类面临的人口、健康、粮食、能源、环境等主要问题具有重大战略意义。2017 年 1 月，中华人民共和国国家发展和改革委员会（以下简称"国家发改委"）印发了《"十三五"生物产业发展规划》，规划提出，到 2020 年，生物产业规模达到 8 万亿～10 万亿元，生物产业增加值占 GDP 的比重超过 4%，成为国民经济的主导产业，生物产业创造的就业机会大幅增加。

随着政策的落实以及相关技术产业化进程的加快，我国基本形成较完整的生物技术创新体系，生物技术产业初具规模，国际竞争力大幅提升。预计到 2022 年，生物技术产业规模将达到 1.9 万亿元的新高度。

1. 代表性领域与发展现状

2017 年，我国医药产业发展态势整体向好，主要表现在：①主营业务收入保持较快增速，2017 年，规模以上医药企业主营业务收入 29 826.0 亿元，同比增长 12.2%，增速较 2016 年提高 2.3 个百分点，恢复至两位数增长。其中，生物医药行业主营业务收入 3 311.0 亿元，同比增长 11.8%，占 2017 年医药产业比重为 11.1%。②利润增速高于主营业务收入增速，2017 年，规模以上企业实现利润总额 3 519.7 亿元，同比增长 16.6%，增速提高 1.0 个百分点。在医药行业的 8 个子行业中，生物医药制造业是利润增长最快的子行业，实现利润总额 499.0 亿元，同比增长 26.8%，占医药产业利润总额的 14.2%。

我国的生物农业领域具备以下特点：①我国育种行业竞争力要素优劣并存，预计到 2020 年我国将会成为继美国之后的第二大生物种业市场。②生物肥料市场潜力大，但增速有所放缓。2017 年，有机肥料及微生物肥料制造行业销售收入为 822.98 亿元，同比增长 3.72%。③生物农药发展快，但使用率仍较低，根据新华社统计，目前我国生物农药年产量达到近 30 万吨（包括原药和制剂），约占农药总产量的 8%。目前我国生物农药防治覆盖率近 10%，或许到 2030 年都较难达到 30% 的目标，但我国生物农药市场规模将会保持 15%～20% 的增速，到 2020 年达到 700 亿元，占农药比重上升至 13% 左右。④未来几年兽药行业仍可维持较快增长，2017 年兽用生物制品市场规模约 221 亿元，兽用疫苗市场占比约 90%。

我国生物制造领域近年来发展迅速，主要表现在：①生物基化学品技术具备国际竞争力，大宗生物发酵产品产量稳居世界第一，我国氨基酸产能规模和产值居于世界前列。②我国生物基材料产量保持 20% 左右的年均增长速度，2016 年总产量已达到 600 万 t/年，到 2020 年产量有望翻一番。③生物质能源发电占可再生能源的比重不断上升，2017 年，中国可再生能源发电量 1.7 万亿千瓦时，占全部发电量的 26.4%，其中生物质发电 794 亿千瓦时，同比增长 22.2%。

对于生物服务产业，国内 CRO 行业保持了快速发展态势。根据国家食品药品监督管理总局南方医药经济研究所的数据，中国 CRO 行业市场规模已由 2011 年的 140 亿元增长至 2017 年的约 560 亿元，复合年均增长率达 26%。在全球 CMO 市场增速较快的前提下，中国已经成为很多欧盟医药巨头或新型研发公司 CMO 业务的新型基地。2016 年国家食品药品监督管理总局批准了 206 件药品生产（上市）注册申请（中药 2 件、化学药品 188 件、生物制品 16 件），批准了 3 666 件药物临床试验注册申请（中药 84 件、化学药品 3 311 件、生物制品 271 件），新药研发项目的大量增长直接利好国内 CMO 行业。

细胞领域是为数不多的中国不落后于西方国家的药品研发领域，自 20 世纪 90 年代后期以来，干细胞治疗一直受到政府、科研和产业界的高度关注。2017 年 12 月 22 日，国家食品药品监督管理总局发布了《细胞治疗产品研究与评价技术指导原则（试行）》，提出了细胞治疗产品在药学研究、非临床研究和临床研究方面应遵循的一般原则和基本要求。"十三五"期间，我国对干细胞及其转换研究投入 27 亿元人民币，在北京、上海、广州、成都、武汉等高水平科研机构聚集地展开集中布局。截至目前，我国已经设立了三大国家级的干细胞研究中心，包括科学技术部国家干细胞工程技术研究中心、国家发改委细胞产品国家工程研究中心，以及人类胚胎干细胞国家工程研究中心（长沙）。目前，中国注册干细胞临床研究的数目在过去 10 年间上升到 10 年前的近 16 倍，截至 2018 年 4 月，中国共有 402 项注册临床研究（其中中国大陆 342 项，香港 7 项，台湾 53 项）。根据智研咨询的报告，2009 年，我国干细胞产业收入约为 20 亿元，2016 年已达 420 亿元，复合年均增长率超过 54%。预测到 2020 年，行业市场规模将达到 800 亿元左右。

对于 CT/PET-CT 产业，从市场规模上来看，我国的 CT 和 PET-CT 市场与美国仍存在较大差距，但随着中国老龄化的加剧，癌症、心脑血管等慢性疾病患病率和死亡率的增加，以及民众医疗支付意愿的加强和健康管理需求的逐步提高，未来 CT 以及 PET-CT 产业市场空间有望进一步打开。国内影像诊断设备市场上，考虑到进口设备占比达 75%，设备垄断带来的高价导致终端检查费用居高不下，国家针对医疗器械行业推出一系列利好政策，鼓励高端医疗设备国产化，医疗影像设备的中下游领域均会明显受益于政策的积极影响，有利于行业整体快速发展。近年来，我国 CT 机出口数量呈稳步上升趋势，从 2006 年的 531 台到最高峰的 2015 年的 3 097 台，2016 年略有下降，但也有 2 673 台，复合年均增长率高达 115.32%。随着国产 CT 技术的突破，国产设备的市场渗透率不断提高，国产设备数量占比从 2012 年的 15% 提升到 2016 年的 38%，未来国产设备替代进口设备的势头有望持续。

2. 中国生命科学投融资与并购形式

2017 年，我国生命健康行业投融资增速放缓，共发生 455 起投资事件，合计 474 亿元人民币，仅比 2016 年增加了 17 亿元人民币。未来，在服务模式没有革新的前提下，投资热度的降低将会随着行业格局的逐渐清晰进一步加剧。从生命健康细分领域融资能力来看，技术创新所建立的融资优势已经显现，有一定技术壁垒的细分领域，如生物技术、医疗信息化、医药等领域的投资热度明显高于其他领域；而服务模式创新的领域，如母婴孕产、寻医问药的投资热度在降低。从项目单笔融资金额排名来看，TOP15 企业均来自于 2015 年之后，并且以医药企业融资为主，这与国内生命健康行业整体融资情况相符。

2017 年，IPO 数量创历史新高，但账面回报金额的下降不容忽视。近五年 IPO 企业数量总体呈上升趋势，其中 2017 年中国医疗产业 IPO 企业 39 家，同比增长 143.75%；IPO 账面回报金额约 18.47 亿美元，同比下降 11.61%；IPO 平均账面回报金额为 4 854 万美元，同比下降 63.03%。从细分行业来看，生物药类企业整体回报最高，大型 IPO 以中低端耗材生产企业为主，能够 IPO 的医疗服务企业多集中在私立医院及第三方诊断行业。

2017 年的并购案例数量和金额均略有下滑。事实上，从 2016 年起，国内生命健康行业并购市场就表现出放缓趋势。2017 年生命健康行业宣布并购案例数量 483 起，同比下降 33.56%，宣布并购金额 245.87 亿美元，同比下降 8.72%。其中完成交易 252 起，同比下降 31.89%，完成并购交易金额 135.54 亿美元，同比下降 3.74%。医药行业战略投资并购显著，占比达到 90% 以上，多为实体企业在主营业务基础上进行的相关多元化产业投资，同时由于新药研发难度大、研发成本高，国内实力雄厚的药企已开始加大对国际上知名原研药企的投资。医疗器械行业和医疗服务行业的整体市场并购情况低迷，且均呈现明显的战略投资属性。近年来医学影像人工智能辅助诊断受到了创业者、资本方的热捧。2017 年 AI 医疗的投资轮次以 A 轮和 B 轮为主，投资金额 50% 以上为千万级的融资。从 2013 年到 2017 年上半年，AI 医疗应用层方面细分领域共发生融资事件 86 起。国内资本对于 AI 医疗的布局多发生在虚拟助手、医疗影像、医用机器人、智能健康管理四个领域。2017 年，AI 医疗影像融资受到热捧，根据海松医疗基金的初步统计，2017 年 AI 医疗影像融资企业的网络披露数量高达 19 家，总规模 10 亿元以上。

第二章 生命科学

一、生命组学与细胞图谱

（一）概述

生命组学的发展为生命科学研究奠定基础，从技术发展来看，在基因组领域，三代测序技术以其长读长的优势显示巨大应用潜力，单细胞测序技术不断改进，提高了测序通量、保真性、基因覆盖率等性能；在转录组领域，单细胞转录组、表观转录组、空间转录组等转录组分析技术的进步，助力更为精确的转录组图谱的绘制；在蛋白质组领域，蛋白质组学研究已经从单纯提高覆盖率的定性研究向更加真实地描述生物体本质的定量研究和空间分布研究发展；在代谢组领域，基于核磁共振以及质谱的高通量代谢物分析方法日趋成熟，代谢产物成为疾病筛查和药物指导的重要标志物。从应用发展来看，基因组、转录组、蛋白质组、代谢组等分子图谱绘制为解析生命、认识生命奠定基础，推动农业育种及精准医学的快速发展，多组学交叉研究已经成为组学研究的大趋势，避免了单组学分析的局限性。

生命图谱绘制从分子图谱扩展到细胞图谱，聚焦重要组织或器官的细胞图谱构建和威胁人类健康的重大疾病的体内微环境细胞图谱绘制。2017 年《麻省理工科技评论》（*MIT Technology Review*）将细胞图谱绘制评为年度十大突破技术，认为其旨在为科学家提供一个全新且精细的生物学模型。

（二）国际重要进展

1. 基因组学

（1）单细胞测序技术不断改进，提高了测序通量、保真性、基因覆盖率等性能

美国哈佛大学等机构的研究人员开发出一种新型单细胞全基因组扩增技术LIANTI，基于转座子插入进行线性扩增[32]。新技术提高拷贝数变异检测的分辨率和基因组覆盖率，有助于更有效、更精准地检出遗传性疾病。

美国俄勒冈健康与科学大学等机构的研究人员开发出单细胞组合标记测序技术SCI-seq，可以同时构建上千个单细胞文库[33]。该方法对于体细胞变异检测具有重要价值，有助于加深对不同肿瘤细胞的认识，实现肿瘤的精准医疗。

美国艾伯特爱因斯坦医学院等机构的研究人员基于单细胞多重置换扩增技术（SCMDA）和单细胞变异分析软件SCcaller，开发了一种能够准确鉴定单细胞基因组中基因变异的新方法[34]。该方法有助于更好地评估人体患癌风险，揭示基因突变在人体衰老中的作用。

（2）基因组测序工作为探索生物进化和加速作物改良奠定基础

以色列特拉维夫大学等机构的研究人员对野生二粒小麦（wild emmer wheat）的基因组进行了分析，揭示了野生小麦驯化过程中调控麦穗破碎表型的基因位点[35]。该研究解释了小麦驯化的分子机制，为未来的育种工作奠定基础。

美国冷泉港实验室等机构的研究人员基于单分子实时测序技术和高分辨率

32 Chen C, Xing D, Tan L, et al. Single-cell whole-genome analyses by Linear Amplification via Transposon Insertion (LIANTI) [J]. Science, 2017, 356(6334): 189-194.

33 Vitak S A, Torkenczy K A, Rosenkrantz J L, et al. Sequencing thousands of single-cell genomes with combinatorial indexing [J]. Nature Methods, 2017, 14(3): 302-308.

34 Dong X, Zhang L, Milholland B, et al. Accurate identification of single-nucleotide variants in whole-genome-amplified single cells [J]. Nature Methods, 2017, 14(5): 491-493.

35 Avni R, Nave M, Barad O, et al. Wild emmer genome architecture and diversity elucidate wheat evolution and domestication [J]. Science, 2017, 357(6346): 93-97.

光学图谱技术绘制了高质量的玉米基因组图谱，揭示不同品系玉米的基因组间的明显差异[36]。该研究捕捉到玉米基因组的诸多细节，加深了对玉米基因表达调控的认识。

沙特阿卜杜拉国王科技大学等机构的研究人员基于单分子实时测序技术和Bionano 光学图谱技术组装完成高质量的藜麦参考基因组序列，并鉴定得到调控藜麦皂苷含量的基因[37]。该研究为进一步挖掘藜麦的农业应用潜力，加速藜麦性状改良奠定基础。

英国维康信托桑格研究所等机构的研究人员利用 PacBio 测序技术对三日疟原虫（*P. malariae*）和卵形疟原虫（*P. ovale*）的基因组进行了测序分析，深入研究了疟原虫的遗传信息和物种进化[38]。该研究使得疟原虫的物种亲缘关系更加清晰，有利于进一步探索其致病机理和物种适应性。

（3）大规模基因组测序研究推动疾病精准医疗

美国圣犹大儿童研究医院等机构的研究人员对成神经管细胞瘤开展基因组测序分析，鉴定出两个新的成神经管细胞瘤驱动基因 *KBTBD4* 和 *PRDM6*[39]。该研究加深了对导致成神经管细胞瘤的基因突变的认识，有助于改进患者肿瘤分型和靶向疗法的开发。

美国国家癌症研究所等机构的研究人员对 5 570 例 HPV16 病毒感染组织样本进行全基因组分析，揭示 HPV16 基因变异与宫颈癌前病变和癌症风险之间的关联，明确宫颈癌相关致癌蛋白 E7 的保守性[40]。该研究有助于加速靶向 E7 蛋白的药物研发，以更好地预防或治疗宫颈癌。

美国哈佛大学 - 麻省理工学院 Broad 研究所等机构的研究人员通过对 360

36 Jiao Y, Peluso P, Shi J, et al. Improved maize reference genome with single-molecule technologies [J]. Nature, 2017, 546(7659): 524-527.

37 Jarvis D E, Ho Y S, Lightfoot D J, et al. The genome of Chenopodium quinoa [J]. Nature, 2017, 542(7641): 307-312.

38 Rutledge G G, Böhme U, Sanders M, et al. Plasmodium malariae and P. ovale genomes provide insights into malaria parasite evolution [J]. Nature, 2017, 542(7639): 101-104.

39 Northcott P A, Buchhalter I, Morrissy A S, et al. The whole-genome landscape of medulloblastoma subtypes [J]. Nature, 2017, 547(7663): 311-317.

40 Mirabello L, Yeager M, Yu K, et al. HPV16 E7 genetic conservation is critical to carcinogenesis [J]. Cell, 2017, 170(6): 1164-1174.

名乳腺癌患者进行基因组分析，在 9 个非编码 DNA 序列（启动子）中发现了癌症驱动突变[41]。该研究有助于加速非编码 DNA 序列与癌症关联的深度挖掘，揭示癌症致病分子机制。

美国贝勒医学院等机构的研究人员结合全外显子测序和 DNA 拷贝数分析以及 DNA 甲基化、mRNA、miRNA、蛋白质组表达分析，更加深入地解释了肝癌细胞运作分子机制[42]。该研究有助于推进新的肝癌疗法的开发。

英国利物浦大学等机构的研究人员通过全基因组关联分析（GWAS）对 29 266 例肺癌患者和 56 450 例对照组样本进行了基因筛查，鉴定了 18 个肺癌易感基因位点，包括 10 个新的基因位点[43]。该研究发现了多个未被报道的肺癌易感基因位点，有助于人们更好地理解肺癌致病机制。

美国华盛顿大学医学院等机构的研究人员基于全基因组测序分析揭示自闭症的新的遗传特征，明确了导致基因功能受到破坏和蛋白表达发生改变的基因突变[44]。该研究证明了基因测序技术在自闭症诊断中的应用潜力，为揭示更为复杂的自闭症案例的遗传特征奠定基础。

2. 转录组学

单细胞 RNA 测序助力细胞发育及疾病致病分子机制的揭示。

美国哈佛大学 - 麻省理工学院 Broad 研究所等机构的研究人员结合单核 RNA 测序技术（sNuc-Seq）和液滴微流控技术，开发了一种新的单细胞测序技术 DroNc-Seq，在结构复杂的组织中实现单细胞 RNA 的高通量测序[45]。该研究为检测健康神经元与神经退行性病变神经元之间的转录差异或生成模式生物的完

41 Rheinbay E, Parasuraman P, Grimsby J, et al. Recurrent and functional regulatory mutations in breast cancer [J]. Nature, 2017, 547(7661): 55-60.

42 Ally A, Balasundaram M, Carlsen R, et al. Comprehensive and integrative genomic characterization of hepatocellular carcinoma [J]. Cell, 2017, 169(7): 1327-1341.

43 McKay J D, Hung R J, Han Y, et al. Large-scale association analysis identifies new lung cancer susceptibility loci and heterogeneity in genetic susceptibility across histological subtypes [J]. Nature Genetics, 2017, 49(7): 1126-1132.

44 Turner T N, Coe B P, Dickel D E, et al. Genomic patterns of de novo mutation in simplex autism [J]. Cell, 2017, 171(3): 710-722.

45 Habib N, Avraham-Davidi I, Basu A, et al. Massively parallel single-nucleus RNA-seq with DroNc-seq [J]. Nature Methods, 2017, 14(10): 955-958.

整细胞目录提供了技术支持。

美国麻省总医院和哈佛大学医学院等机构的研究人员基于单细胞 RNA 测序技术，分析了星形细胞瘤和少突神经胶质瘤的细胞组成，发现它们可能来源于同一种神经祖细胞，且可以通过基因突变类型和微环境组成对其进行区分[46]。该研究有助于研究人员进一步开发靶向特定细胞类型的肿瘤免疫疗法，从而抑制肿瘤的生长。

美国北卡罗来纳大学教堂山分校等机构的研究人员基于单细胞 RNA 测序技术，分析了小鼠成纤维细胞重编程为诱导性心肌细胞过程中的转录组变化，并鉴定获得在相关过程中发挥重要作用的分子通路和调控因子[47]。该研究有助于更好地理解成纤维细胞转化为心肌细胞的分子机制，为心脏再生和疾病建模奠定基础。

德国马克斯 - 德尔布吕克分子医学中心等机构的研究人员分析了果蝇胚胎中上千个细胞的基因表达谱，并基于新的空间映射算法，绘制完成了果蝇胚胎单细胞转录组图谱[48]。该研究有助于加深对于调节因子和信号通路调控对胚胎发育影响的理解。

美国哈佛大学 - 麻省理工学院 Broad 研究所等机构的研究人员基于单细胞 RNA 测序技术对头部和颈部鳞状细胞癌（head and neck squamous cell carcinoma，HNSCC）患者的细胞进行转录组分析，鉴定了鳞状细胞癌的细胞亚型，并确定了肿瘤淋巴结转移的独立预测因子[49]。该研究为解释 HNSCC 转移机制提供了重要线索。

英国剑桥大学等机构的研究人员采用单细胞 RNA 测序技术对年轻和老年小鼠中刺激和未刺激状态下初始型和效应记忆型 CD4$^+$T 细胞的转录组进行分析，

46 Venteicher A S, Tirosh I, Hebert C, et al. Decoupling genetics, lineages, and microenvironment in IDH-mutant gliomas by single-cell RNA-seq [J]. Science, 2017, 355(6332): eaai8478.

47 Liu Z, Wang L, Welch J D, et al. Single-cell transcriptomics reconstructs fate conversion from fibroblast to cardiomyocyte [J]. Nature, 2017, 551(7678): 100-104.

48 Karaiskos N, Wahle P, Alles J, et al. The Drosophila embryo at single-cell transcriptome resolution [J]. Science, 2017, 358(6360): 194-199.

49 Puram S V, Tirosh I, Parikh A S, et al. Single-Cell Transcriptomic Analysis of Primary and Metastatic Tumor Ecosystems in Head and Neck Cancer [J]. Cell, 2017, 171(7): 1611-1624.

揭示基因表达调控失调是 T 细胞老化的一个重要特征[50]。该研究为更深入地探索不同类型的细胞老化机制铺平了道路。

3. 蛋白质组学

蛋白质组图谱绘制和蛋白质互作研究为解析生命奠定基础。

瑞典皇家理工学院等机构的研究人员基于免疫荧光（IF）显微镜技术绘制人类蛋白质组亚细胞图谱，描述了蛋白质在多个细胞器和亚细胞结构中的空间分布[51]。该研究为精确分析蛋白质与蛋白质间互作关系以及研究人体细胞高度复杂的结构组成提供了重要的资源。

德国马普生物化学研究所等机构的研究人员基于质谱技术绘制了健康人类心脏蛋白质组图谱，并结合单个细胞基因拷贝数和细胞器中蛋白质分布分析，在亚细胞水平上构建心脏蛋白质组模型[52]。该研究为揭示心脏疾病病因并进一步开发个性化疗法铺平道路。

美国哈佛大学医学院等机构的研究人员基于差异蛋白质组学，发现细胞毒性淋巴细胞与抗生素攻击细菌的作用方式的本质差异，揭示细胞毒性淋巴细胞的粒酶 B 通过分解细菌生存所必需的蛋白质以攻击细菌[53]。该研究加深了对免疫细胞触发细菌死亡机制的理解，有助于解决抗生素耐药性问题。

美国哈佛大学医学院等机构的研究人员基于亲和纯化 - 质谱技术，开发出新的蛋白质组互作分析方法 BioPlex 2.0，绘制了迄今为止最大的蛋白质互作图谱，揭示与基础细胞过程和多种人类疾病相关的蛋白质相互作用[54]。该研究为揭示细胞生物学特征以及阐明疾病致病机理奠定了基础。

---

50 Martinez-Jimenez C P, Eling N, Chen H C, et al. Aging increases cell-to-cell transcriptional variability upon immune stimulation [J]. Science, 2017, 355(6332): 1433-1436.

51 Thul P J, Åkesson L, Wiking M, et al. A subcellular map of the human proteome [J]. Science, 2017, 356(6340): eaal3321.

52 Doll S, Dreßen M, Geyer P E, et al. Region and cell-type resolved quantitative proteomic map of the human heart [J]. Nature Communications, 2017, 8(1): 1469.

53 Dotiwala F, Santara S S, Binker-Cosen A A, et al. Granzyme B Disrupts Central Metabolism and Protein Synthesis in Bacteria to Promote an Immune Cell Death Program [J]. Cell, 2017, 171(5): 1125-1137.

54 Huttlin E L, Bruckner R J, Paulo J A, et al. Architecture of the human interactome defines protein communities and disease networks [J]. Nature, 2017, 545(7655): 505-509.

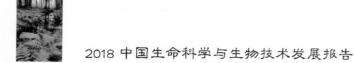

美国哈佛大学医学院等机构的研究人员基于同位素标记多重蛋白质组技术，开发了一种新的蛋白质互作分析方法——IMAHP，并利用此方法分析了乳腺癌细胞系中蛋白质的异常交互作用[55]。该方法在深入研究蛋白质互作网络的动态变化、寻找癌症中蛋白质的异常交互作用，以及后期药物筛选等方面具有广泛的应用潜力。

4. 代谢组学

基于核磁共振以及质谱的高通量代谢物检测方法日趋成熟，代谢产物成为疾病筛查和药物指导的重要标志物。

奥地利维也纳大学等机构的研究人员提出了针对癌细胞研究的同位素稀释靶向代谢分析和非靶向代谢指纹图谱分析方法，以 ^{13}C 标记巴斯德毕赤酵母提取物作为内标，实现对癌细胞模型初级代谢产物的绝对定量[56]。该方法基于阴离子交换色谱与高分辨质谱的联用，简化了代谢组分析流程。

西班牙马德里康普顿斯大学等机构的研究人员基于核磁共振技术分析了螺内酯给药前后难治性高血压患者尿液的代谢物变化，探索代谢物在预测患者对螺内酯药物的应答中的应用潜力[57]。该研究有助于优化螺内酯药物对难治性高血压患者的治疗。

德国格赖夫斯瓦尔德大学等机构的研究人员基于色谱 - 质谱法分析了健康人群以及胰腺导管腺癌、慢性胰腺炎和慢性间质性肝炎患者血液样本中的代谢物，鉴定获得区分胰腺导管腺癌和慢性胰腺炎的生物标志物[58]。该研究有助于相关疾病的分级诊断和治疗。

加拿大卡尔加里大学等机构的研究人员利用核磁共振和色谱 - 质谱法分析

55 Lapek Jr J D, Greninger P, Morris R, et al. Detection of dysregulated protein-association networks by high-throughput proteomics predicts cancer vulnerabilities [J]. Nature Biotechnology, 2017, 35(10): 983-989.

56 Schwaiger M, Rampler E, Hermann G, et al. Anion-Exchange Chromatography Coupled to High-Resolution Mass Spectrometry: A Powerful Tool for Merging Targeted and Non-targeted Metabolomics [J]. Analytical Chemistry, 2017, 89(14): 7667-7674.

57 Martin-Lorenzo M, Martinez P J, Baldan-Martin M, et al. Citric Acid Metabolism in Resistant Hypertension: Underlying Mechanisms and Metabolic Prediction of Treatment Response [J]. Hypertension, 2017, 70(5): 1049-1056.

58 Mayerle J, Kalthoff H, Reszka R, et al. Metabolic biomarker signature to differentiate pancreatic ductal adenocarcinoma from chronic pancreatitis [J]. Gut, 2017: gutjnl-2016-312432.

了甲型 H1N1 流感肺炎患者血液样本中的代谢物，发现疾病早期，患者血液代谢组学结果可以作为一种工具，用于甲型 H1N1 流感肺炎的诊断和预后[59]。

瑞典卡罗林斯卡学院等机构的研究人员基于色谱 - 质谱法分析慢性阻塞性肺疾病患者及健康人群血液样本中的代谢物，证实氧化应激失调和代谢物变化与慢性阻塞性肺疾病发病相关[60]。该研究基于代谢组学方法，加深了对慢性阻塞性肺疾病发病机制的理解。

5. 细胞图谱

细胞图谱研究聚焦重要组织或器官的细胞图谱构建和威胁人类健康的重大疾病的体内微环境细胞图谱绘制。

美国哈佛大学 - 麻省理工学院 Broad 研究所等机构的研究人员基于单细胞 RNA 测序技术获得了小肠上皮细胞的基因表达图谱，识别和表征先前未知的小肠上皮细胞亚型及其基因标记，完成了高分辨率小肠上皮细胞图谱的绘制[61]。该研究为揭示肠道稳态和病原体响应机制奠定基础，也有助于代谢失调疾病靶向药物的设计。

美国斯坦福大学等机构的研究人员基于单细胞 RNA 测序技术获得了果蝇嗅觉投射神经元的转录组数据，实现在基因水平对不同神经元亚型进行准确分类[62]。该研究有助于发现新的神经元亚型，并进一步探索细胞发育的分子机制。

瑞士苏黎世大学等机构的研究人员基于质谱流式细胞技术和抗体标记技术分析了肾透明细胞癌患者和健康人群的免疫细胞表型，绘制了肿瘤微环境的免疫细胞图谱[63]。该研究为肾透明细胞癌免疫疗法开发提供了潜在生物标志物和靶标。

美国西奈山伊坎医学院等机构的研究人员利用条形码技术对肺癌肿瘤细胞和

---

59 Banoei M M, Vogel H J, Weljie A M, et al. Plasma metabolomics for the diagnosis and prognosis of H1N1 influenza pneumonia [J]. Critical Care, 2017, 21(1): 97.

60 Naz S, Kolmert J, Yang M, et al. Metabolomics analysis identifies sex-associated metabotypes of oxidative stress and the autotaxin-lysoPA axis in COPD [J]. European Respiratory Journal, 2017, 49(6): 1602322.

61 Haber A L, Biton M, Rogel N, et al. A single-cell survey of the small intestinal epithelium [J]. Nature, 2017, 551(7680): 333-339.

62 Li H, Horns F, Wu B, et al. Classifying Drosophila Olfactory Projection Neuron Subtypes by Single-Cell RNA Sequencing [J]. Cell, 2017, 171(5): 1206-1220.

63 Chevrier S, Levine J H, Zanotelli V R T, et al. An immune atlas of clear cell renal cell carcinoma [J]. Cell, 2017, 169(4): 736-749.

血液细胞进行了单细胞分析，绘制了肺癌早期详细免疫细胞图谱[64]。该研究为探索肿瘤驱动免疫环境变化奠定了基础，为免疫疗法的合理设计提供了强有力的工具。

（三）国内重要进展

1. 基因组学

（1）中国在单细胞测序技术领域取得新进展

北京大学等机构的研究人员率先开发了对单个细胞同时进行染色质状态、DNA 甲基化、基因组拷贝数变异以及染色体倍性研究的单细胞测序技术 scCOOL-seq，并在单细胞分辨率上系统、深入地解析了小鼠着床前胚胎发育过程中表观基因组重编程的关键特征，以及染色质状态与 DNA 甲基化之间的关系[65]。该方法为细胞数量少、异质性强的着床前胚胎发育过程的研究提供了有效的解决方案。

中国科学院青岛生物能源与过程研究所等机构的研究人员设计发明简易高效的单细胞分选平台，能够精确、快速、低成本地分离、获取单个细胞，并与单细胞测序直接对接[66]。该研究为优化单细胞分选与测序分析提供新的工具。

（2）全基因组测序为加深对物种进化的认识奠定基础，功能基因组研究推进作物的育种改良和疾病的精准医疗

2017 年，我国科学家完成了深海青口[67]、扇贝[68]、海参[69]、深圳拟兰[70]、人

---

64 Lavin Y, Kobayashi S, Leader A, et al. Innate immune landscape in early lung adenocarcinoma by paired single-cell analyses [J]. Cell, 2017, 169(4): 750-765.

65 Guo F, Li L, Li J, et al. Single-cell multi-omics sequencing of mouse early embryos and embryonic stem cells [J]. Cell Research, 2017, 27(8): 967-988.

66 Zhang Q, Wang T, Zhou Q, et al. Development of a facile droplet-based single-cell isolation platform for cultivation and genomic analysis in microorganisms [J]. Scientific Reports, 2017, 7: 41192.

67 Sun J, Zhang Y, Xu T, et al. Adaptation to deep-sea chemosynthetic environments as revealed by mussel genomes [J]. Nature Ecology & Evolution, 2017, 1(5): 121.

68 Wang S, Zhang J, Jiao W, et al. Scallop genome provides insights into evolution of bilaterian karyotype and development [J]. Nature Ecology & Evolution, 2017, 1(5): 120.

69 Zhang X, Sun L, Yuan J, et al. The sea cucumber genome provides insights into morphological evolution and visceral regeneration [J]. PLoS Biology, 2017, 15(10): e2003790.

70 Zhang G Q, Liu K W, Li Z, et al. The Apostasia genome and the evolution of orchids [J]. Nature, 2017, 549(7672): 379-383.

参[71]、苦荞[72]、驯鹿[73]等多个物种的基因组测序工作，为探索不同物种环境适应机制，加深对物种进化的认识奠定基础。

华中农业大学等机构的研究人员基于全基因组关联研究，识别鉴定了19个与陆地棉纤维品质相关的候选基因位点，明确了陆地棉纤维驯化的遗传学基础[74]。该研究为陆地棉遗传改良提供了重要指导。

中国科学院植物生理生态研究所等机构的研究人员系统解析了水稻广谱抗瘟性基因 *Pigm* 的功能，揭示了平衡水稻广谱抗病与产量的表观调控新机制[75]。该研究为作物抗病育种提供了有效的新工具。

四川农业大学等机构的研究人员基于全基因组关联研究，鉴定获得天然变异的水稻抗病基因位点 *bsr-d1*，揭示其具有抗谱广、抗性持久、对水稻产量性状无明显影响等特征[76]。该研究丰富了水稻抗病分子理论基础，为小麦、玉米等粮食作物相关新型抗病机理研究提供了重要借鉴。

中国科学院生物化学与细胞生物学研究所等机构的研究人员发现人类 *Piwi* 基因突变可导致男性不育，并深入揭示了在精子形成过程中其调控组蛋白与鱼精蛋白交换的作用机制[77]。该研究为相关男性不育症的早期分子诊断及精准医疗提供了理论依据。

温州医科大学等机构的研究人员基于全外显子组测序技术分析造成早发性高度近视的基因突变，发现并进一步通过基因突变小鼠模型验证了致病基因

71 Jiang X, Yang C, Baosheng L, et al. Panax ginseng genome examination for ginsenoside biosynthesis [J]. GigaScience, 2017, 6(11): 1-15.

72 Zhang L, Li X, Ma B, et al. The tartary buckwheat genome provides insights into rutin biosynthesis and abiotic stress tolerance [J]. Molecular Plant, 2017, 10(9): 1224-1237.

73 Li Z, Lin Z, Ba H, et al. Draft genome of the Reindeer (Rangifer tarandus) [J]. GigaScience, 2017, 6(12): 1-5.

74 Wang M, Tu L, Lin M, et al. Asymmetric subgenome selection and cis-regulatory divergence during cotton domestication [J]. Nature Genetics, 2017, 49(4): 579-587.

75 Deng Y, Zhai K, Xie Z, et al. Epigenetic regulation of antagonistic receptors confers rice blast resistance with yield balance [J]. Science, 2017, 355(6328): 962-965.

76 Li W, Zhu Z, Chern M, et al. A natural allele of a transcription factor in rice confers broad-spectrum blast resistance [J]. Cell, 2017, 170(1): 114-126.

77 Gou L T, Kang J Y, Dai P, et al. Ubiquitination-deficient mutations in human piwi cause male infertility by impairing histone-to-protamine exchange during spermiogenesis [J]. Cell, 2017, 169(6): 1090-1104.

BSG^{78}。该研究加深了对近视发展及其病因学的认识，为未来的治疗和预防奠定基础。

清华大学等机构的研究人员基于全基因组单碱基分辨率甲基化检测方法 STEM-seq，系统地揭示了哺乳动物早期胚胎谱系分化及细胞命运决定过程中表观遗传信息的建立和动态调控过程[79]。该研究为解析早期胚胎发育过程中，子代表观遗传信息如何建立并参与调控细胞分化发育的机制奠定基础。

2. 转录组学

表观转录组、空间转录组等转录组分析技术的进步，为绘制更为精确的转录组图谱奠定基础。

北京大学等机构的研究人员开发了一种新型 RNA 甲基化的测序技术"m1A-MAP"，实现全转录组水平上单碱基分辨率的 1-甲基腺嘌呤修饰位点鉴定[80]。该研究为进一步探索 mRNA 上 m1A 甲基化组的功能提供了重要工具。

中国科学院生物化学与细胞生物学研究所等机构的研究人员通过整合与优化单细胞测序和激光捕获显微切割技术，建立了一种高效、高分辨率的空间转录组分析方法 Geo-seq[81]。该方法既可用于转录图谱的三维重建，也可以用于研究具有特殊结构的少量组织或细胞的转录组信息。

中国科学院-马普学会计算生物学伙伴研究所等机构的研究人员开发了一种用于整合单细胞和群体细胞转录组数据的计算工具包（iCpSc），来预测细胞分化过程中单细胞的分化时间和路径，并通过基因调控网络分析寻找重要调控因子和信号通路[82]。该研究为深入探索细胞分化机制和细胞命运调控因子提供了新的工具。

78 Jin Z B, Wu J, Huang X F, et al. Trio-based exome sequencing arrests de novo mutations in early-onset high myopia [J]. Proceedings of the National Academy of Sciences, 2017, 114(16): 4219-4224.

79 Zhang Y, Xiang Y, Yin Q, et al. Dynamic epigenomic landscapes during early lineage specification in mouse embryos [J]. Nature Genetics, 2018, 50(1): 96-105.

80 Li X, Xiong X, Zhang M, et al. Base-resolution mapping reveals distinct m1A methylome in nuclear-and mitochondrial-encoded transcripts [J]. Molecular Cell, 2017, 68(5): 993-1005.

81 Chen J, Suo S, Tam P P L, et al. Spatial transcriptomic analysis of cryosectioned tissue samples with Geo-seq [J]. Nature Protocols, 2017, 12(3): 566-580.

82 Sun N, Yu X M, Li F, et al. Inference of differentiation time for single cell transcriptomes using cell population reference data [J]. Nature Communications, 2017, 8: 1856.

中国科学院 - 马普学会计算生物学伙伴研究所等机构的研究人员对人、黑猩猩、恒河猴的大脑前额叶皮质层进行了转录组研究，发现了人类特有的前额叶皮质层转录组变化[83]。该研究提示前额叶皮质层重组变化对人类大脑的功能进化起着非常重要的作用。

3. 蛋白质组学

中国科研人员以高通量、高覆盖、高灵敏度的蛋白质组学分析平台为基础，深入研究与健康相关的重要生命科学问题。

北京蛋白质组研究中心等机构的研究人员对健康人群尿蛋白质组的生理波动性和个体间差异进行了系统性评估，在此基础上建立了首个健康人群尿蛋白质组定量参考范围[84]。该研究为今后利用尿蛋白质组进行健康管理及疾病筛查奠定了基础。

复旦大学等机构的研究人员创建了基于质谱的高通量糖基化肽段分析方法pGlyco2.0，从糖链、肽段、糖肽三个层面对糖肽数据库检索进行精确质控，从而大幅提升了 N 糖蛋白质组学分析的通量和质量[85]。该研究为精准 N 糖蛋白质组学提供了新的工具。

上海同济大学等机构的研究人员首次报道了小鼠植入前胚胎蛋白质组动态图谱，揭示了早期胚胎发育过程中蛋白质水平变化，填补了植入前胚胎发育在蛋白质组水平的研究空白[86]。该研究为深入研究胚胎发育的机制提供了全新的数据依据和研究方向。

复旦大学等机构的研究人员基于串联转录因子反应元件技术在蛋白质组水平绘制了小鼠转录因子定量图谱，揭示了小鼠不同组织器官中转录因子的表达

83 He Z, Han D, Efimova O, et al. Comprehensive transcriptome analysis of neocortical layers in humans, chimpanzees and macaques [J]. Nature Neuroscience, 2017, 20(6): 886-895.

84 Leng W, Ni X, Sun C, et al. Proof-of-Concept Workflow for Establishing Reference Intervals of Human Urine Proteome for Monitoring Physiological and Pathological Changes [J]. EBioMedicine, 2017, 18: 300-310.

85 Liu M Q, Zeng W F, Fang P, et al. pGlyco 2.0 enables precision N-glycoproteomics with comprehensive quality control and one-step mass spectrometry for intact glycopeptide identification [J]. Nature Communications, 2017, 8: 438.

86 Gao Y, Liu X, Tang B, et al. Protein Expression Landscape of Mouse Embryos during Pre-implantation Development [J]. Cell Reports, 2017, 21(13): 3957-3969.

情况[87]。该项研究对于理解转录因子调控基因表达以及开展相应的基础和转化医学具有重要的理论指导和应用价值。

上海交通大学等机构的研究人员系统地比较了健康人群和肺癌患者血清和唾液外泌体的蛋白质组，进一步验证了癌症相关蛋白质存在于唾液和血清外泌体中的假说[88]。该研究有助于建立基于体液循环外泌体检测的癌症诊断方法。

4. 代谢组学

中国科研人员利用高通量、高覆盖代谢组学方法，揭示代谢水平和疾病的直接关联。

中国科学院大连化学物理研究所等机构的研究人员在肝癌诊断型代谢标志物研究中取得新进展，基于液相色谱 - 质谱大规模代谢组分析技术，鉴定并验证了一组新型的肝癌代谢标志物组合——甘氨胆酸盐和苯丙氨酰色氨酸[89]。该研究有助于进一步开发新型、稳定可靠的肝癌诊断方法，实现肝癌的早期诊断。

天津医科大学等机构的研究人员基于超高效液相色谱与电喷雾离子化四极杆质谱（UPLC-ESI-QTOF MS）联用的代谢组分析技术，阐明由脂质调节的 NF-kB/IL-6/STAT3 信号传导通路在药物诱导的肝损伤中的作用[90]。该研究揭示药物诱导肝损伤的重要机制，并为预防药物诱导的肝损伤提供潜在的治疗靶点。

华东理工大学等机构的研究人员开发了一系列特异性检测 NADPH 的高性能遗传编码荧光探针 iNap，实现了在活体、活细胞及各种亚细胞结构中对 NADPH 代谢的高时空分辨检测与成像[91]。该探针不仅可应用于代谢途径与通路分析，也可用于衰老及相关疾病创新药物的发现。

87 Zhou Q, Liu M, Xia X, et al. A mouse tissue transcription factor atlas [J]. Nature Communications, 2017, 8: 15089.

88 Sun Y, Liu S, Qiao Z, et al. Systematic comparison of exosomal proteomes from human saliva and serum for the detection of lung cancer [J]. Analytica Chimica Acta, 2017, 982: 84-95.

89 Luo P, Yin P, Hua R, et al. A Large - scale, multicenter serum metabolite biomarker identification study for the early detection of hepatocellular carcinoma [J]. Hepatology, 2018, 67(2): 662-675.

90 Fang Z Z, Tanaka N, Lu D, et al. Role of the lipid-regulated NF-κB/IL-6/STAT3 axis in alpha-naphthyl isothiocyanate-induced liver injury [J]. Archives of Toxicology, 2017, 91(5): 2235-2244.

91 Tao R, Zhao Y, Chu H, et al. Genetically encoded fluorescent sensors reveal dynamic regulation of NADPH metabolism [J]. Nature Methods, 2017, 14(7): 720-728.

5. 细胞图谱

北京大学等机构的研究人员基于单细胞 RNA 测序技术，在单细胞水平对肝癌肿瘤微环境中 T 细胞的转录组及 T 细胞受体序列进行了综合分析，首次在单细胞水平上绘制了肝癌微环境的免疫细胞图谱[92]。该研究为肿瘤免疫细胞图谱绘制做出了范式，同时有助于进一步探索针对肝癌的免疫治疗靶点，进而加速创立新的肝癌免疫疗法。

华中科技大学等机构的研究人员基于全脑成像和重建系统，首次绘制出小鼠乙酰胆碱能神经元全脑分布图谱，在单细胞水平解析了全脑内乙酰胆碱能神经元的定位分布[93]。该研究为理解胆碱能神经元如何调控神经活动提供新的参考，并为神经元亚型划分提供新的启示。

（四）前景与展望

细胞是生命的基本单位，是生命活动的基石。随着单细胞分离技术的不断改进，单细胞测序技术的不断优化，质谱技术的灵敏度的不断提升，未来单细胞组学研究具有较大的应用潜力。与常规的细胞群体组学研究相比，在单细胞水平鉴定 DNA、RNA、蛋白质和其他细胞成分可以更好地揭示细胞亚型的多样性，应对样本异质性和稀缺性的挑战，相关研究为解释细胞发育和免疫系统调控等与生命发生发展相关过程的机制奠定基础；同时，也有助于发现与疾病相关的特异性分子标记，探索新的药物作用靶点。

细胞图谱构建得益于单细胞组学技术和细胞染色标记技术的发展，随着人类细胞图谱计划的不断推进，未来，研究人员将优先进行相关关键技术的优化和标准化，一系列细胞图谱成果也将陆续被发布。

2017 年，我国在单细胞分选和测序技术领域取得新进展，在细胞图谱绘制

92 Zheng C, Zheng L, Yoo J K, et al. Landscape of infiltrating T cells in liver cancer revealed by single-cell sequencing [J]. Cell, 2017, 169(7): 1342-1356.

93 Li X, Yu B, Sun Q, et al. Generation of a whole-brain atlas for the cholinergic system and mesoscopic projectome analysis of basal forebrain cholinergic neurons [J]. Proceedings of the National Academy of Sciences, 2017, published ahead of print.

方面也紧跟世界领先水平。未来，我国将进一步在通量、覆盖度、准确率、灵敏度和平行性方面提升单细胞组学技术和相关生物信息技术的水平，以解决更多的科学和临床问题。

二、脑科学与神经科学

（一）概述

2017 年各国脑科学计划深入实施中。例如，美国 BRAIN 计划正在全面开展中，BRAIN 计划的重要实施机构——美国国立卫生研究院 2017 年资助的项目数量明显多于前三年，资助 7 个方面的研究：①细胞类型；②神经回路；③监测神经元活动；④干预工具；⑤理论与数据分析工具；⑥人类神经科学；⑦整合的方法[94]。

美国国防部高级研究计划局（DARPA）实施的 10 个项目都有进展，而且高级情报研究计划署（IARPA）2017 年完成如下 4 个项目的招标，目前正在实施中：①感官理解的综合认知和神经结构（ICArUS），通过模型来解读人类大脑对于复杂数据的识别方式；②神经系统知识展示（KRNS），洞察大脑概念知识的展示方式；③大脑皮层网络的机器智能（MICrONS），旨在逆向建造 1 立方毫米的大脑，研究大脑进行运算活动的方式，并将研究结果更好地应用于机器学习和人工智能计算领域；④人类获得性决策能力强化（SHARP），开发非侵入性神经干预措施，优化人类推理和决策能力。

2017 年脑科学领域还成立了多项国际联盟和国际性计划。2017 年 12 月初，由美国 BRAIN 计划、欧盟"人类脑计划"、澳大利亚脑联盟、日本"用于疾病研究的综合性神经技术和大脑图谱（Brain Mapping by Integrated Neurotechnologies for Disease Studies，Brain/MINDS）"计划、韩国脑计划形成

---

94 NIH BRAIN initiative [EB/OL].https://www.braininitiative.nih.gov/.

联盟，成立国际脑计划（International Brain Initiative，IBI），旨在协调全球脑计划、协调全球脑科学领域的研究力量，开展脑科学合作研究[95]。IBI 始于 2016 年 4 月的"全球脑工作组 2016"会议，经过 1 年多全球科学家的讨论后，最终在澳大利亚正式宣布成立。

国际大脑实验室（IBL）启动于 2017 年 9 月 19 日，汇集了 21 个美国和欧洲最重要的神经科学实验室，成为一个巨大的合作网络，旨在聚焦人与动物共同拥有的行为——觅食，来了解大脑是如何工作的，发展大脑工作理论。未来 5 年内，伦敦威康信托基金会和纽约西蒙斯基金会将对 IBL 共同投资超过 1 300 万美元。IBL 将探索整个鼠脑是如何在反映自然条件的不断变化的环境中产生复杂行为的，将使用芯片及其他新兴技术和工具包记录成千上万个神经元的电信号[96]，截止到目前，我国的脑科学研究团队未参与其中。

除了大规模、大型计划外，机构层面还出台了专项计划，例如美国国立卫生研究院启动的"青少年大脑认知发育研究（Adolescent Brain Cognitive Development Study，ABCDS）"，该计划已提供第一批 3 亿美元资助，分布在美国 21 个地点的研究小组定期使用核磁共振成像机记录这些青少年大脑的结构和活动[97]。截止到 2018 年 1 月初，在招募开始了 8 个月后，亚裔美国人和黑人登记人数分别为 2% 和 12%，拉美裔为 22% 接近目标，而"其他"类别，包括混血儿和美国原住民，登记了 11% 的人数，超过组织者设定的 5% 目标一倍多，是迄今为止规模最大的研究。研究人员还收集了每个孩子的心理、认知和成长环境的大量数据，同时也收集了他们的生物标本，如 DNA。除了提供健康青少年大脑发展的第一个标准化的基准之外，这些信息还可以让科学家探索药物滥用、运动损伤、观看电子屏幕的时间、睡眠习惯，以及其他的情况如何潜在地影响了大脑的成长，或者大脑又是如何影响这些的。

也有研究已经在使用核磁共振跟踪青少年的大脑发育，例如欧洲启动了青少年大脑发育与行为项目（IMAGEN），该项目旨在综合利用大脑成像、遗传学

95 International Brain Initiative [EB/OL].http://www.kavlifoundation.org/international-brain-initiative.

96 Alison A. Researchers unite in quest for 'standard model' of the brain [J]. Nature, 2017, 549:319-320.

97 Adolescent Brain Cognitive Development Study [EB/OL].https://www.addictionresearch.nih.gov/abcd-study.

与精神病学，来理解青少年大脑发育与行为[98]。该项目已经招募了 2 000 名 14 岁的孩子，并对他们的大脑进行了定期扫描。

由于各国的重视，2017 年脑科学领域发展迅速，获得众多突破。

（二）国际重要进展

1. 基础研究

（1）新型神经细胞鉴定

到目前为止，大脑中的细胞大致分为两类——神经元细胞和神经胶质细胞，人类大脑中具体有多少种细胞还不太了解，因此脑科学领域的重要基础问题之一是脑细胞的全面调研，详细了解脑细胞类型，为了解大脑功能并为脑疾病防治提供基础见解。德国慕尼黑工业大学和哥廷根大学神经病理学研究所的研究人员发现一种新的少突胶质细胞类型，即 BCAS1 阳性少突胶质细胞，它们在新生儿中高表达髓磷脂，而在成年人中消失，但是当髓磷脂受到破坏并需要再生时，它们能够重新出现，进一步理解该细胞的功能，有助于开发出促进髓鞘修复疗法[99]。

美国 Salk 生物研究所和加州大学圣地亚哥分校的研究人员利用单细胞甲基化组首次分析了单个神经元中的 DNA 分子发生的化学修饰，从而提供迄今为止最为详细的信息来将一个脑细胞与它的相邻细胞区分开来。每个细胞的甲基化组即散布在 DNA 上的由甲基基团组成的化学标记模式，给出一种截然不同的读出值，从而有助于这些研究人员将神经元分为不同的亚型。这是开始鉴定大脑中存在多少种神经元类型的关键一步，从而可能有助于更好地理解大脑发育和功能障碍[100]。

98 Welcome to the IMAGEN Study [EB/OL].https://imagen-europe.com/#.

99 Fard M K, Meer van der F, Sánchez P, et al. BCAS1 expression defines a population of early myelinating oligodendrocytes in multiple sclerosis lesions [J]. Science Translational Medicine, 2017, 9(419):eaam7816. DOI:10.1126/scitranslmed.aam7816.

100 Luo C Y, Keown C L, Kurihara L, et al.Single-cell methylomes identify neuronal subtypes and regulatory elements in mammalian cortex [J]. Science, 2017, 357(6351): 600-604.

（2）脑结构解析与图谱绘制

美国洛克菲勒大学的研究人员利用功能性核磁共振成像，在恒河猴模式动物中，发现了识别熟悉脸部的两个新的大脑区域：一个区域位于与所谓的陈述性记忆（declarative memory）相关联的一个大脑区域中，另一个区域嵌入到与社会知识（如关于个人及其社会地位的信息）相关联的一个大脑区域中，进而更精确地揭示出大脑如何识别熟悉的面部的秘密[101]。

瑞典卡罗林斯卡研究所和丹麦哥本哈根大学的研究人员证实作为中脑中的两个区域，楔形核（cuneiform nucleus，CnF）和脚桥核（pedunculopontine nucleus，PPN）在控制小鼠运动的起始、速度和环境依赖性选择方面发挥着特定的作用。研究人员使用包括光遗传学在内的多种先进的技术来研究哪些类型的神经元参与其中，以及相关的神经网络所在的位置，鉴定出一群"起始神经元（start neuron）"，并且首次证实中脑中的这两个区域如何共同或分别控制运动速度和选择情景依赖性的运动行为[102]。

在脑图谱绘制方面，爱丁堡大学的研究人员绘制出了一种新型大脑图谱，能帮助解释为何人们特定的行为习惯会与大脑中特定的区域相关联。神经细胞连接点（突触）所产生的分子能够向大脑发送信号，这些分子在控制机体多方面行为上扮演着关键角色，理解这些分子的作用机制或能帮助研究人员解析大脑中特定区域的功能。研究人员发现了大脑不同区域之间分子变化的模式，这些差异或许直接与机体功能相对应，比如语言、情绪和记忆力等。这种新型图谱能够缩小遗传研究和大脑成像研究之间的鸿沟，从而帮助解释大脑工作的分子机制；此外，还能作为一种新型强大工具来帮助调查疾病如何影响大脑的不同结构[103]。

101 Landi S M, Freiwald W A.Two areas for familiar face recognition in the primate brain [J]. Science, 2017, 357(6351): 591-595.

102 Caggiano V, Leiras R, Goñi-Erro H, et al. Midbrain circuits that set locomotor speed and gait selection [J]. Nature, 2018, 553(7689): 455-460.

103 Roy M, Sorokina O, Skene N, et al. Proteomic analysis of postsynaptic proteins in regions of the human neocortex [J]. Nature Neuroscience, 2018, 21(1): 130-138.

（3）脑发育

大脑发育正常与否，直接关系到脑功能的正常发挥，而且还与相关神经精神疾病密切相关。脊椎动物的大脑发育强烈依赖于神经细胞正确的产生、迁移、分化和生存。所有这些过程都需要很多基因及其表达的蛋白协同作用，其中的基因突变都可能影响神经细胞的功能。奥地利分子病理学研究所、英国维康信托人类遗传学中心和哈佛大学的研究人员，通过生物化学方法诱导基因突变，发现 *Vps15* 突变扰乱小鼠大脑神经元迁移，并与人类神经发育疾病相关，*Vps15* 是神经正常发育必需的一个基因[104]。

长期以来，研究人员主要对神经元进行了深入研究，占据大脑细胞中的大多数的脑胶质细胞（glia）的作用与功能被忽视，而美国纽约大学的研究人员利用果蝇这一模式生物研究发现，神经元发育协调是通过神经胶质细胞群体实现的，这些神经胶质细胞将来自视网膜的信号接力传递到大脑中，从而将大脑中的细胞变成神经元[105]。

大脑中的神经元细胞能够通过传递电信号或"引燃"动作电位来实现彼此之间的交流，而这一交流过程需要通过轴突和树突来实现，而传递电信号的这种能力常常是在神经元发育和成熟过程中来获得的，然而指导这一复杂过程的分子机制目前研究人员并不清楚。为了揭示控制神经元发育的复杂机制，哥伦比亚大学医学中心的研究人员对一种名为选择性剪接的分子调节机制进行了相关研究。选择性剪接是一种能通过连接不同组合的编码片段来产生多个转录本的过程，这一过程在神经发育过程中具有高度动态性，主要表现为在成千上万个基因中能够实现戏剧性的切换，从而就能产生特殊发育阶段所需要的一套蛋白质产物。选择性剪接的关键调节子 Rbfox 家族蛋白，其在神经元中非常丰富，此前研究人员将这种家族蛋白同多种神经发育障碍相联系，比如自闭症、精神分裂症和癫痫症等。这项研究中，研究人员发现，*Rbfox* 基因的缺失会诱发胚胎

---

104 Gstrein T, Edwards A, Pristoupilova A, et al. Mutations in Vps15 perturb neuronal migration in mice and are associated with neurodevelopmental disease in humans [J]. Nature Neuroscience, 2018, 21(2): 207-217.

105 Fernandes V M, Chen Z Q, Rossi A M, et al. Glia relay differentiation cues to coordinate neuronal development in Drosophila [J]. Science, 2017, 357(6354):886-891.

样的剪接程序；更重要的是，研究者还发现轴突起始片段（AIS）的装配会被明显打断。AIS 是轴突近心端的亚细胞结构，其对于离子通道簇以及神经元引发动作电位非常重要，健康的神经元需要动作电位来与其他细胞进行交流。研究人员指出，*Rbfox* 基因能够控制锚定蛋白 G 基因（Ankyrin-G gene）的剪接，从而编码 AIS 中的互动中心蛋白质；同时，该基因小片段发生的剪接改变还能使其无法完成组装 AIS 的正常功能，这或许是因为 AIS 中锚定蛋白 G 基因的干扰和异常积累所致[106]。

美国加州大学洛杉矶分校和北卡罗来纳大学的研究人员通过采用被称作 ATAC-seq 的分子生物学技术，首次构建出人类神经发生（neurogenesis）的基因调控图谱，在神经发生过程中，神经干细胞转化为脑细胞并且大脑皮层在尺寸上扩大。他们鉴定出调控大脑生长并且在某些情形下为在生命后期出现的几种大脑疾病奠定基础的因子。研究人员绘制出在神经发生过程中有活性的基因组区域，并将这些数据与这些大脑区域中的基因表达数据和染色体折叠模式数据关联起来，鉴定出神经发生过程中的关键基因的调控元件，例如名为 *EOMES/Tbr2* 的基因被关闭时与严重的大脑畸形相关联，并鉴定出一个改变成纤维细胞生长因子受体 2（FGFR2）表达的基因组序列，其中 FGFR2 调节着包括细胞增殖和分裂在内的重要生物过程，并且给细胞赋予特定的任务。这个基因组序列在人类中的活性要比在小鼠和非人类灵长类动物中更强，这有助于解释为什么人类大脑更大[107]。

美国西奈山伊坎医学院和麻省理工学院的研究人员发现小鼠在生命早期遭受的应激（early life stress），通过一个参与情绪和抑郁的大脑奖赏区域中持久存在的转录因子 Otx2，让小鼠产生终生的应激敏感性[108]。

美国哥伦比亚大学和瑞士巴塞尔大学的研究人员报道远距离的大脑连接能

106 Jacko M, Weyn-Vanhentenryck S M, Smerdon J W, et al. Rbfox Splicing Factors Promote Neuronal Maturation and Axon Initial Segment Assembly [J].Neuron, 2018, 97(4):853-868.

107 de la Torre-Ubieta L, Stein J L, Won H J, et al. The Dynamic Landscape of Open Chromatin during Human Cortical Neurogenesis [J].Cell, 2018, 172(1-2):289-304.

108 Pena C J, Kronman H G, Walker D M, et al. Early life stress confers lifelong stress susceptibility in mice via ventral tegmental area OTX2 [J]. Science, 356(6343):1185-1188.

够靶向干细胞微环境中不同的神经干细胞群体，并且促进它们发生分化，产生特定的嗅球神经元亚型。这允许在成年大脑中"按需"产生特定类型的神经元[109]。

哥伦比亚大学的研究人员揭示基因 *Pcdh* 是小鼠嗅觉神经回路和 5- 羟色胺能神经元（serotonergic neuron）回路形成所必需的。发育中大脑内的神经元合作产生神经回路。大约 50 种可变的原钙黏蛋白（protocadherin）编码基因 *Pcdh* 支持一种组合身份编码，从而允许上百万个嗅觉神经元轴突分选大约 2 000 个嗅小球。共同具有的嗅觉受体促使轴突延伸到一种嗅小球上，而且当多种轴突聚集在一起时，*Pcdh* 多样性允许它们彼此之间接触[110]。另一方面，同一个团队的研究人员发现单个 C 型 Pcdh（C-Pcdh）是整个神经系统中的 5- 羟色胺能神经元平铺分布的基础。这些神经元不用接触周围的神经元就让大群的神经元均匀地失去活力[111]。

（4）脑功能

2017 年，脑功能研究主要在基本的感知觉，以及学习记忆、社会行为等方面获得重要进展。

1）感知觉与摄食控制

美国斯坦福大学多个团队合作，基于果蝇模式生物，通过单细胞构建出果蝇嗅觉神经元的详细基因蓝图[112]。研究人员着重研究果蝇大脑嗅觉系统中的细胞。果蝇的嗅觉系统是一种简单的回路，使其成为一种开发新的遗传技术来探测大脑回路连接机制的理想测试平台。果蝇大脑的嗅觉中心有 50 种类型的中枢神经神经元（central processing neuron），它们长出将这 50 种类型的感觉神经元连接在一起的丝状细丝。每对连接在一起的神经元允许果蝇闻出一组气

109 Paul A, Chaker Z, Doetsch F. Hypothalamic regulation of regionally distinct adult neural stem cells and neurogenesis [J]. Science, 2017, 356(6345): 1383-1385.

110 Chen W S V, Nwakeze C L, Denny C A, et al. Pcdh alpha c2 is required for axonal tiling and assembly of serotonergic circuitries in mice [J]. Science, 2017, 356(6336): 406-410.

111 Mountoufaris G, Chen W S V, Hirabayashi Y, et al. Multicluster Pcdh diversity is required for mouse olfactory neural circuit assembly [J]. Science, 2017, 356(6336): 411-413.

112 Li H J, Horns F, Wu B, et al.Classifying Drosophila Olfactory Projection Neuron Subtypes by Single-Cell RNA Sequencing [J]. Cell, 2017, 171(5): 1206-1220.

味，当组合在一起时，果蝇能够检测出厨房中无数的水果气味。为了观察这些细胞表达的全部基因，研究人员采用一种新方法，能够让人们对细胞中的所有 mRNA 进行测序，并结合对果蝇嗅觉回路的详细了解，构建出将特定的基因/蛋白活性与有机体神经系统中的至少一个组分的生物连接相关联在一起的首个基因蓝图。

美国波士顿儿童医院的研究人员发现，眼睛视网膜中的神经元分工协作，从而使得特定的神经元经过调节对不同的光照强度范围作出反应[113]。不同于视网膜中主要用来检测形体和运动的视杆细胞和视锥细胞的是，专门用来检测"非图像（non-image）"视觉的其他感光神经元，被用来设置人体生物钟，调节睡眠和控制激素水平，这些神经元被称为 M1 神经节感光细胞（M1 ganglion cell photoreceptors），即便在那些失明的人身上也能发挥作用。研究人员发现，尽管这些 M1 细胞似乎在视觉上彼此之间无法区分，但是它们经调节对不同的光照水平作出反应，而且当这些光照水平发生变化时，它们轮流向大脑发出信号，大脑根据这些活跃的细胞的身份获得光照强度信息，而不仅仅是信号大小。这些 M1 细胞的轮流系统使用一种通常被认为异常的或病态的机制，即去极化阻断（depolarization block）。去极化阻断通常在癫痫等某些疾病中观察到。当光照水平上升时，M1 细胞中的黑视蛋白（melanopsin）捕获越来越多的光子，导致细胞膜电压变得更为正向，也就是"去极化"。随着细胞膜电压变得更为正向，这些 M1 细胞产生更多的电峰值（也称为动作电位），即发送到大脑中的信号。

加州理工学院和霍华德·休斯医学研究所的研究人员发现了灵长类动物大脑中的人脸识别编码系统[114]。研究人员将电极插入猕猴大脑中，记录了面孔补丁区的面部识别细胞的信号。结果发现，当一个面孔被投摄入 50 维面部空间内的单个轴线时，每个细胞被成比例激活。基于该发现，研究人员研发出一种算法，以解码面部识别的神经响应。结果显示，猕猴的 2 个面部补丁区的细胞就足以重建面部——一个区域有 106 个细胞，另一个有 99 个。此外，美国斯坦福

113 Milner E S, Do M T H. A Population Representation of Absolute Light Intensity in the Mammalian Retina [J]. Cell, 2017, 171(4): 865-876.

114 Chang L, Tsao D Y. The Code for Facial Identity in the Primate Brain [J]. Cell, 2017, 169(6):1013-1028.

大学研究人员利用核磁共振扫描研究发现，人出生后识别面部的大脑区域梭状回（fusiform gyrus）会继续生长，从童年到成年时增加了12.6%[115]，这有助于理解人面失认症（prosopagnosia）和脸盲症等疾病。

听觉方面，加州大学旧金山分校的研究人员发现了人类大脑中对讲话语调变化发生反应的神经元，语调是人类能清楚地表达自己的意思和情绪的重要基础。考虑到每个人说话都有他们自己的声调和习惯，大脑能够快速地理解这些变化是非常了不起的事。而且，大脑一边要剖析哪些元音和辅音发生了改变，用了哪些单词，这些单词是怎样被组成短语和句子的，同时还必须跟上和理解这些音调变化，这一切的发生也就在毫秒之间。研究人员设计了一个算法来预测神经元对不同讲话者、发声和声调的句子所做出的反应。他们的结果显示，对不同讲话者敏感的神经元只对讲话者的绝对音调敏感，对语调敏感的神经元对相对音调更敏感[116]。

嗅觉方面，挪威理工大学挪威大脑研究中心的研究人员发现星状细胞能促进内嗅皮层-海马体回路成熟，星状细胞（stellate cell）遵循着一种内源性成熟程序。这些星状细胞负责启动这个回路的发育进展[117]。

感觉器官和感觉大脑中心的配置在很多感觉形态（sensory modality）上表现出保守性。日本东京大学的研究人员绘制出果蝇躯体感觉回路，揭示了果蝇腹神经索和大脑中的拓扑和形态特异性的机械感觉表达[118]。

对钙的感知是重要的。虽然它不能归入已知的舌头受体能分辨的五种味觉——甜、酸、咸、苦和鲜味，但是人类能尝出它的味道，并描述为微微的苦和酸味。美国加州大学圣芭芭拉分校和韩国的合作者的新研究表明，果蝇中还存在钙的味觉。研究人员在果蝇体内发现了一种尝出钙味所必需的独特的味觉

115 Gomez J, Barnett M A, Natu V, et al. Microstructural proliferation in human cortex is coupled with the development of face processing [J]. Science, 2017, 355(6320): 68-71.

116 Tang C, Hamilton L S, Chang E F. Intonational speech prosody encoding in the human auditory cortex [J]. Science, 2017, 357(6353):797-801.

117 Donato F, Jacobsen R I, Moser M B, et al. Stellate cells drive maturation of the entorhinal-hippocampal circuit [J]. Science, 2017, 355(6330). DOI: 10.1126/science.aai8178.

118 Tsubouchi A, Yano T, Yokoyama T K, et al. Topological and modality-specific representation of somatosensory information in the fly brain [J]. Science, 2017, 358(6363): 615-622.

受体神经元（GRNs）。虽然已知钙对维持生命是必需的，但果蝇对低钙似乎并不在意，却对高水平的钙表现抗拒[119]。

兴奋性神经元和抑制性神经元在哺乳动物新皮质层中的基本分布仍未得到很好的理解。作为第5新皮质层中的一种主要的兴奋性神经元，大脑下投射神经元（subcerebral projection neuron）形成较小的被称作微柱（microcolumn）的细胞簇。日本理化学研究所（RIKEN）脑科学研究所的研究人员发现，哺乳动物新皮质层中的兴奋性神经元形成六角形栅格[120]。

美国洛克菲勒大学和普林斯顿大学等机构的研究人员利用先进的 iDISCO 技术做了小鼠全脑成像，结果表明，中缝背核区域的神经元在摄食行为中扮演着重要角色。研究人员进一步利用光学和化学手段，"打开"肥胖鼠的谷氨酸释放细胞，抑制小鼠的摄食行为，使之体重下降；另一方面，如果在中缝背核区域触发的是 γ- 氨基丁酸释放神经元，那么将会看到截然相反的效应，小鼠会吃下更多的食物。值得注意的是，启动"饥饿感神经元"自动关闭了"饱腹感神经元"，使效应最大化[121]。

2）记忆学习与社交

日本理化学研究所 - 麻省理工学院神经回路遗传研究中心（Riken-MIT Center for Neural Circuit Genetics）的研究人员发现新的记忆机制：人脑把信息"备份"，同时储存两份同样的记忆版本，一份是短时记忆，另一份则是长期记忆。以前的研究认为：人脑的海马体和皮层两个部分深度参与了对个人经历的记忆，海马体先制作短期记忆，之后逐渐转变成储存在皮层里的长期记忆。然而，研究人员通过先进仪器和操作观察鼠脑记忆的形成过程，即脑细胞群对电击的反应，之后用光束射入大脑来控制神经元活动，就像把记忆当成开关来开启和关闭，结果发现，记忆有两个同时生成的版本，一个在海马体（短期记

119 Lee Y, Poudel S, Kim Y, et al. Calcium Taste Avoidance in Drosophila [J]. Neuron, 2017, 97(1): 67-74. DOI: 10.1016/j.neuron.2017.11.038.

120 Maruoka H , Nakagawa N, Tsuruno S, et al. Lattice system of functionally distinct cell types in the neocortex [J]. Science, 2017, 358(6363): 610-615.

121 Nectow A R, Schneeberger M, Zhang H X, et al. Identification of a Brainstem Circuit Controlling Feeding [J]. Cell, 2017, 170(3):429-442.

忆），另一个在皮层（长期记忆）。长期记忆在记忆形成的初期不成熟或者是"沉默"的，初期主要是短期记忆，如果海马体和皮层之间的联系受阻，长期记忆就永远无法成熟，表明大脑中这两部分仍有某种关联，记忆的重心会随着时间推移从海马体向皮层转移[122]。

此外，奥地利科学技术研究所的科学家们发现大鼠的内嗅皮质能够进行运动记忆的重放，而不需要经过海马体。研究人员发现位于内嗅皮质外表层的神经元会在记忆任务中发生激活，并进行路径编码，这部分神经元中包括网格细胞，可以向海马体输入信号。令人意外的是，内嗅皮质表面区域神经元的重新激活不会伴随海马体神经元的重新激活，无论是在睡眠还是清醒时，内嗅皮质表面区域神经元都只会触发自身的重新激活，独立于海马体进行记忆的唤醒和巩固[123]。

学习语言或音乐对儿童而言通常比较容易，但这种能力随着年龄的增加显著下降。美国圣祖德儿童医院（St Jude Childrens Research Hospital）等机构的研究人员发现，听觉丘脑（auditory thalamus）的大脑结构中的腺苷的供应或功能会让成年小鼠像婴幼儿从接触的声音中进行学习那样，保持从它们被动接触的声音中进行学习的能力[124]，抑制大脑中的腺苷有望提高语言和音乐学习能力。

洛克菲勒大学的研究人员利用功能性核磁共振成像对猕猴进行分析发现，内侧和腹外侧前额叶皮层主要参与了猕猴的社交活动分析，而顶枕与颞叶区的神经环路呈现了对社交活动和对身体互动的偏好性，其中颞叶对于物体、身体以及面部的整体构造具有选择性[125]。

2. 应用研究

2017 年，脑科学领域在自闭症（autism spectrum disorder，ASD）为代表的

---

122 Kitamura T, Ogawa S K, Roy D S, et al. Engrams and circuits crucial for systems consolidation of a memory [J]. Science, 2017, 356(6333):73-78.

123 O'Neill J, Boccara C N, Stella F, et al. Superficial layers of the medial entorhinal cortex replay independently of the hippocampus [J]. Science, 2017, 355(6321): 184-188.

124 Blundon J A, Roy N C, Teubner B J W, et al. Restoring auditory cortex plasticity in adult mice by restricting thalamic adenosine signaling [J]. Science, 2017, 356(6345): 1352-1356.

125 Sliwa J, Freiwald WA. A dedicated network for social interaction processing in the primate brain [J]. Science, 2017, 356(6339): 745-749.

神经发育疾病、阿尔茨海默病和帕金森病为代表的神经退行性疾病，以及胶质母细胞瘤为代表的脑肿瘤等领域取得致病机制、预防诊断和治疗等方面的进展。

（1）自闭症

研究人员从基因突变和环境因素两个方面寻找自闭症的致病机制。西雅图华盛顿大学的研究人员对 516 名没有自闭症家族史的自闭症儿童进行基因组测序，并对其父母和一名未受这种疾病影响的兄弟姐妹（总共 2 064 人）进行基因组测序，鉴定出导致基因功能受到破坏和蛋白表达发生改变的基因变化以及基因缺失。研究发现，自闭症儿童明显更可能具有三种或以上的不同类型的基因变异，这些基因变异组合可能导致自闭症[126]。美国范德堡大学的研究人员发现，名为 ITGB3 的基因突变改变小鼠自闭症疾病发生过程中神经递质"血清素"的供给[127]。另一方面，加州大学圣地亚哥分校的研究人员发现，星形细胞的天然炎症反应会导致神经元功能的紊乱，从而导致自闭症发生[128]。

在自闭症的早期诊断方面，德州大学西南医学中心的 Peter O'Donnell Jr. 脑科学研究所研究人员通过对血液中的一系列蛋白质进行检测，能够达到对自闭症进行早期诊断的目的[129]。已经有多项研究显著地提高了自闭症儿童的早期诊断效果，希望能够代替现有行为学症状诊断方法。

自闭症新疗法开发方面，美国范德堡大学的研究者们利用基因组筛查以及遗传学的手段，找到了治疗自闭症的一种新方法。该研究首次发现一类叫做 ITGB3 的基因能够改变小鼠 ASD 疾病发生过程中神经递质"血清素"的供给。

（2）阿尔茨海默病

在致病机制方面，Salk 研究所和加州大学圣地亚哥分校等机构的研究人员

126 Turner T N, Coe B P, Dickel D E, et al. Genomic Patterns of De Novo Mutation in Simplex Autism [J]. Cell, 2017, 171(3): 710-722.

127 Dohn M R, Kooker C G, Bastarache L, et al. The Gain-of-Function Integrin β3 Pro33 Variant Alters the Serotonin System in the Mouse Brain [J]. The Journal of Neuroscience, 2017, 37(46): 11271-11284. DOI: 10.1523/JNEUROSCI.1482-17.2017

128 Russo F B, Freitas B C, Pignatari G C, et al. Modeling the interplay between neurons and astrocytes in autism using human induced pluripotent stem cells [J]. Biological Psychiatry, 2017, 83(7): 569-578.

129 Singh S, Yazdani U, Gadad B, et al. Serum thyroid-stimulating hormone and interleukin-8 levels in boys with autism spectrum disorder [J]. Journal of Neuroinflammation, 2017, 14(1): 113. DOI:10.1186/s12974-017-0888-4.

首次对组成大脑一线免疫防御机制——小神经胶质细胞的分子标记特性进行了描述。研究人员发现，小神经胶质细胞在多种神经变性疾病和精神疾病的发生上扮演着关键的角色，包括阿尔茨海默病、帕金森病、亨廷顿病、精神分裂症等[130]。美国华盛顿大学圣路易斯医学院的研究人员进一步证实，携带 TREM2 基因特定突变的人要比携带这个基因更加常见的突变的那些人有三倍以上的可能性患上阿尔茨海默病[131]。比利时鲁汶大学的研究人员揭示出在生命早期发生的遗传性阿尔茨海默病的分子基础，这种遗传性阿尔茨海默病是由 γ- 分泌酶和淀粉样前体蛋白（amyloid precursor protein，APP）发生突变导致的。γ- 分泌酶以一种渐进的方式多次切割 app，每次切割都会产生更短的被称作 β 淀粉样蛋白（amyloid beta peptide，Aβ）的肽片段，这些 β 淀粉样蛋白会被释放到大脑中[132]。此外，英国医学研究理事会分子生物学实验室和美国印第安纳大学医学院的研究人员首次揭示出导致阿尔茨海默病的 tau 蛋白纤维的原子结构，为阻止它们形成的相关药物开发提供重要依据[133]。

在疾病诊断方面，美国国立卫生研究院和英国伦敦大学神经学研究所的研究人员合作，通过分析已故的阿尔茨海默病患者的大脑结构，发现大脑中不同原纤维形成的类型和阿尔茨海默病亚型之间的密切关联。在阿尔茨海默病患者大脑中的原纤维类型或许和患者疾病的进展程度直接相关，而且患者大脑中或许存在涉及纤维形成的不同过程；然而引发差异背后的分子机制目前研究者并不清楚。研究者表示，后期他们还需要对多种阿尔茨海默病亚型进行更为深入的分析研究，未来需要开发新型标准化的诊断策略以及疗法来靶向作用特殊类型的纤维形成，从而有效帮助减缓疾病的发展[134]。波士顿大学医学院的研究人员通过研究鉴别出了和

130 Gosselin D, Skola D, Coufal N G, et al. An environment-dependent transcriptional network specifies human microglia identity [J]. Science, 2017, 356(6344): eaal3222. DOI: 10.1126/science.aal3222.

131 Ulland T K, Song W M, Huang S CC, et al. TREM2 Maintains Microglial Metabolic Fitness in Alzheimer's Disease [J]. Cell, 2017, 170(4):649-663.

132 Szaruga M, Munteanu B, Lismont S, et al. Alzheimer's-Causing Mutations Shift Aβ Length by Destabilizing γ-Secretase-Aβn Interactions [J]. Cell, 2017, 170(3):443-456.

133 Fitzpatrick A W P, Falcon B, He S, et al. Cryo-EM structures of tau filaments from Alzheimer´s disease [J]. Nature, 2017, 547(7662): 185-190.

134 Qiang W, Yau W M, Lu J X, et al. Structural variation in amyloid-beta fibrils from Alzheimer´s disease clinical subtypes [J]. Nature, 2017, 541(7636): 217-221.

痴呆症及阿尔茨海默病（AD）发病风险直接相关的新型循环化合物，揭示出 AD 发病相关的新型生物学通路，同时其也能够作为指示疾病风险的生物标志物[135]。

在 AD 治疗方面，日本东北大学的研究人员发现，T 型电压门控 Ca^{2+} 通道增强子 SAK3 或许能够有效治疗阿尔茨海默病，SAK3 能够通过激活记忆分子 CaMK Ⅱ，来刺激大脑中的乙酰胆碱释放并且改善大脑的认知功能，还能够降低小鼠模型机体中 β 淀粉样蛋白的产生。目前该药正处于临床前药物开发试验阶段，动物实验结果证明该药物具有一定的安全性和耐受性，未来几年内将开展临床试验[136]。韩国蔚山国家科学技术研究所（UNIST）的研究人员开发出一种基于金属的化学物质——4 甲基环拉胺（TMC），该晶体可以水解 β 淀粉样蛋白（Aβ）[137]。McMaster 大学的研究人员证实，绿茶提取物 EGCG 能够干扰毒性物质的聚集，进而抑制了阿兹海默病患者认知能力的下降趋势[138]。目前正在开发的新药的临床试验绝大部分都集中在治疗已经出现症状的患者，这些患者已经有了记忆力减退、思维混乱、沟通障碍等症状，并开始逐渐丧失独立生活的能力。在过去的 5 年中，研究人员开始逐渐转向更早期的患者，他们的大脑中已经有了 β 淀粉样蛋白沉积，记忆力只是稍有减退或者没有问题。但是，研究人员提出，还需要针对更早的 β 淀粉样蛋白沉积尚未出现的人群开展研究[139]。

（3）帕金森病

在疾病机制方面，美国哥伦比亚大学及葡萄牙 Nova 医学院等机构的研究人员通过研究深入理解了这些神经元所具有的精确正常功能[140]。这项研究中，研究人员首次发现，神经活性的改变对于促进机体运动非常有必要，而且在运动开

135 Chouraki V, Preis S R, Yang Q, et al. Association of amine biomarkers with incident dementia and Alzheimer′s disease in the Framingham Study [J]. Alzheimers & Dementia, 2017, 13(12): 1327-1336.

136 Yasushi Y, Matsuo K, Izumi H, et al. Pharmacological properties of SAK3, a novel T-type voltage-gated Ca^{2+} channel enhancer [J]. Neuropharmacology, 2017, 117: 1-13.

137 Derrick J S, Lee J, Lee S J C, et al. Mechanistic Insights into Tunable Metal-Mediated Hydrolysis of Amyloid-beta Peptides [J]. Journal of the American Chemical Society, 2017, 139(6): 2234-2244.

138 Ahmed R, VanSchouwen B, Jafari N, et al. Molecular Mechanism for the (-)-Epigallocatechin Gallate-Induced Toxic to Nontoxic Remodeling of A beta Oligomers [J]. Journal of the American Chemical Society, 2017, 139(39): 13720-13734.

139 McDade E, Bateman R J. Stop Alzheimer′s before it starts [J].Nature, 2017, 547(7662): 153-155.

140 da Silva J A, Tecuapetla F, Paixao V, et al. Dopamine neuron activity before action initiation gates and invigorates future movements [J].Nature, 2018, 554(7691):244-248.

始之前多巴胺水平达到巅峰不仅能够调节运动开始，还能够调节机体的运动活力。研究结果表明，多巴胺神经元的活性似乎扮演着一道门的角色，其能够允许或阻止机体运动的开启，同时还揭示了为何多巴胺对机体运动如此重要，以及帕金森病患者机体中多巴胺的缺失为何会诱发相关疾病症状的出现。相关研究或将为研究人员开发治疗帕金森病的新型疗法提供新的思路，当患者对疗法 / 药物没有反应或无法服药时，就需要一种可替代的疗法，这种疗法称为"深度脑刺激"（deep brain stimulation，DBS），患者会被植入高频起搏器来阻断控制机体运动的大脑区域所产生的异常电信号。该研究表明，最好是当患者想要开始移动时对其进行脑刺激，这不仅能够有效促进其开始移动，还能够控制移动的活力，一旦证实这种可能性，研究人员或许就能使 DBS 疗法更加自然，从而也会减少患者出现不必要的不良反应。英国、意大利和西班牙的研究人员观察到与帕金森病相关的毒性蛋白聚集物如何破坏健康的神经元的细胞膜，导致它们的细胞壁出现缺陷，最终导致一系列诱导神经元死亡的事件，首次从结构上揭示帕金森病的关键组分的毒性产生机制[141]。

在疾病诊断方面，日本顺天堂大学的研究人员发现，检测机体血液中咖啡因的水平或能作为一种简单的方法来诊断帕金森病，血液中咖啡因水平的降低或许开始于疾病早期阶段[142]。

在治疗方面，美国西北大学神经学系的研究人员发现，Tacrolimus 的药物能够靶向疾病发生过程中的一类毒性蛋白，进而可以开发新型的疗法[143]。美国、德国和卢森堡的研究人员鉴定出一种有害的导致帕金森病患者出现神经元退化、由发生氧化的多巴胺和 α- 突触核蛋白（alpha-synuclein）堆积启动的级联事件，并且找出干扰它的方法，在早期进行抗氧化剂治疗，有望阻止神经退

141 Fusco G, Chen S W, Williamson P T F, et al. Structural basis of membrane disruption and cellular toxicity by alpha-synuclein oligomers [J]. Science, 2017, 358(6369): 1440-1443.

142 Fujimaki M, Saiki S, Li Y Z, et al. Serum caffeine and metabolites are reliable biomarkers of early Parkinson disease [J]. Neurology, 2017, 90(5): E404-E411.

143 Caraveo G, Soste M, Cappelleti V, et al. FKBP12 contributes to alpha-synuclein toxicity by regulating the calcineurin-dependent phosphoproteome [J]. Proceedings of the National Academy of Sciences of the United States of America, 2017, 114(52): E11313-E11322.

化，改善神经元功能[144]。美国杜克大学和霍华德·休斯医学研究所的研究人员开发出一种被称作 DART（drugs acutely restricted by tethering）的新方法，能防止药物影响所有类型神经元突触，将药物运送给大脑中特定类型的神经元。在首次研究中，DART 揭示出帕金森病模式小鼠中的行动困难如何由 AMPA 受体（AMPA receptor，AMPAR）控制。AMPAR 是一种突触蛋白，能够让神经元接受大脑中其他神经元快速传来的信号。这些结果揭示出为何近期一种 AMPAR 阻断药物的临床试验失败了，并且提供一种新方法使用这种药物。利用 DART 方法运送药物到特定的神经元有望治疗帕金森病[145]。

（4）胶质母细胞瘤

胶质母细胞瘤（GBM）是胶质瘤中恶性程度最高的致命脑癌。疾病机制方面，温州医科大学附属医院、克利夫兰诊所等机构的研究人员通过研究首次发现胶质母细胞瘤会被两种不同的癌症干细胞所驱动，当单独靶向作用每一种亚型的化疗制剂实现适度治疗效果时，将两种药物联合使用就能够出现协同作用效果[146]。美国国立卫生研究院、斯坦福大学、Dana-Farber 癌症研究所和哈佛医学院的研究人员发现，当神经连接蛋白-3（neuroligin-3，NLGN3）的信号分子缺乏时，或者当利用药物干扰这种信号分子时，人高分级神经胶质瘤（high-grade glioma）不能够在小鼠大脑中扩散[147]。2017 年 8 月 14 日，耶鲁大学系统生物学研究所的研究团队，通过 CRISPR 技术成功找到了导致胶质母细胞瘤的关键基因突变，结果表明，如果脑胶质母细胞瘤患者体内带有 *Zc3h13* 或 *Pten* 基因突变，其就会对化疗产生抗性[148]。

144 Burbulla L F, Song P P, Mazzulli J R, et al. Dopamine oxidation mediates mitochondrial and lysosomal dysfunction in Parkinson's disease [J]. Science, 2017, 357(6357): 1255-1261.

145 Shields B C, Kahuno E, Kim C, et al. Deconstructing behavioral neuropharmacology with cellular specificity [J]. Science, 2017, 356(6333): eaaj2161. DOI: 10.1126/science.aaj2161.

146 Jin X, Kim L J Y, Wu Q L, et al. Targeting glioma stem cells through combined BMI1 and EZH2 inhibition [J]. Nature Medicine, 2017, 23(11): 1352-1361.

147 Venkatesh H S, Tam L T, Woo P J, et al. Targeting neuronal activity-regulated neuroligin-3 dependency in high-grade glioma [J]. Nature, 2017, 549(7673): 533-537.

148 Chow R D, Guzman C D, Wang G C, et al. AAV-mediated direct in vivo CRISPR screen identifies functional suppressors in glioblastoma [J]. Nature Neuroscience, 2017, 20(10): 1329-1341.

治疗方面，NovoCure 公司 2017 年 12 月 20 日宣布其 Optune 联合替莫唑胺（temozolomide）治疗新诊断胶质母细胞瘤Ⅲ期临床关键试验的最终分析结果，与单独使用替莫唑胺的患者相比，接受 Optune 联合替莫唑胺治疗患者的总生存期和无进展生存期均明显延长了 37%，这是十多年来在不考虑患者特征的情况下用于证明新诊断的胶质母细胞瘤患者在统计上和临床上总生存期显著延长的第一个试验[149]。2017 年 12 月 7 日，美国 FDA 正式批准 Avastin（贝伐珠单抗）用于治疗复发性胶质母细胞瘤成人患者[150]。

2017 年 7 月，美国宾夕法尼亚大学科学家开展的一项Ⅰ期临床研究显示，嵌合抗原受体 T 细胞（CAR-T）疗法治疗胶质母细胞瘤在首个人体临床研究中成功跨越血脑屏障到达脑部肿瘤，安全性良好，同时降低了 GBM 细胞中表皮生长因子受体Ⅲ型突变体（EGFRvⅢ）的表达水平。该研究同时发现，EGFRvⅢ在患者间的表达差异很大。另外肿瘤针对 CAR-T 细胞输注表现出了积极的免疫抑制变化，这些因素可能是 CAR-T 疗法在临床应用中的一大障碍[151]。

2017 年 5 月，美国西北大学的研究人员通过研究，利用球形核酸开发出了首个能够用于人类机体全身性治疗的药物，目前这种球形核酸药物已经获得 FDA 批准，作为一种试验性新药正在开展多形性胶质母细胞瘤的早期临床试验。这种新药能够跨越血脑屏障直接进入动物模型大脑的肿瘤患处，在肿瘤位点该药物能够关闭关键的促癌基因的表达。这种药物代表了一类革命性的新型药物，还能够用于对其他神经变性疾病进行研究，比如阿尔茨海默病和帕金森病，其能够通过类似的作用机制来关闭诱发多种神经变性疾病的基因的表达[152]。北卡罗来纳大学的研究人员利用来自人类皮肤细胞制造的干细胞来捕捉并且杀

---

149 新浪医药. Optune 联合替莫唑胺治疗新诊断胶质母细胞瘤十年生存结果公布 [EB/OL]. [2017-12-10].http://news.bioon.com/article/6714732.html.

150 药明康德. 针对胶质母细胞瘤基因泰克疗法今日获批 [EB/OL]. [2017-12-07].http://news.bioon.com/article/6714090.html.

151 O'Rourke D M, Nasrallah M P, Desai A, et al. A single dose of peripherally infused EGFRvⅢ-directed CAR T cells mediates antigen loss and induces adaptive resistance in patients with recurrent glioblastoma [J]. Science Translational Medicine, 2017, 9(399): eaaa0984. DOI: 10.1126/scitranslmed.aaa0984.

152 Jensen S A, Day E S, Ko C H, et al. Spherical Nucleic Acid Nanoparticle Conjugates as an RNAi-Based Therapy for Glioblastoma [J]. Science Translational Medicine, 2017, 5(209): 209ra152. DOI: 10.1126/scitranslmed.3006839.

灭人类脑癌细胞，使得患者的生存率增加了 160%～220%[153]。

（5）精神疾病

在疾病机制方面，美国加州大学洛杉矶分校、芝加哥大学、中国中南大学和哥本哈根大学的研究人员发现，自闭症、精神分裂症和躁郁症的分子病理学分析结果表明不同的精神障碍（如自闭症和精神分裂症）之间存在显著的基因重叠，尤其是基因表达模式存在一些共性，当然也存在着显著差异[154]。美国加州大学圣地亚哥分校的研究人员发现与绝望和无助的感觉相关联的大脑回路，并且能够在小鼠中缓解甚至逆转这些症状[155]。

在治疗方面，美国加州大学圣地亚哥分校、北卡罗来纳大学等机构的科学家们合作，破译了一种被广泛使用的抗精神病药物停靠在其关键受体上的分子结构，这一研究或有望帮助研究人员开发出新型疗法来有效治疗精神分裂症、双相情感障碍和其他精神疾病等。该项研究首次精确地理解了在人类大脑中，非典型抗精神病药物如何与其主要的分子靶点相结合，为后期设计新一代高效且不良反应较小的抗精神病药物提供了新的思路。研究人员报道了抗精神病药物利培酮停靠在 D2 多巴胺受体上的晶体结构。这种新型的分子图像展现了药物利培酮能以一种意想不到的方式同 D2 受体进行结合，而这似乎无法根据此前类似的多巴胺受体的结构来进行预测。值得注意的是，D2 受体还拥有一种特殊的口袋结构，其或能被研究人员靶向利用来设计不良反应较小的选择性药物[156]。

3. 技术开发

2017 年脑科学领域主要在光遗传学、脑成像、深部脑部刺激、类脑计算与类脑智能等领域获得突破。

───────────────

153 Bago J R, Okolie O, Dumitru R, et al. Tumor-homing cytotoxic human induced neural stem cells for cancer therapy [J]. Science Translational Medicine, 2017, 9(375): eaah6510. DOI: 10.1126/scitranslmed.aah6510.

154 Gandal M J, Haney J R, Parikshak N N, et al. Shared molecular neuropathology across major psychiatric disorders parallels polygenic overlap [J]. Science, 2018, 359(6376): 693-697.

155 Knowland D, Lilascharoen V, Pacia C P, et al. Distinct Ventral Pallidal Neural Populations Mediate Separate Symptoms of Depression [J]. Cell, 2017, 170(2): 284-297.

156 Wang S, Che T, Levit A, et al. Structure of the D2 dopamine receptor bound to the atypical antipsychotic drug risperidone [J]. Nature, 2018, 555(25758):269-273.

在光遗传学领域，日本理化学研究所脑科学研究所、东京大学、新加坡国立大学的研究人员找到了将光非侵入性导入到脑深处的新方法，他们使用上转换纳米粒子（upconversion nanoparticles，UCNPs）将激光导入到了头盖骨深处。这种纳米颗粒可以在传统光遗传学无法达到的深度吸收近红外光并将它们转变为可见光，这种方法可用于激活大脑不同区域的神经元、沉默癫痫及激活记忆细胞[157]，为光控大脑向前迈进一步。

在脑成像方面，瑞士洛桑大学的研究人员开发了三维双光子成像方法，并且利用这种方法研究了星形胶质细胞的整个胞体内的 Ca^{2+} 动态变化，加深了对星形胶质细胞生物学特征的理解，解决二维钙离子成像不能获得星形胶质细胞在突触和血管功能中的作用的确切数据的问题[158]。

在深部脑刺激方面，美国麻省理工学院（MIT）研究人员开发出一种非侵入式的深度激发大脑内部神经元的方法，无需使用当前深度脑部刺激所需的植入装置。研究人员利用时间干涉（temporal interference，TI）刺激新技术操控小鼠头部的电极，让它的耳朵、爪子和胡须摇动，为大脑研究打开了另一扇门。研究人员通过大脑物理实体模型计算机建模和活体小鼠实验，测试了 TI 刺激，并采用 c-fos 蛋白标记了神经元的活动。结果显示，该电信号可激发大脑中的目标区域，而不是其外围的区域。通过在 3D 空间内操控 TI 刺激的参数，研究人员还能让小鼠的爪、胡须和耳朵左右交替活动。研究人员还在多次安全实验中证实了 TI 刺激不会损害脑组织、诱发癫痫或者导致脑细胞过热。但电刺激植入装置可以比 TI 刺激更集中地作用于特定脑部区域，正是由于这一特点其可以治疗某些病症。不过，其他一些疾病患者可能会受益于更加广泛的深度脑部刺激，如中风、创伤性脑损伤和失忆症。下一步，研究人员计划在人类志愿者身上进行 TI 刺激研究[159]。

---

157 Chen S, Weitemier A Z, Zeng X, et al. Near-infrared deep brain stimulation via upconversion nanoparticle-mediated optogenetics [J]. Science, 2018, 359(6376): 679-683.

158 Bindocci E, Savtchouk I, Liaudet N, et al. Three-dimensional Ca^{2+} imaging advances understanding of astrocyte biology [J]. Science, 2017, 356(6339): eaai8185. DOI:10.1126/science.aai8185.

159 Grossman N, Bono D, Dedic N, et al. Noninvasive Deep Brain Stimulation via Temporally Interfering Electric Fields [J]. Cell, 2017, 169(6): 1029-1041.

在类脑智能计算方面，加州大学圣地亚哥分校和Salk研究所的研究人员借鉴果蝇感知气味并对气味分类的神经算法，开发出一种新的解决最近邻域搜索问题的解决方案，即果蝇大脑启发计算算法，有助完成诸如在网络上搜索类似图像之类的任务[160]。美国洛克菲勒大学、IBM公司和西奈山伊坎（Icahn）医学院的研究人员合作设计出一种数学模型，能够预测一种分子产生的气味[161]。在机器学习方面，普林斯顿大学和英国巴斯（Bath）大学研究人员发现，通过将机器学习应用于人类日常语言，其结果会具有类人化的语义偏见[162]。

加州大学洛杉矶分校研究人员发现，大脑的计算能力可能要比目前认为的要高很多。神经元是构成神经系统结构和功能的基本单位，它由细胞体和细胞突起构成。以前认为，胞体产生电脉冲激活树突，树突被动地发送电信号给其他神经元胞体，这个过程是记忆形成以及存储的基础，树突的主要作用是传导电信号。但加州大学洛杉矶分校研究人员发现，树突并不只是被动的通信管道，在那些能自由走动的动物中树突具有电活性，产生的电脉冲是胞体的近10倍。这一发现挑战了长久以来科学家们的观点，即胞体产生的电脉冲是产生知觉、学习以及记忆形成的主要形式。研究人员还发现，树突除了产生电脉冲外，还会产生幅度较大且缓慢变化的电位，这表明树突能够执行模拟计算。由于树突的数量几乎比神经中心多近100倍，大量的树突状峰值的发生可能意味着大脑比以往认为的计算能力要高100倍[163]。

（三）国内重要进展

2017年，我国的国家脑科学计划在酝酿中，并于2018年5月的第S40次香山学术讨论会上启动"全脑介观神经联接图谱"国际合作计划。该计划目标

160 Dasgupta S, Stevens C F, Navlakha S. A neural algorithm for a fundamental computing problem [J]. Science, 2017, 358(6364): 793-796.

161 Keller A, Gerkin R C, Guan Y F, et al. Predicting human olfactory perception from chemical features of odor molecules [J]. Science, 2017, 355(6327): 820-825.

162 Caliskan A, Bryson J J, Narayanan A. Semantics derived automatically from language corpora contain human-like biases [J]. Science, 2017, 356(6334): 183-186.

163 Moore J J, Ravassard P M, Ho D, et al. Dynamics of cortical dendritic membrane potential and spikes in freely behaving rats [J]. Science, 2017, 355(6331): eaaj1497. DOI: 10.1126/science.aaj1497.

2018 中国生命科学与生物技术发展报告

是在 2020 年完成十万级神经元的斑马鱼大脑介观图谱，2025 年完成小鼠全脑介观图谱，2030 年完成猕猴全脑介观图谱。图谱将确定神经元空间位置、"输入""输出"以及与大脑功能（如行为、情感等）的因果关系等。该计划将由中国主导发起，科学家将陆续完成成立介观脑图谱研究中心、组建国内团队与创新技术平台、组建国际大计划执行委员会、组建国际团队和国际联盟等工作。北京、上海等地区的地区脑计划正在实施过程中[164]。

1. 基础研究

我国科学家成功克隆世界首例体细胞克隆猴，为脑科学基础与疾病研究提供有用的动物模型。2017 年 11 月 27 日，中国科学院战略性先导科技专项"脑功能联结图谱与类脑智能研究"支持的中国科学院神经科学研究所、脑科学与智能技术卓越创新中心非人灵长类平台诞生了世界上首个体细胞克隆猴"中中"。12 月 5 日，"中中"的妹妹"华华"也顺利诞生[165]。研究人员克服体细胞克隆猴的两大技术难题：①供体细胞核在受体卵母细胞中的不完全重编程，导致胚胎发育率低；②猴卵母细胞不透明，去核操作非常困难。研究人员使用偏振光的方式来给细胞"打光"，并实现在 10 秒内精准完成体细胞核移植的显微操作，同时不断尝试各种实验方法，通过表观遗传修饰促进体细胞核重编程，显著提高了体细胞克隆胚胎的囊胚质量和代孕猴的怀孕率[166]。体细胞克隆猴技术能在一年内产生大批遗传背景相同的模型猴，既可用于实施可探测标记的全脑图谱绘制的实验样本，探索人脑的基础结构与功能；又可用作人类疾病动物模型，减少个体间差异对实验的干扰，将有效提高脑疾病药物研发成功率。下一步，研究人员将重点"生产"一批针对不同疾病模型，如阿尔茨海默病、自闭症等的克隆猴，并在其基因里插入相关疾病的突变基因进行针对性研究，以加

---

164 甘晓. 中国科学家提出启动"全脑介观神经联接图谱"国际合作计划 [EB/OL]. [2018-5-3].http://news.sciencenet.cn/htmlnews/2018/5/411219.shtm.

165 Liu Z, Cai Y J, Wang Y, et al. Cloning of Macaque Monkeys by Somatic Cell Nuclear Transfer [J]. Cell, 2018, 172(4)：881-887.

166 丁佳. "中中"和"华华"来了！世界首例体细胞克隆猴诞生记 [EB/OL]. [2018-01-25].http://news.sciencenet.cn/htmlnews/2018/1/401128.shtm.

62

快免疫缺陷、肿瘤、代谢性疾病的新药研发进程[167]。

在脑神经回路研究方面，浙江大学求是高等研究院系统神经与认知科学研究所的研究人员运用光遗传学等多种技术手段操控神经回路，发现大脑中存在一条介导"胜利者效应"的神经环路，它决定着先前的胜利经历，会让之后的胜利变得更加容易[168]。该研究为研究社会等级的形成和稳定提供了新的思路和研究方法，也为对输赢决定、社会等级的认知等的神经环路进行更为细致的研究提供了新的靶点脑区。

在脑图谱绘制方面，中国科学院脑科学与智能技术卓越创新中心、中国科学院神经科学研究所神经科学国家重点实验室与华中科技大学研究人员合作，基于全自动显微成像方法——全脑定位系统（brain-wide positioning system，BPS），结合荧光蛋白特异性标记胆碱能神经元的小鼠模型及病毒标记技术，在单细胞水平解析了全脑内胆碱能神经元的定位分布和基底前脑胆碱能神经元的精细形态结构及投射图谱，获得了世界上第一套完整的胆碱能神经元三维全脑分布图谱。该图谱包含了小鼠胆碱能神经元在各个脑区的分布数目、胞体大小及胞体密度等多种信息，可为胆碱能神经元的功能研究提供解剖学参考。在此基础上，该研究还成功重建了小鼠基底前脑50个胆碱能神经元的完整形态，基于遗传标记、连接组和形态学参数进行了神经元分类；并通过分析这些神经元的投射脑区，提出了单个胆碱能神经元调控下游脑区的新模型，即单个胆碱能神经元的轴突分支倾向于共投射到具有相互连接关系的下游脑区，且相邻的胆碱能神经元有可能调控完全不同的下游环路[169]。可为理解胆碱能神经元如何调控神经活动提供新的参考，为神经元划分亚类提供新的启示。

在脑发育方面，胚胎大脑发育过程中，神经元发生（neurogenesis）始于脑室

---

167 沈慧. 大变活猴不是梦——克隆猴"中中""华华"诞生记 [EB/OL]. [2018-01-26]. http://www.stdaily.com/index/kejixinwen/2018-01-26/content_629609.shtml.

168 Zhou T T, Zhu H, Fan Z X, et al. History of winning remodels thalamo-PFC circuit to reinforce social dominance [J]. Science, 2017, 357(6347):162-168.

169 Li X N, Yu B, Sun Q T, et al. Generation of a whole-brain atlas for the cholinergic system and mesoscopic projectome analysis of basal forebrain cholinergic neurons [J]. Proceedings of the National Academy of Sciences of the United States of America, 2018, 115(2): 415-420.

区（ventricular zone，VZ）和脑室下区（subventricular zone，SVZ）的神经前体细胞，通过一定的迁移模式到达正确位点，最终组成高度精细、复杂的神经回路。胚胎大脑发育异常导致精神分裂症、自闭症、癫痫等神经发育疾病。一直以来，围绕神经前体细胞的增殖与分化、神经元的迁移、突触的重塑等的机制研究是神经科学领域研究热点。中国科学院动物研究所焦建伟研究组通过体内胚胎电转的手段，以及建立 H2A.z 大脑特异性敲除小鼠（cKO）模型，观察了 H2A.z 缺陷对于神经前体细胞增殖和分化以及神经元形态的影响。研究发现，H2A.z 缺陷导致神经前体细胞过度增殖，并抑制其分化；H2A.z 缺陷抑制神经元树突的发育。通过 RNA-seq 分析发现，在 cKO 的小鼠胚胎大脑组织中，Nkx2-4 的表达量显著下调，进一步通过 H2A.z ChIP-seq 和 H3K36me3 ChIP-seq 分析表明，H2A.z 的缺失影响了 Nkx2-4 启动子的 H3K36me3 结合。此外，研究还发现 H2A.z 能招募 H3K36 三甲基转移酶 Setd2，加强了 Nkx2-4 启动子的活性，从而促进 Nkx2-4 的转录。过表达 H2A.z 及 Nkx2-4 能够回救 H2A.z 缺陷造成的神经发生的异常。行为学分析表明，H2A.z 在大脑功能发挥方面扮演着重要角色，H2A.z 缺陷导致记忆下降及社交障碍。该研究不仅揭示了组蛋白变体 H2A.z 对胚胎大脑发育的影响机制，还证实了其在大脑功能发挥方面也发挥重要作用，进一步推动对大脑发育和功能异常的表观遗传调控机理的了解 [170]。

在脑功能方面，中国科学院神经学研究所的研究团队利用光遗传学、化学遗传学、膜片钳以及体内纤维光度测定技术，发现了痒信号在大脑中传递的中枢神经回路特征，证明了"脊髓 - 臂旁区（spino-parabrachial）"信号对于痒信号从脊髓向大脑传递十分关键，并且鉴定出了臂旁核（PBN）是第一个负责痒信号的中枢中转站 [171]。

2. 应用研究

在应用研究方面，复旦大学脑科学研究院、医学神经生物学国家重点实

---

170 Shen T J, Ji F, Wang Y Y, et al. Brain-specific deletion of histone variant H2A.z results in cortical neurogenesis defects and neurodevelopmental disorder [J]. Nucleic Acids Research, 2018, 46(5): 2290-2307.

171 Mu D, Deng J, Liu K F, et al. A central neural circuit for itch sensation [J]. Science, 2017, 357(6352): 695-698.

验室的研究人员揭示毒品成瘾记忆调控消退信号通路，即 β- 肾上腺素受体 /
β-arrestin 信号通路能调控可卡因成瘾小鼠的消退学习能力，促进成瘾消退，抑
制环境线索诱导的可卡因复吸[172]。研究人员正继续深入研究，以筛选针对该信号
通路的药物前体化合物。

3. 技术开发

中国科学院自动化研究所研究人员开发出拥有自主知识产权的高通量电镜
三维影像系统，正在逐步提高成像技术和识别算法的速度，做到高精、快速。
利用该平台，中国科学院神经科学研究所研究员杜久林团队完成了大脑体积约
为 0.5 立方毫米的幼龄斑马鱼全脑神经联接图谱的绘制，实现了对清醒的斑马
鱼（而非标本）的全脑所有神经元活动的追踪。

在脑成像方面，华中科技大学研究人员利用历时 16 年完成的显微光学切片
断层成像技术，已获得小鼠全脑及细胞构筑、血管网络和神经元形态的三维重
建图谱。此外，北京大学发布了基于高质量大样本的中国人脑精细结构模板，
使得中国人脑的研究无需基于西方人的结构模板[173]。

在类脑智能技术方面，中国科学院自动化研究所类脑智能研究中心类脑
信息处理（BRAVE）研究组，借鉴生物神经结构、认知机制与学习特性的神
经网络，在"视听模态的生成、融合"以及"智能体之间的知识迁移"取得
了重大突破。①视听模态融合：提出并分析了三种视听觉特征深度融合框架，
同时，为处理听觉模态缺失问题提出了一个动态多模态特征融合框架，其核
心模块为由一个编码器和一个解码器组成的听觉推理模型。具体过程为将视
觉特征输入编码器进行编码，利用解码器解码出对应的听觉特征，通过在生
成的听觉特征与真实的听觉特征之间增加 L2 范数约束来更新该模型参数，并
实现视觉特征到听觉特征的准确映射。模型在 MSR-VTT、MSVD 数据集上取
得了理想的效果。②视听模态生成：视听模态是视频中的两个共生模态，包

172 Huang B, Li Y X, Cheng, D Q, et al. beta-Arrestin-biased beta-adrenergic signaling promotes extinction learning of
cocaine reward memory [J]. Science Signaling, 2018, 11(512): eaam5402.DOI: 10.1126/scisignal.aam5402.

173 科技日报. 2020 年我国将绘成斑马鱼全脑介观图谱 [EB/OL]. [2018-05-03].http://news.bioon.com/article/6721579.html.

含相同和互补信息，为解决传统的跨模态相互生成方法存在的几大问题，课题组提出基于循环对抗生成网络的跨模态相互生成模型（CMCGAN）。该模型包含四个子网络，分别为 A-V（听觉到视觉），V-A（视觉到听觉），A-A（听觉到听觉）和 V-V（视觉到视觉）子网络。课题组同时也提出了一个动态多模态分类网络。③智能体之间的知识迁移：度量学习是许多计算机视觉任务的基础，包括人脸验证、行人再识别等。研究人员提出了三大类模型加速的方法：网络剪枝、模型量化和知识迁移。网络剪枝迭代地删除对最后决策不太重要的神经元或权值。模型量化通过降低网络中权值和激活函数的表达准确性来增加网络的吞吐量。知识迁移使用一个更大更强的老师网络去指导一个小的学生网络的学习过程[174]。

（四）前景与展望

脑科学是 21 世纪最具挑战性的重要前沿领域之一，脑科学领域的发展，不仅有助于人类认识自我、改进神经与精神疾病防治，而且与信息技术、工程科学等领域交叉融合，还将极大地推动人工智能等新兴产业的发展。欧美等主要科技强国都在实施本国的脑科学计划，同时，这些国家还成立各种形式的脑科学研究联盟，旨在通过全面协同合作，达到认识大脑、了解大脑、治疗大脑疾病等宏伟目标。

我国在非人灵长类动物模型领域实现了由国际"并跑"到"领跑"的转变，在高分辨率成像技术等方面有优势和实力，也主导了"全脑介观神经联接图谱"国际合作计划，但是目前还未参与到国际脑计划和国际大脑实验室两项大型国际计划中。我国应尽快实施和推进中国脑计划，参与到国际大型脑计划中，例如，部分实验室可以参与到国际大脑实验室系统中，通过参与国际竞争全面提高我国脑科学基础研究与成果转化能力。

未来，在脑科学基础研究领域，科学家们将对大脑的细胞类型进行更精确的鉴定，实现对脑细胞全面调查，在此基础上，实现对各种功能的脑神经回路

---

174 自动化所. 类脑信息处理研究取得进展 [EB/OL]. [2018-02-05]. http://news.bioon.com/article/6717155.html.

的鉴定，解析大脑感知觉和学习记忆等高级功能，并与人类各种行为相关联，精确解析大脑的结构与功能，实现认识大脑的目标。

在脑科学应用研究方面，脑发育障碍导致的疾病、神经退行性疾病以精神疾病的疾病机理将被进一步解析，各类脑疾病的预防、诊断与治疗手段将不断创新，以应对全球人口老龄化带来的巨大挑战，实现全面健康目标。

目前，光遗传学、神经细胞连接追踪和解析、单细胞测序和标记以及克隆猴等一批技术突破正在迅速推动人们对大脑的认识进程。未来，这些新兴技术仍将快速发展。另一方面，借鉴大脑作用机理的类脑智能技术将为脑科学研究、脑疾病治疗和人工智能产业带来变革。

三、合成生物学

（一）概述

合成生物学是从化学、生物学、物理学、计算机科学和工程学领域发展起来的一个突破性多学科交叉领域，它引入工程学的模块化、标准化概念和系统设计理念，综合物理、化学、信息等各学科知识和技术，以人工合成或改造重组 DNA 为基础，设计创建生物元件、模块、器件和装置，并通过这些元器件改造现有自然生物体系[175, 176]，或创建自然界中尚不存在的生物学组分和系统等 "人造生命"[177]。合成生物学的应用范围广泛，包括生物燃料、工业酶、疫苗和抗体、生物基化学品以及相关的生命科学研究等领域。据美国 Crystal Market Research 公司 2017 年 7 月发布的一份合成生物学市场研究报告指出，到 2025

---

175 Canton B, Alabno A, Endy D. Refinement and standardization of synthetic biological parts and devices [J]. Nature Biotechnology, 2008, 26(7):787-793.

176 雍晓雨，陈怡露. 合成生物学应用于生物制造产业的研究现状与发展［M］// 中国科学院生命科学与生物技术局. 2012 工业生物技术发展报告. 北京：科学出版社，2012: 67.

177 Redford K, Adams B, Mace G. Framing paper prepared for "How will synthetic biology and conservation shape the future of nature?" [M]. Cambridge: University of Cambridge Press, 2013.

年全球合成生物学市场规模有望达到 260 亿美元。

合成生物学的快速发展，融合遗传学、自动化技术、信息科技等领域的研究成果形成了颇具前景的创新领域。合成分子和微生物的完全定制为制药工业、环境生物技术和工业生物技术领域带来了巨大机遇。要想通过对发现过程、基因工程和制造过程的不断优化来驱动这些创新，则高度依赖于对海量数据的系统分析。生物学数据正以一种非结构化的方式呈指数级快速增长。因此，大数据和知识管理的配套系统对于合成生物学未来的发展来说是不可或缺的。虚拟云计算实验室集成了生物学、机器人和软件的整合技术包，借助其在实验设计和数据之间无缝连接的优势来加速知识和发现，每个实验的设计都得到了前期实验数据的支持。

通过理性设计合成病毒用于生产人类和动物疫苗等，尤其是用于肿瘤免疫的疫苗，在癌症的个性化治疗方面展现了广阔的应用前景。以色列 SynVaccine 公司正在设计／开发这方面的产品。未来多数药物都将是基于 DNA 的生物制剂。随着遗传数据变得更易获取，基于 DNA 的药物将成为个性化疗法中不可或缺的一部分，当前我们开展生物制剂研发所面临的主要挑战包括：新分子发现、分子工程的复杂性、生物制造业效率低以及药物递送系统的缺陷。英国 Oxford Genetics 公司开发的 SnapFAST 基础技术，是一个类似乐高的核心 DNA 系统模块。通过选择预先设计的 DNA 部件，如启动子和增强子，结合自身的优化序列，该公司的客户可以快速建立新的治疗方案。例如，一种可以将 DNA 传输到多种细胞类型的新型腺病毒基因治疗系统。

除了上述创新之处以外，2016 年 6 月启动的"基因组编写计划"（GP-write）宣布重大调整，项目重点将由合成所有人类基因组碱基转向重编码基因组，改变细胞基因结构，以制造对病毒感染免疫的细胞。有专家表示，更广泛地来说，该项目可能有助于研究人员超越 CRISPR 等编辑工具的限制，不再局限于在几个特定位置对 DNA 进行调整，而是对基因组进行更广泛的重新设计。除抵抗病毒外，项目领导者还在考虑开发其他具安全性的细胞特征，例如抗癌性突变、抗辐射和抗寒等。

（二）国际重要进展

1. 基因电路工程

美国伊利诺伊大学厄巴纳-香槟分校研究人员使用大肠杆菌作为模型宿主构建了一种整合模型框架，实现了基因回路行为的准确预测，可提高合成回路设计的有效性[178]。这项工作进一步推动了基因回路行为的定量认识，促进了基因网络设计从试错法建设转向理性正向工程。通过系统地阐述关键的细胞过程和多层回路宿主相互作用，进一步揭示了定量生物学，以更好地了解复杂的细菌生理学，其在医疗和生物技术应用方面也颇具前景。

来自美国哈佛大学 Wyss 研究所、亚利桑那州立大学、哈佛医学院、麻省理工学院和哈佛大学-麻省理工学院 Broad 研究所的一项最新研究表明，通过向大肠杆菌中添加少量带有逻辑门的遗传材料，可控制其信使 RNA 执行特定的计算，使活细胞能够经诱导以一种微型机器人或计算机的形式执行计算[179]。该研究对智能药物设计与投送、绿色能源和低成本诊断技术等均有重要价值，合成生物学家期望未来能利用 RNA 计算能力来诱导细菌进行光合作用，在果蝇身上制造昂贵的药物，或者诊断和消灭肿瘤细胞。

2018 年 1 月，美国赖斯大学和休斯敦大学的研究者计算了每个构建模块所需的具体属性，并与大肠杆菌进行适配，将各种模块混合并配对形成启动子文库（每个启动子被设计为以特定的方式对一种或多种化学物质进行反应），创造了可根据需要精确调整基因电路的输入和输出水平的工具包[180]。这项研究有助于生命科学领域的研究者系统设计细菌和其他生物来执行自然条件下无法完成的任务，例如在合适的时间、正确的身体部位生产药物或其他复杂的分子，来

178 Liao C, Blanchard A T, Lu T. An integrative circuit-host modelling framework for predicting synthetic gene network behaviours [J]. Nature Microbiology, 2017, 2: 1658-1666.

179 Green A A, Kim J, Ma D, et al. Complex cellular logic computation using ribocomputing devices [J]. Nature, 2017, 548: 117-121.

180 Chen Y, Ho J, Shis D, et al. Tuning the dynamic range of bacterial promoters regulated by ligand-inducible transcription factors [J]. Nature Communications, 2018, 9: 64.

对抗癌症或炎症性肠病等疾病。

免疫疗法已经被认为具有抗击大范围癌症的潜力。2017 年 11 月，美国麻省理工学院研究人员构建了一个 DNA 设计编码的合成基因电路，可区分癌细胞和非癌细胞。癌细胞与正常细胞在基因表达谱中有所不同，因此研究人员开发了合成启动子——这是一段设计好的能够与特定的在肿瘤中活跃的蛋白质相结合的 DNA 序列，仅在癌细胞中启动基因表达。基因电路会通过病毒递送到身体受影响区域的细胞中。当它们发现两个特定的癌症标记，即两个癌症启动子都活跃时，即刻触发身体的免疫系统攻击癌症[181]。

CRISPR 基因编辑系统给生物学研究的发展带来了巨大变革，但该技术仍存在不足之处，因此各国科学家都在致力于改进这一技术，以更好地开发其应用潜力。2017 年 6 月，美国斯克里普斯研究所的研究人员通过研究改善了当前最先进的基因编辑技术，使其能够更加精准地靶向切割并且粘贴人类和动物细胞中的基因，这种系统能够简单、明显地改善同时对多个基因或单个基因多个位点的编辑能力，对于靶向作用多个疾病相关的基因或疾病相关基因的多个位点的研究和疾病治疗或许大有益处[182]。2018 年 4 月 13 日，加拿大阿尔伯塔大学的研究者发现了一种方法，用被称为桥联核酸（bridge nucleic acids，BNA）的合成分子取代天然引导分子，从而大大提高基因编辑技术的准确性[183]。

2. 合成基因组

2017 年 8 月，合成基因组学公司（Synthetic Genomics，SG）研究团队发布了一款数字生物转换器（digital-to-biological converter），能够将描述 DNA、RNA 或蛋白质的数字化信息发送到设备，并将其打印成原始生物材料的合成版本。该项目研究人员已经将该机器用于病毒的远程合成，并声称他们正在尝试

181 Nissim L, Wu M R, Pery E, et al. Synthetic RNA-Based Immunomodulatory Gene Circuits for Cancer Immunotherapy [J]. Cell, 2017, 171(5): 1138-1150.

182 Zhong G C, Wang H M, Li Y J, et al. Cpf1 proteins excise CRISPR RNAs from mRNA transcripts in mammalian cells [J]. Nature Chemical Biology, 2017, 13: 839-841.

183 Christopher C, Keewon S, Jinho P, et al. Incorporation of bridged nucleic acids into CRISPR RNAs improves Cas9 endonuclease specificity [J]. Nature Communication, 2018, 9: 1448.

最小细胞的合成，以便于将这一远程打印过程用于创建活生物体[184]。

在过去的几十亿年里，生命体所采用的DNA"语言"仅有4个"字母"。美国斯克利普斯研究所研究人员在大肠杆菌细胞DNA中，加入了两种外源化学碱基，之后细胞再将这些非天然氨基酸插入到荧光蛋白中，完成了活细胞DNA转录与蛋白翻译。这项研究的关键在于研究人员研发出了一种新版本的tRNA，可以完成非天然密码子的翻译，且不改变绿色荧光蛋白的形状或功能[185]。在后续的研究中他们将一对外源碱基对插入到抗生素耐药性基因的关键位点中，令耐药性细菌重新对青霉素相关药物产生感应。

3. 合成药物与生物基产品

美国劳伦斯利弗莫尔国家实验室（Lawrence Livermore National Laboratory，LLNL）开发了一种无细胞生产衣原体疫苗（主要外膜蛋白MOMP）的方法，从大肠杆菌中获取所需的合成工具（富集的核糖体和转化机制），再添加了一些重要组分（如RNA聚合酶），在细胞外创造了蛋白质生产的环境，利用树状聚合纳米脂蛋白（telodendrimer nanolipoprotein，tNLPs）颗粒在反应过程中进行自组装，以产生支持MOMP蛋白功能状态的支架，从而实现疫苗的合成[186]。这是世界上首个利用tNLPs颗粒在无细胞环境下生产衣原体膜蛋白的方法，对抗原结构复杂的疫苗开发具有重要意义。

美国密歇根大学研究人员改造了一种天然产生糖的蓝藻菌株，使它们不断地将糖排入到周围的盐水中，这些盐水中有天然的细菌，可以从分泌出的糖中得到营养，并制成可降解的生物塑料[187]。

2018年3月，美国普林斯顿大学研究人员通过光调控基因表达，使酿酒酵

184 Boles K, Kannan K, Gill J, et al. Digital-to-biological converter for on-demand production of biologics [J]. Nature Biotechnology, 2017, 35: 672-675.

185 Zhang Y, Ptacin J, Fischer E, et al. A semi-synthetic organism that stores and retrieves increased genetic information [J]. Science, 2017, 551: 644-647.

186 He W, Felderman M, Evans A, et al. Cell-free production of a functional oligomeric form of a *Chlamydia* major outer-membrane protein (MOMP) for vaccine development [J]. Journal of Biological Chemistry, 2017, 292 (36):15121-15132.

187 Weiss T L, Young E J, Ducat D C. A synthetic, light-driven consortium of cyanobacteria and heterotrophic bacteria enables stable polyhydroxybutyrate production [J]. Metabolic Engineering, 2017, 44: 236-245.

母工程菌株生产异丁醇的能力大幅提高，比先前报道的水平高出 5 倍，该研究也为科学家们提供了一个强大的新工具来探索细胞的代谢过程[188]。

来自英国布里斯托尔生物设计研究所（Bristol BioDesign Institute，BBI）的多学科团队共同开展了蛋白质笼的蛋白质自组装，开拓了其在纳米技术和合成生物技术方面的应用潜力[189]。这项成果揭示了自组装蛋白质笼的规律性，有望推进自组装蛋白设计研究和新的实验方法的发展，也可广泛应用于超材料合成、靶向药物传递、疫苗设计和纳米反应器等。

有机硼化合物不仅在有机合成方面应用广泛，还可用作聚合反应的引发剂、煤油抗氧化剂、肥料、杀菌剂和抗癌药等。但迄今为止，自然界中并未发现可以合成有机硼化合物的生物体。2017 年 11 月，加州理工学院研究团队首次创造出能生产有机硼化合物的大肠杆菌，并且这种细菌的生产速度比普通化学反应快 400 倍。这项合成生物学领域的成果标志着细菌可以生成硼 - 碳化学键[190]。

生物学方法使化合物生产变得更绿色、更经济，同时产生更少的有毒废弃物。2018 年 2 月，美国德克萨斯大学奥斯汀分校的研究团队开发了一种新的具有成本效益的方法，通过对耶氏解脂酵母（*Yarrowia lipolytica*）进行基因工程改造，重新构造了酵母中的代谢途径，增加了聚酮化合物——三乙酸内酯（TAL）的产量，其生产水平远远超过目前的生物方法，使得聚酮化合物能够大批量生产，并用于工业领域的各项创新应用[191]。

4. 底盘细胞修饰及改造

美国哈佛大学 Wyss 研究所利用了引物交换反应（primer exchange reaction，

188 Zhao E, Zhang Y F, Mehl J, et al. Optogenetic regulation of engineered cellular [J]. Nature, 2018, 555: 683-687.

189 Mosayebi M, Shoemark D K, Fletcher J M, et al. Beyond icosahedral symmetry in packings of proteins in spherical shells [J]. PNAS, 2017, 114 (34): 9014-9019. DOI: 10.1073/pnas.1706825114.

190 Kan J, Huang X Y, Gumulya Y, et al. Genetically Programmed Chiral Organoborane Synthesis [J]. Nature, 2017, 552: 132-136.

191 Markham K, Palmer C, Chwatko M, et al. Rewiring *Yarrowia lipolytica* toward triacetic acid lactone for materials generation [J]. PNAS, 2018, 115(9): 2096-2101.

PER）的新概念，开发了一种让预先设计的 DNA 序列自主延伸、按照特定路径连接的方法[192]。PER 级联反应器实现了让完整的可编程的分子设备形成，填补了不同设备之间的兼容性问题，为分子器件的编程提供了有用工具，将在合成生物学领域拥有广泛应用。

英国布里斯托尔大学研究人员鉴定了涉及截短侧耳素生物合成的步骤，确定蘑菇 *Clitopilus passeckerianus* 中负责截短侧耳素生产的遗传途径包含 7 个基因，并将整个途径在具有工业应用价值的丝状真菌米曲霉（*Aspergillus oryzae*）中重建，获得了抗菌活性增强的半合成截短侧耳素衍生物[193]。这项研究为今后其他担子菌天然产物生物合成途径在异源子囊菌宿主中的表征铺平了道路。该平台也使得对日益增多的有效抗生素类进行进一步化学修饰成为可能。

2018 年 5 月，韩国科学技术院（Korea Advanced Institute of Science and Technology，KAIST）的研究人员利用电位 /pH 图预测纳米材料的可生产性和结晶度，并以此分析它们的生物合成条件。在此基础上构建大肠杆菌工程菌株，该菌株可以共表达金属硫蛋白和植物螯合肽合成酶，并可以利用元素周期表中的 35 个单元素底物或多元素底物生产出一大批纳米材料[194]。这项研究避免化学和物理处理，在温和条件下生物合成纳米材料，触发了生物系统生产各种各样纳米材料的潜力，同时也为理解晶体和非晶体纳米材料生物合成机理差异打下了基础。

（三）国内重要进展

1. 基因电路工程

极端微生物是开发下一代工业生物技术的基础细胞，因为它们可以抵抗微生物污染。但构建极端微生物的工程化菌株并非易事。

192 Kishi J, Schaus T, Gopalkrishnan N, et al. Programmable autonomous synthesis of single-stranded DNA [J]. Nature Chemistry, 2017, 10: 155-164.

193 Alberti F, Khairudin K, Venegas E R, et al. Heterologous expression reveals the biosynthesis of the antibiotic pleuromutilin and generates bioactive semi-synthetic derivatives [J]. Nature Communication, 2017, 8: 1831.

194 Choi Y J, Park T J, Lee D C, et al. Recombinant Escherichia coli as a biofactory for various single and multi-element nanomaterials [J]. PNAS, 2018, 115(23): 5944-5949.

假单胞菌是工业上引人关注的嗜盐菌株，其基因操作非常费力耗时。清华大学研究人员开发了一种通过 CRISPR/Cas9 系统对盐单胞菌进行基因组编辑的快速、高效的方法，且可以达到最高 100% 的效率[195]。

以烟曲霉酸、夫西地酸和头孢素 P1 为代表的抑菌剂，因其对常用抗生素无交叉耐药性而备受瞩目。但到目前为止科学家对其生物合成途径的了解仍不够透彻。暨南大学的研究者首次将推测合成烟曲霉酸的基因簇中的 9 个基因逐步导入米曲霉 NSAR1 菌株中，结果在终产物中能检测到烟曲霉酸（约 20mg/L），证实推测的基因组可用于烟曲霉酸的生物合成。并由此分离到了 21 个衍生物，其中有 3 个衍生物在抗金黄色葡萄球菌实验中表现出比螺旋霉素更强的效果。值得注意的是，研究者观察到由混杂的短链脱氢酶/还原酶和细胞色素 P450 酶介导的不寻常的 C-4 去甲基化过程，这和常见的甾醇生物合成不同。该研究成果为使用生物合成途径来扩大夫西地酸类抗生素的化学多样性奠定了基础[196]。

清华大学和中国科学院深圳先进技术研究院的合作团队开发了一种机器学习结合途径标准化组装优化异源代谢途径的新方法，能够在酿酒酵母中快速优化异源代谢组合途径，实现高产菌株的高效获取[197]。

2018 年 6 月，中国科学院青岛生物能源与过程研究所和上海生命科学研究院合作，通过体外重构双亚基转酮酶（Rif15）和细胞色素 P450 酶（Rif16）的活性，揭示了利福霉素衍生物相互转化的生物合成网络，最终阐明了利福霉素生物合成反应后期步骤的机制[198]。利福霉素衍生的药物长期以来是治疗结核病的一线药物。该研究成果对于生产利福霉素衍生物的工业优选菌株的选育和改良

195 Qin Q, Ling C, Zhao Y Q, et al. CRISPR/Cas9 editing genome of extremophile *Halomonas* spp. [J]. Metabolic Engineering, 2018, 47: 219-229.

196 Lv J M, Hu D, Gao H, et al. Biosynthesis of helvolic acid and identification of an unusual C-4-demethylation process distinct from sterol biosynthesis [J]. Nature Communicaitons, 2017, 8:1644.

197 Zhou Y K, Li G, Dong J K, et al. MiYA, an efficient machine-learning workflow in conjunction with the YeastFab assembly strategy for combinatorial optimization of heterologous metabolic pathways in *Saccharomyces cerevisiae* [J]. Metabolic Engineering, 2018, 47: 294-302.

198 Qi F F, Lei C, Li F W, et al. Deciphering the late steps of rifamycin biosynthesis [J]. Nature Communication, 2018, 9: 2342.

路径优化提供了极大帮助。

2. 合成药物与生物基产品

2017 年 10 月，中国科学院青岛生物能源与过程研究所单细胞中心领导的包括美国马里兰大学、北京大学、中国科学院水生生物所等在内的团队，通过阐明与调控微拟球藻中一系列内源 II 型二酰甘油酰基转移酶的分工与合作机制，证明工业微藻的藻油饱和度能够定制化地人工设计，从而将微藻细胞工厂推入"藻油品质定制化"时代[199]。

2018 年 1 月，中国科学院天津工业生物技术研究所江会锋研究团队与云南农业大学杨生超团队合作，利用合成生物学和生物信息学技术，成功从灯盏花基因组中筛选到了灯盏花素合成途径中的关键基因 P450 酶 EbF6H 和糖基转移酶 EbF7GAT，并在酿酒酵母底盘中成功构建了灯盏花素合成的细胞工厂[200]。通过代谢工程改造与发酵工艺优化，灯盏花素含量达到百毫克级，具有较高的产业化价值。

实现高密度的细胞生长技术是大多数生物技术产品的经济工业生产中所必需的。然而，限制生物反应器中的细胞密度的关键因素是发酵后期中氧气的可用性。清华大学研究人员通过增强氧气利用率提高了盐单胞菌的聚 -3- 羟基丁酸产量[201]。

江南大学研究人员通过对果糖软骨素相关的代谢途径分析，进而通过平衡大肠杆菌 K4 胞内果糖软骨素的合成前体物质的浓度来提高果糖软骨素的产量[202]。果糖软骨素主要被应用于骨关节炎的治疗，此外还具有抗寄生虫和病毒感染的功效。利用微生物以可再生原料生产软骨素或类软骨素多糖可以很好地替代先前从动物组织中提取的方法。

199 Xin Y, Lu Y D, Lee Y Y, et al. Producing Designer Oils in Industrial Microalgae by Rational Modulation of Co-evolving Type-2 Diacylglycerol Acyltransferases [J]. Molecular Plant, 2017, 10(12): 1523-1539.

200 Liu X N, Cheng J, Zhang G H, et al. Engineeringyeast for the production of breviscapine by genomic analysis and syntheticbiology approaches [J]. Nature Communication, 2018, 9: 448.

201 Quyang P F, Wang H, Hajnal I, et al. Increasing oxygen availability for improving poly(3-hydroxybutyrate) production by *Halomonas* [J]. Metabolic Engineering, 2017, 45: 20-31.

202 Enhancing fructosylated chondroitin production in *Escherichia coli* K4 by balancing the UDP-precursor [J]. Metabolic Engineering, 2018, 47: 314-322.

3. 底盘细胞修饰和改造

继 2017 年 3 月,《科学》同期发表专刊论文报道 16 条酵母染色体中有 6 条被成功人工合成的研究成果之后,该国际团队在 2018 年 5 月《自然 - 通讯》上又以专刊形式发表了 7 篇论文,围绕在人工合成酵母染色体上加装的 SCRaMbLE 系统及其应用展开了一系列研究。酵母菌株迅速进化的"超能力"来自于 SCRaMbLE 系统,然而 SCRaMbLE 系统却不是天然存在的,是研究人员在人工合成酵母染色体时"加装"进去的。中国科学院深圳先进技术研究院戴俊彪和英国曼彻斯特大学蔡毅之的合作团队为 SCRaMbLE 系统设计了一套筛选系统 ReSCuES,这套系统被形象地称为神奇的"进化加速器"。在细胞内的野生型 loxP 位点和 loxPsym 位点具有严格的正交性,即不会发生交叉反应,但是都能够被 Cre 重组酶识别并介导反应。利用这一特性,研究团队构建了一个正交性的报告系统 ReSCuES,可以从 SCRaMbLE 后的混乱群体中精确筛选出发生基因组重排的细胞[203]。研究团队还开发了基于重组酶的组合方法"SCRaMbLE-in",同时解决外源途径优化和底物工程的两大挑战,可以快速实现途径的原型化和工程化[204]。该国际团队中的另一支国内科研团队由天津大学元英进带领,他们发表的三篇研究长文介绍了精确控制基因组重排技术的一系列研究成果。该成果填补了基因组结构变异的技术空白,提高了细胞工厂的生产效率,加速了微生物的进化和生物学知识的发现[205, 206, 207]。

203 Luo Z Q, Wang L H, Wang Y, et al.Identifying and characterizing SCRaMbLEd synthetic yeast using ReSCuES [J]. Nature Communication, 2018, 9: 1930.

204 Liu W, Luo Z Q, Wang Y, et al. Rapid pathway prototyping and engineering using in vitro and in vivo synthetic genome SCRaMbLE-in methods [J]. Nature Communication, 2018, 9: 1936.

205 Jia B, Wu Y, Li B Z, et al. Precise control of SCRaMbLE in synthetic haploid and diploid yeast [J]. Nature Communication, 2018, 9: 1933.

206 Shen M J, Wu Y, Yang K, et al. Heterozygous diploid and interspecies SCRaMbLEing [J]. Nature Communication, 2018, 9: 1934.

207 Wu Y, Zhu R Y, Mitchell L, et al. *In vitro* DNA SCRaMbLE [J]. Nature Communication, 2018, 9: 1935.

（四）前景与展望

合成生物学的发展代表未来生物技术革命的方向，其快速发展有望为化工、材料和能源等行业的发展带来颠覆性变化；同时，合成生物技术理念与植物化学、药物学结合，也将加速从发现、鉴定到开发出新药及其他新型化工产品的过程，市场潜力巨大。

合成生物学能突破生物体天然代谢合成功能与范围的局限，生产传统制造业难以高效制造的、产量极低的，甚至自然界稀有的或不存在的特殊产品。此外，合成生物学还可把部分基因连接成电路，从而制作更加复杂的结构。例如，通过提供广泛的专用基因电路来为个性化医疗做出贡献。预计生物医学基因电路有可能成为下一代个性化医疗的基石，尤其是难以根除或难以治疗的疾病。

基因编辑技术等使能技术的进步也加速了合成生物学其他领域的发展，但在治疗疾病、提高药物和化工产品产量、修复环境污染等多个方面发挥作用的同时，合成生物学也可能被恶意使用来威胁人类健康或用于军事战争。2018 年 6 月，美国国家科学院发布了《合成生物学时代的生物防御》报告，为合成生物学相关的生物安全问题和技术进步所需的关注度评估给出了一个指导框架，并找出有助于缓解这些问题的方案。我国相关机构也应在不断推进合成生物学发展的同时，对其可能带来的影响人类健康、生态环境等的生物威胁保持高度关注，并推行持续的化学和生物防御战略。

四、表观遗传学

（一）概述

人类基因组序列的破译为生命健康和疾病发生的研究提供了关键助力，然而基因组携带的信息量相对有限，难以充分解释生命过程中的遗传多样性和不确定性。表观遗传学在基因组学之上，关注不涉及基因序列变化的转录修饰和信息传递，试图解答遗传信息在基因组向转录组传递过程中的调控机制，解读外部或环境因素对生理表型特征的影响。

表观遗传学的调控作用可能影响细胞的分化终点，抑或介导由年龄、环境、生活方式、健康 / 疾病状态等产生的异常特征，这一过程中的分子作用关系和相关生物标志物对重大慢性疾病、炎症和免疫、机体衰老等医疗挑战具有重大意义，甚至有望在临床上实现重大疾病的精准预警和诊断，完成再生医学等新兴治疗方法的普及和应用。

2010 年，美国、加拿大、欧盟、德国、日本、新加坡、澳大利亚等国家或组织的科学研究机构在巴黎成立国际人类表观遗传学合作组织（IHEC），旨在从表观基因组层面了解环境因素下的人类演化迭代历程。发达国家对表观遗传学的研究内容基本达成共识，强调表观遗传学图谱研究和数据分析工具为两大重要任务。IHEC 计划在组织成立后 7～10 年内至少破译 1 000 个表观基因组，验证并生成超高分辨率的蛋白修饰图谱、DNA 甲基化图谱、编码基因转录起点标记图、非编码基因完整目录、疾病比较表观基因图谱等。一方面，IHEC 关注细胞发育、增殖、分化、衰老、压力应激等方面的基础知识，用以刺激健康研究和再生医学的进步；另一方面，IHEC 面向生物信息学领域，开发用于表观基因组测绘和整合的标准化数据模型和分析工具。

美国和欧盟在表观遗传学的投入力度走在世界前列，其中"路标计划"和 BLUEPRINT 项目是国际上较早开展的大型表观遗传学研究计划。2008 年，NIH 依托"路标计划"（Roadmap Plan）连续 5 年共投入 1.9 亿美元，目标是围绕下一代测序技术绘制疾病和正常细胞的综合表观组图谱，率先制定和推广表观遗传学的标准化分析工具和传播协议，扩散美国在该领域的学术影响力和技术优势。欧盟 BLUEPRINT 项目启动于 2011 年十月，历时 5 年，由欧盟第七框架项目（FP7）提供近 3 000 万欧元资助，41 个欧洲大学、研究机构、企业的研究人员参与了 BLUEPRINT 研究，其目标是产生至少 100 个参考表观基因组，进一步了解健康和疾病患者细胞中的基因激活和抑制过程，进而开发新的诊断标记和药物靶点，深化"个性化医疗"的发展。截至 2016 年，BLUEPRINT 项目组在 Cell 等期刊上发表 41 篇研究论文，涉猎神经系统、免疫应激、发育、肿瘤、造血功能异常 5 大领域 20 个具体疾病的表观组学研究。

目前，IHEC 成员国家正在进行的表观遗传学研究项目还包括：加拿大"表观基因组、环境和健康研究联盟网络"（CEEHRC Network），日本"演化科学与技术核心研究"（CREST），德国表观遗传学研究计划（DEEP），美国"DNA 元件百科全书"计划（ENCODE），欧盟"MultipleMS"项目，欧洲"慢性传染病系统医药联盟"（SYSCID），美国"4D Nucleome"项目等，研究内容多元丰富，面向分子生物学、生物信息学、临床医学等多学科领域。

我国紧随发达国家进入表观遗传学领域。科学技术部于 2005 年启动表观遗传学研究工作，重点关注肿瘤和神经系统疾病发生过程中的表观遗传学机制。2010 年起，国家自然科学基金委批准的表观遗传学项目数量快速增长，2015 年达 227 项，总资助金额高达 1.44 亿元。我国表观遗传学研究更侧重临床医学应用版块，2016 年 64% 的表观遗传学研究项目属于医学大类，其中肿瘤成为最受关注的疾病类型。从研究内容看，我国表观遗传学研究主要关注微观分子层面，其研究思路和重点包括：表观遗传功能的建立、维持、调控机制；信号传导与表观修饰、基因表达的整合研究；从表观遗传调控到个体发育再到环境适应机理。在分子研究的基础上，我国研究人员面向临床应用，探讨表观遗传治疗的可行性方法。

对于我国"精准医学"研究计划来说，表观组学是除全基因组测序分析之外的另一个重要研究内容。中国科学院北京基因组研究所牵头的"中国人群精准医学研究计划"包括了糖尿病人群的表观基因组研究以及肿瘤早诊与治疗的精准医学方案等研究项目。2018 年，我国科研企业已经通过国际合作的形式，利用国际尖端技术，落实在我国人群层面，启动表观遗传组的大规模研究计划。

（二）国际重要进展

1. 遗传修饰与基因调控

瑞士 Max Planck 免疫生物学和表观遗传学研究所在果蝇体内发现了表观遗传修饰由母体向胚胎传递的现象，首次直观地展示了继承信息的生物学过程，证明母亲的表观遗传学记忆对后代的发育和生存至关重要[208]。部分表观遗传修饰能够从母体向胚胎传递，表现为表观特征的世代遗传。细胞中的 H3K27me3 修饰与核 DNA 压缩和基因抑制有关。研究团队通过基因工程方法在受精胚胎中移除了添加 H3K27me3 标记的甲基化酶，发现缺乏 H3K27me3 标记的胚胎发育停滞，分子水平上早期发育阶段应处于关闭状态的基因被过早地激活，这导致了胚胎发育异常及死亡。这一研究结果意味着母体的一些表观遗传标记可能在胚胎乃至后代发育过程中发挥微调控制作用，未来研究人员有望通过表观遗传学的角度了解父母生活环境和生活方式对于后代的影响，在预防医学领域开展前瞻性研究。

英国剑桥巴布拉汉（Babraham）研究所的研究人员发现，一种名为 MLL2 的蛋白质能够调控卵细胞基因组中的 H3K4me3 标记，进而介导卵细胞停滞和卵子发生的生理过程[209]。女性出生前，卵巢内已有未成熟的卵细胞，保持未成熟的卵细胞停滞是女性生育的关键部分。在非生长期的卵母细胞中，H3K4me3 修饰局限于活性启动子区域，而在卵子发生过程中，H3K4me3 标记将定位于基因间区域、增强子区域、沉默启动子区域，这一过程则需要 MLL2 的参与。如果卵母细胞中 MLL2 蛋白缺失，细胞中的大部分 H3K4me3 标记将丢失，卵细胞持续发育并死亡。

日本东京医科齿科大学首次在整个生命周期中对特定基因的甲基化情况进行分析，了解母体哺乳阶段的基因图谱对子代机体代谢和生长发育的影响[210]。哺乳期乳液中的脂质作为配体可激活核受体过氧化物酶体增生激活受体 α（PPARα），后者是负责肝脏脂肪代谢的关键转录调节剂。研究人员通过全基因组 DNA 甲基化分析，显示 PPARα 依赖基因 *Fgf21* 去甲基化修饰定位在出生后的小鼠肝脏，该表观遗传模式一旦建立就会一直持续到成年期，长期影响基因

208 Zenk F, Loeser E, Schiavo R, et al. Germ line-inherited H3K27me3 restricts enhancer function during maternal-to-zygotic transition [J]. Science, 2017, 357(6347):212-216.

209 Hanna C W, Taudt A, Huang J, et al. MLL2 conveys transcription-independent H3K4 trimethylation in oocytes [J]. Nature Structural and Molecular Biology, 2018, 25(1):73-82.

210 Yuan X, Tsujimoto K, Hashimoto K, et al. Epigenetic modulation of Fgf21 in the perinatal mouse liver ameliorates diet-induced obesity in adulthood [J]. Nature Communication, 2018, 9(1):636.

表达对环境的反应能力，可能增加个体对肥胖等代谢疾病的易感性。

西班牙国家癌症研究中心发现了 TERRA 与多梳蛋白复合体（Polycomb repressive complex，PRC）的相互作用，后者介导了基因的表观遗传学标记，TERRA 与 PRC 的互作促进了端粒异染色质的装配[211]。TERRA 是一类由染色体端粒产生的非编码长链 RNA，大部分 TERRAs 由 20 号长臂染色体上的基因组转录而来，而其生物功能则是研究的盲点。研究人员利用 CRISPR-Cas9 系统首次构建了敲除 TERRA 位点的细胞系，发现细胞端粒上 H3K27me3 标记的含量明显减少。进一步研究发现，TERRA 与 PRC2 结合，催化 H3K27me3 标记的添加，而这一过程是基因组上 H3K9me3、H4K20me3 等甲基化修饰过程的必要条件。通过 TERRA 与 PRC2 互作机制的研究，研究人员在分子层面上证实了 PRC 介导的基因沉默、DNA 折叠与端粒表观遗传状态的关系。由于 TERRA 可能与衰老或相关疾病有关，研究人员将基于新构建的 TERRA 缺失模型研究这一长链非编码 RNA 与疾病的关系。

美国 Salk 研究所和加州大学圣地亚哥分校通过分子水平的甲基化修饰标志来对神经元细胞进行细化分类[212]。研究人员以小鼠和人类大脑为对象，锁定负责复杂思维、性格、社会行为和决策等功能的大脑额叶皮层，采用一种基于单核亚硫酸氢盐转化的甲基胞嘧啶测序方法（snmC-seq）分析脑组织中分离的神经元细胞，分析细胞中的 5- 甲基胞嘧啶和 5- 羟甲基胞嘧啶模式。根据神经元的甲基化和调控元件特征，研究人员鉴定了 16 种小鼠神经元亚型和 21 种人类神经元亚型。该研究提出的生物标记分类将更精准地区分不同神经细胞，进而为比较不同物种的大脑组织差异、判断神经细胞功能、寻找疾病发生原因提供细致方案。由于表观遗传组包含的信息量高于基因组，而其生物稳定性高于转录组，因此基于单细胞测序技术的表观遗传组学信息有望成为更准确的生物标志物。

211 Montero J J, López-Silanes I, Megías D, et al. TERRA recruitment of polycomb to telomeres is essential for histone trymethylation marks at telomeric heterochromatin [J]. Nature Communication, 2018, 9(1):1548.

212 Luo C, Keown C L, Kurihara L, et al. Single-cell methylomes identify neuronal subtypes and regulatory elements in mammalian cortex [J]. Science, 2017, 357(6351):600-604.

2. 临床应用与疾病干预

肿瘤是与表观遗传学最密切相关的研究领域，表观遗传学修饰可作为肿瘤药物开发的潜在靶点，由此衍生出多种治疗方法和新型药物，例如去甲基化药物 5- 氮杂胞苷等肿瘤治疗药物。由美国约翰·霍普金斯大学、哈佛医学院、帕维亚大学和波士顿大学医学院共同参与的研究开发了一种新化合物 corin，可以抑制去甲基化酶和去乙酰化酶活性，在无毒副作用的前提下成功地抑制了黑色素瘤细胞的生长[213]。分子层面上，corin 可持续地抑制 CoREST 复合体 HDAC 活性，比另一种 HDAC 抑制剂"恩替诺特"药效持续时间更长；细胞实验中，corin 能够克制不同黑色素瘤细胞系和皮肤鳞状细胞癌细胞系的生长、分化和迁移，效果优于单功能抑制剂，且对黑色素细胞和角质细胞的毒性更低。研究团队认为 corin 化合物的出现将为低毒性的表观遗传学药物和免疫疾病治疗指出一种可行途径。

美国约翰·霍普金斯 Kimmel 癌症中心的研究人员在小鼠模型中尝试了包含多种表观遗传学药物的联合用药方式，使针对非小细胞肺癌的免疫治疗效果显著提升[214]。在癌细胞系中，5- 氮杂胞苷针对癌症基因 *MYC* 起作用，抑制 *MYC* 信号传导系统。与此同时联合使用的 HDACis 药物（组蛋白脱乙酰酶抑制剂药物）能够进一步消耗 *MYC*，共同阻止癌细胞增殖，并激活免疫 T 细胞的肿瘤识别。在非小细胞肺癌的小鼠模型中使用 5- 氮杂胞苷与 givinostat（一种 HDACis 药物）的联合疗法后，研究人员发现良性肿瘤的整体面积减少了 60%，并预防了良性肿瘤向恶性的转变。在肺癌的动物模型中，这两种药物既可以防止癌症的发生，也可以减弱癌症的侵袭性，这种联合给药疗法有望推动肿瘤免疫疗法的进一步发展。

美国圣裘德儿童研究医院的研究人员揭示了一种与表观遗传相关的 T 细胞

213 Kalin J H, Wu M, Gomez A V, et al. Targeting the CoREST complex with dual histone deacetylase and demethylase inhibitors [J]. Nature Communication, 2018, 9(1):53.

214 Topper M J, Vaz M, Chiappinelli K B, et al. Epigenetic Therapy Ties MYC Depletion to Reversing Immune Evasion and Treating Lung Cancer [J]. Cell, 2017, 171(6):1284-1300.

耗竭机制，同时找到一种化疗药物能够扭转这一分子过程[215]。长期暴露在 PD-1 抑制剂等肿瘤免疫药物的环境下，免疫 T 细胞表面将出现抑制免疫反应的因子，产生 T 细胞耗竭的现象。研究人员在 CD8[+]T 细胞中发现这一现象由从头合成的 DNA 甲基化水平提升导致，这种机制存在于 T 细胞中，且 PD-1 抑制剂无法终止这一现象。为逆转这一现象，研究人员使用一种能抑制 DNA 甲基化的化疗药物——地西他滨，配合肿瘤免疫疗法使用，防止 T 细胞耗竭，有效提高肿瘤免疫治疗效果。

人工智能（AI）技术的快速发展促使其与各类应用领域产生协同融合。2018 年 3 月，德国癌症研究中心（DKFZ）研发了一种针对中枢神经系统（CNS）肿瘤的 AI 诊断工具。研究人员利用约 2 800 名癌症患者的 DNA 甲基化数据进行机器学习训练，开发出一种能够根据甲基化数据对 CNS 肿瘤自动分类的 AI 工具。新研发的 AI 工具能够鉴定包括新型的罕见肿瘤在内的 91 种不同肿瘤分型，为疾病诊断提供具有一定准确性的初诊结果，有助于缓解医生的机械诊断工作，提高医疗效率[216]。

美国宾夕法尼亚大学从表观遗传学的角度发现了阿尔茨海默病发生的重要特征[217]。研究人员通过对年轻人、老年人及阿尔茨海默病患者的大脑组织进行比较，发现 H4K16ac（组蛋白 H4 表面 16 号赖氨酸乙酰化修饰）是关系人类健康的关键修饰，它对大脑组织可能产生保护作用。正常人群的衰老过程中，基因组上的 H4K16ac 修饰会有所增强，阿尔茨海默病患者则相反。该研究证明阿尔茨海默病的发生可能是染色质结构异常导致的退化性疾病，表观基因组改变可能替代淀粉样蛋白沉淀成为另一个生物标志和药物靶点。虽然这项研究并没有为阿尔茨海默病提供确切的治疗手段，但为阻断神经细胞死亡和提高老年人生活质量提供了潜在研究思路。

---

215 Ghoneim H E, Fan Y, Moustaki A, et al. De Novo Epigenetic Programs Inhibit PD-1 Blockade-Mediated T Cell Rejuvenation [J]. Cell, 2017, 170(1):142-157.

216 Capper D, Jones D T W, Sill M, et al. DNA methylation-based classification of central nervous system tumours [J]. Nature, 2018, 555(7697): 469-474.

217 Nativio R, Donahue G, Berson A, et al. Dysregulation of the epigenetic landscape of normal aging in Alzheimer's disease [J]. Nature Neuroscience, 2018, 21(4):497-505.

美国天普大学医学院的研究人员从表观遗传学的角度阐明了热量摄入与寿命的关联机制。研究人员发现：伴随衰老的表观基因组变化速率与哺乳动物的寿命有关，热量摄入限制则减缓了这一变化过程[218]。研究小组检查了小鼠、猴和人类不同年龄个体血液中 DNA 的甲基化模式，发现部分衰老甲基化（即在年龄较大的个体中增加的甲基化基因组位点）其影响和抑制的基因生物与寿命呈反比关系。当机体摄入热量减少时，衰老甲基化的含量和甲基化漂变明显缓解。这类研究对于健康保健和老年病防控具有显著意义。

（三）国内重要进展

1. 遗传修饰与基因调控

中国医学科学院和海军军医大学的研究人员发现了 RNA 解旋酶的表观修饰功能，为抗病毒天然免疫过程中的分子机理研究提供了新的研究方向[219]。研究人员在病毒感染巨噬细胞的天然免疫应答过程中，研究了 DEAD-box 解旋酶（DDX）家族成员的功能发挥和代谢过程，筛选获得能够显著抑制病毒感染和诱导干扰素表达的关键蛋白——DDX46。DDX46 能够结合到抗病毒效应分子 mRNA 的 CCGGUU 保守序列上，介导后者的基因表达和 RNA 代谢。细胞受感染时，DDX46 与 m6A 去甲基化酶 ALKBH5 结合增加，其与抗病毒效应分子 mRNA 发生去甲基化修饰，进而阻止抗病毒效应分子的蛋白表达和天然免疫应答反应。

清华大学医学院发现了影响辅助性 T 细胞发育的关键转录因子，并阐释了其表观调控机制[220]。研究人员发现 TRIM28 的缺失将导致 T 细胞无法分化为 Th17 细胞，细胞实验显示，在 Th17 细胞中特异性敲除 TRIM28 后，细胞发生

218 Maegawa S, Lu Y, Tahara T, et al. Caloric restriction delays age-related methylation drift [J]. Nature Communication, 2017, 8(1):539.

219 Zheng Q, Hou J, Zhou Y, et al. The RNA helicase DDX46 inhibits innate immunity by entrapping m6A-demethylated antiviral transcripts in the nucleus [J]. Nature Immunology, 2017, 18(10):1094-1103.

220 Jiang Y, Liu Y, Lu H P, et al. Epigenetic activation during T helper 17 cell differentiation is mediated by Tripartite motif containing 28 [J]. Nature Communication, 2018, 9: 1424.

分化；小鼠实验显示，敲除 TRIM28 的 T 细胞中 IL-17 表达下降，小鼠的自身性免疫疾病症状减轻。基因组研究证实了，TRIM28 主要通过调节靶基因的组蛋白修饰、超级增强子形成以及染色质折叠发挥基因沉默作用，而非直接作用于关键转录因子；同时，TRIM28 与 IL17/IL17f 位点的结合却受到 IL-6/STAT3 信号的特异调控，TRIM28 可作为 IL-6/STAT3 的供活化因子影响靶基因的表观活化、RORγt 的招募和功能发挥。

中国科学院北京基因组研究所联合武汉大学，在急性髓系白血病（AML）中发现靶向酸性核磷蛋白 ANP32A 调节表观遗传修饰治疗肿瘤[221]。表观遗传异常通常具有可逆性，筛选和鉴定参与肿瘤表观遗传过程的调控因子，成为基础研究的关键。在 AML 细胞中，高表达的 ANP32A 是维持组蛋白 H3 乙酰化（acetyl-H3）修饰异常增多的关键因子，为白血病细胞生存、增殖和克隆形成的必需因子。研究人员基于转录组测序和免疫沉淀数据的整合分析，结合细胞功能实验发现，ANP32A 的缺失降低了 acetyl-H3 在 APOC1 启动子区的富集水平，下调 APOC1 基因的表达，表现出细胞生长抑制的特征。由于 ANP32A 蛋白只有 249 个氨基酸，能够利用小分子抑制剂对其蛋白功能进行干扰，成为提高白血病药物开发的潜在靶点之一。

厦门大学药学院发现了 JMJD6（一种含有 jumonji C 结构域的去甲基化酶蛋白）能够与增强子 RNA（enhancer RNA，eRNA）直接作用，调控基因的可变剪接[222]。雌激素受体阳性乳腺癌发生发展的主要原因包括雌激素紊乱及其导致的细胞内雌激素/雌激素受体介导的基因转录异常，其中 eRNA 的激活对于临近雌激素基因的转录及或至关重要。研究人员通过高通量测序和定量质谱技术，在雌激素受体阳性的乳腺癌细胞中发现，JMJD6 能被特异性地招募到雌激素受体结合的活性增强子区域，与 Mediator 复合物中的 MED12 相互作用，调控 MED12 与活性增强子区域的结合。JMJD6 参与的表观调控过程与乳腺癌细胞生

221 Yang X, Lu B, Sun X, et al. ANP32A regulates histone H3 acetylation and promotes leukemogenesis [J]. Leukemia, 2018, 32:1587-1597.

222 Gao W W, Xiao R Q, Zhang W J, et al. JMJD6 Licenses ERα-Dependent Enhancer and Coding Gene Activation by Modulating the Recruitment of the CARM1/MED12 Co-activator Complex [J]. Molecular Cell, 2018, 70(2):340-357.

长、乳腺肿瘤形成有着密切关联性，通过对 JMJD6 等表观修饰蛋白酶的研究，能够从表观层面上解析肿瘤发生发展的微观机制，进而为肿瘤治疗寻找新的潜在靶点。

环境因素与表观遗传学变化密不可分。美国埃默里大学和中南大学湘雅医院合作发现，压力环境容易导致基因组中腺嘌呤甲基化修饰的出现，而且这种表观组学变化可能与精神异常或精神疾病有重要关系。真核生物中 N6- 甲基腺嘌呤（6mA）的基因功能仍不清晰，研究人员研究了小鼠大脑前额叶皮层区域基因的 6mA 修饰情况，发现在压力条件下小鼠脑细胞 DNA 中的 6mA 含量增加了 4 倍[223]。6mA 修饰主要出现在内含子和基因间隔区，6mA 影响的基因区域与神经精神疾病有关的基因有所重叠。据推测，6mA 对压力的异常反应可能会通过异位招募 DNA 结合蛋白诱导神经精神疾病。

中国科学院广州生物医药与健康研究院与南方科技大学发现了体细胞重编程过程中的关键障碍因子 NCoR/SMRT[224]。通过基因工程方法，研究人员发现转录抑制复合物 NCoR/SMRT 能通过其酶功能中心 HDAC3，对靶基因的特异性组蛋白进行去乙酰化修饰，在四因子（SOX2、OCT4、KLF4 和 c-MYC）介导的重编程中发挥了强大抑制作用。该研究从表观遗传学修饰方面解释了体细胞重编程的机制，对 iPSC 甚至细胞命运调控具有重要指导意义。

清华大学生命科学学院、新加坡 A*STAR 分子细胞生物学研究所解析了小鼠早期胚胎发育谱系分化过程中的表观基因组动态调控，系统报道了表观遗传信息的建立和动态调控过程[225]。研究人员基于前期开发的少量 DNA 建库方法（TELP），成功建立了一种全基因组单碱基分辨率甲基化检测方法——STEM-seq，并获得了小鼠胚胎发育组织的单碱基测序精度的全基因组甲基化图谱。另外，利用高灵敏染色质三维构象捕捉方法 sisHi-C，研究人员检测了早期胚胎发

223 Yao B, Cheng Y, Wang Z, et al. DNA N6-methyladenine is dynamically regulated in the mouse brain following environmental stress [J]. Nature Communication, 2017, 8(1):1122.

224 Zhuang Q, Li W, Benda C, et al. NCoR/SMRT co-repressors cooperate with c-MYC to create an epigenetic barrier to somatic cell reprogramming [J]. Nature Cell Biology, 2018, 20(4): 400-412.

225 Zhang Y, Xiang Y, Yin Q, et al. Dynamic epigenomic landscapes during early lineage specification in mouse embryos [J]. Nature Genetic, 2018, 50(1):96-105.

育过程中不同谱系染色质的高级结构，发现着床前胚胎父本基因组去甲基化和着床后胚外组织甲基化重建模式均与染色体高级结构区间（compartment）高度相关。通过寻找这些甲基化动态变化区域，研究人员鉴定了胚胎发育阶段可能的基因表达调控元件，如增强子以及潜在的调控转录因子等。

2. 临床应用与疾病干预

美国加州大学圣地亚哥分校与中国空军军医大学西京医院共同研发了一种针对 DNA 甲基化标志的微创检测方式，通过对少量肿瘤组织的 DNA 甲基化水平分析，至少能够有效识别结直肠癌、肺癌、乳腺癌、肝癌四种常见癌症[226]。约 10% 的肿瘤最先表现为转移性病灶，传统检测难以准确判断原发病灶组织，而研究人员利用结直肠癌特异性的 DNA 甲基化标记，能够准确识别 97% 的结直肠癌肝转移病灶和 94% 的结直肠癌肺转移病灶，为肿瘤准确治疗和患者生存预期改善提供科学依据。

南京大学生命科学学院通过生物化学、分子生物学及表观遗传学手段，结合临床病例分析，首次系统地阐明了 N- 末端 alpha- 乙酰基转移酶 NatD 在肺癌侵袭转移中的新机制[227]。研究人员发现 NatD 能显著促进肺癌细胞的侵袭和转移，并与肺癌患者的淋巴结转移和死亡率呈正相关。分子水平上，干扰抑制 NatD 能够降低 *Slug* 基因启动子区域的 Nt-ac-H4 水平，促使 CK2 结合到组蛋白 H4 的 N- 末端，催化生成 H4S1ph 修饰并影响 H4R3me 和 H4K5ac 等其他组蛋白修饰，进而抑制 *Slug* 基因表达，调控下游 E-cadherin、N-cadherin 及 Vimentin 等关键黏附和迁移分子。

智力障碍是 18 岁以前表现出明显智力缺陷的一组疾病，全球超过 1 亿人遭受这一疾病的影响。长期以来，X 连锁基因缺陷被认为是智力障碍的重要原因（X 连锁智力障碍，XLID），在 X 连锁智力障碍病患家系基因中，组蛋白去甲基化酶

226 Hao X, Luo H, Krawczyk M, et al. DNA methylation markers for diagnosis and prognosis of common cancers [J]. Proc Natl Acad Sci USA, 2017, 114(28):7414-7419.

227 Ju J, Chen A, Deng Y, et al. NatD promotes lung cancer progression by preventing histone H4 serine phosphorylation to activate Slug expression [J]. Nature Communication, 2017, 8(1):928.

Phf8 基因存在突变，意味着 *Phf8* 基因在大脑认知功能中具有潜在重要作用。上海交通大学 Bio-X 研究院与中国科学院生物化学与细胞生物学研究所联合发现了 *Phf8* 缺陷导致认知障碍的机制，并在小鼠模型中发现抗癌药物雷帕霉素对于学习记忆功能缺陷具有一定治疗效果[228]。研究人员发现 *Phf8* 基因敲除显著影响了小鼠的海马神经网络的长时程增强，甚至能够模拟学习记忆障碍情况。分子水平上，PHF8 蛋白通过组蛋白 H4K20me1 去甲基化来抑制 RSK1 的表达以及下游 mTOR 分子信号通路的活性。PHF8 正常功能受到影响后，会造成 mTOR 通路活性异常增高，并导致神经可塑性及认知行为学的障碍。研究人员甚至发现，如果对异常小鼠施予 mTOR 抑制剂（雷帕霉素）的干预治疗，小鼠的学习记忆异常将会得到显著的改善，这为智力发育障碍的治疗提供了新的研发方案。

中国科学技术大学生命科学学院医学中心联合美国斯坦福大学，首次发现了 T 细胞淋巴瘤（CTCL）的表观遗传调控机制[229]。研究人员对 111 例人类 T 细胞淋巴瘤和对照样本进行 ATAC-seq 测序，检测正常人和患者血液中微量活体 T 淋巴细胞的染色质开放位点，分析能够区别肿瘤细胞和正常 CD4$^+$T 细胞的染色质修饰特征，深度解析 CTCL 表观遗传指纹，构建 CTCL 肿瘤基因调控网络。研究人员确定了 CTCL 三种主要转录因子的激活模式，并追踪患者在组蛋白脱乙酰酶抑制剂（HDACi）抗癌药物治疗过程中各个时间点的表观遗传状态，准确预测患者对 HDACi 抗癌药物的敏感性。这一研究首次构建了一个表观遗传调控网络，既为其他疾病的个性化表观遗传调控建立了研究模型，也为精准医疗的推动提供了科学依据。

（四）前景与展望

表观遗传学是遗传学和发育生物学的延伸学科，研究 DNA 和 RNA 中某些碱基受化学作用被"关闭"或"打开"的现象。相对于生命体基因型信息的

---

228 Chen X, Wang S, Zhou Y, et al. Phf8 histone demethylase deficiency causes cognitive impairments through the mTOR pathway [J]. Nature Communication, 2018, 9(1):114.

229 Qu K, Zaba L C, Satpathy A T, et al. Chromatin Accessibility Landscape of Cutaneous T Cell Lymphoma and Dynamic Response to HDAC Inhibitors [J]. Cancer Cell, 2017, 32(1):27-41.

"恒定",表观遗传学能够反映年龄、周围环境、生活方式、疾病状态等特殊外部因素导致的生物特征变化。据美国咨询公司 Allied Market Research 统计,2016 年全球表观遗传学估值达到 5.55 亿美元,2023 年前该市场将以 13.1% 的复合年均增长率增至 13.21 亿美元。由于癌症患病率上升,改良型研发活动和资金援助活跃,学术界、制药公司、生物技术公司的合作伙伴关系紧密,非肿瘤疾病领域应用增加等关键因素的推动,表观遗传学市场将在未来 5～10 年内保持快速稳定的增长趋势。

随着表观遗传学研究的火热开展,实验及临床应用产品成为各大生物技术公司竞争的热点。酶类(DNA 修饰酶、RNA 修饰酶、蛋白修饰酶、甲基转移酶、乙酰化酶等),检测试剂盒(亚硫酸氢盐转化、芯片测序、深度测序、甲基转移酶分析、组蛋白分析、免疫沉淀试剂盒等),以及生物检测仪器(质谱仪、二代测序仪、qPCR、超声仪等)成为表观遗传学市场上的主要产品种类。Abcam、Illumina、QIAGEN、Merck、New England Biolabs、Epizyme、Thermo Fisher Scientific 等生物技术公司成为这一领域的活跃参与者。

表观遗传学的临床应用分为肿瘤领域和非肿瘤领域,药物研发和临床治疗逐渐由肿瘤领域向炎症、代谢性疾病、传染病、心血管疾病、发育障碍等领域快速扩张。随着药物研发活动的加剧,中国、印度等新兴市场将迎来大规模扩张。

然而,对于新兴市场来说,尖端仪器和专业技术人员的缺乏是阻碍表观遗传学市场发展的关键因素。我国正在寻求国际合作途径,以解决这一挑战。2018 年 3 月 23 日,通过国内外科研及技术企业的紧密合作,我国开启了大规模的表观遗传学图谱研究。深圳市中科普瑞基因科技有限公司与美国 Illumina 公司完成签约,双方针对"建立中国人 DNA 甲基化基准数据库"达成了战略合作。中科普瑞发布了我国首个十万人甲基化组计划"表观星图计划"(Epigenetics Atlas Project),强化与 Illumina 公司的战略合作。"表观星图计划"初步计划完成十万人的甲基化芯片检测与大数据分析,并逐步扩大范围,通过甲基化基准数据库的建立,为表观遗传学的研究、应用和临床检测提供基础数据和相应标准,进而为我国科研单位和医疗机构提供用于精准诊断和精准治疗的甲基化方面的基因数据保障,推动精准医疗的发展和应用。

五、结构生物学

（一）概述

结构生物学是一门以分子生物物理学为基础，结合分子生物学和结构化学方法测定生物大分子及其复合物的三维结构以及结构的运动，阐明其相互作用的规律和发挥生物学功能的机制，从而揭示生命现象本质的学科。

目前，为了获得用于构成活体细胞的各种各样大分子生物组件的高分辨率图像信息，结构生物学主要依赖 X 射线晶体衍射技术（x-ray crystallography）、核磁共振光谱分析检测技术（NMR spectroscopy）、单粒子电子显微镜技术（EM）和冷冻电镜技术（cryo-EM）等技术手段。伴随着以上述手段为代表的成像技术和以 Hi-C 为代表的染色质构象分析技术的发展与完善，科学家对基因组、RNA、染色质及蛋白质等大分子结构和功能的认识不断加深，并在蛋白 -DNA 复合体的组装、活细胞成像结构的解析等方面获得了进一步的了解，最终在生物大分子元件与细胞"机器"的基本功能与机制、重大疾病（如癌症与神经退行性疾病）治疗、药物研发等方面展开应用研究。

（二）国际重要进展

1. 新型技术工具的设计与开发

德国海德堡大学联合西班牙巴塞罗那科学与技术研究所、瑞士日内瓦大学等机构的科研人员采用超分辨率显微技术和计算建模方法，能够在 5 纳米的精度下直接观察到活细胞中蛋白复合体的结构和功能[230]，比超分辨率显微技术所提供的分辨率高 4 倍，有助于研究人员开展此前无法实现的细胞生物学研究。

---

230 Picco A, Irastorza-Azcarate I, Specht T, et al. The *in vivo* architecture of the exocyst provides structural basis for exocytosis [J]. Cell, 2017, 168(3): 400-412. e18.

丹麦哥本哈根大学的科研人员采用 X 射线晶体衍射分析技术，成功地可视化了 Cas 家族 Cpf1 蛋白的分子工作机制[231]。这种新型的"分子剪刀"能够极其精准地识别靶 DNA 序列，从而改进这种技术在修复基因损伤、其他医学应用和生物技术应用上的使用。

美国哈佛医学院与康奈尔大学的科研人员利用冷冻电子显微镜技术，获得来自嗜热裂孢菌（*Thermobifida fusca*）的 I 型 CRISPR 复合体的近原子分辨率的图片，揭示出它的作用机制的关键步骤[232]，有助于改善 CRISPR 在生物医学应用时的效率和准确性。

美国加州大学伯克利分校的科研人员利用电子显微镜技术和 X 射线晶体分析技术，捕获到 Cas1-Cas2 将病毒 DNA 片段插入到细菌基因组的 CRISPR 区域中时的结构图，随后识别这种病毒 DNA 片段并发起攻击，揭示出 CRISPR/Cas 系统的 Cas1-Cas2 整合酶发现靶 DNA 的机制[233]。

美国加州大学伯克利分校、麻省总医院与哈佛医学院等机构的科研人员通过鉴定发现，Cas9 蛋白中的一个关键区域结构决定着 CRISPR-Cas9 如何精准地对靶 DNA 序列进行编辑，对该区域进行微调可生成超精准的基因编辑器[234]。该研究有助于研究人员定制设计 Cas9 变异体，使得该基因编辑器的脱靶切割（off-target cutting）活性降低到有史以来的最低水平。

2. 大分子元件与细胞机器的功能与机制

美国宾夕法尼亚大学与密歇根大学的研究人员利用冷冻电镜技术，解析出 Hsp104 在发挥作用时迄今为止最为清晰的结构图[235]。该研究有助人们理解细胞如

231 Stella S, Alcón P, Montoya G. Structure of the Cpf1 endonuclease R-loop complex after target DNA cleavage [J]. Nature, 2017, 546(7659): 559.

232 Xiao Y, Luo M, Hayes R P, et al. Structure basis for directional R-loop formation and substrate handover mechanisms in type I CRISPR-Cas system [J]. Cell, 2017, 170(1): 48-60. e11.

233 Wright A V, Liu J J, Knott G J, et al. Structures of the CRISPR genome integration complex [J]. Science, 2017, 357(6356): 1113-1118.

234 Chen J S, Dagdas Y S, Kleinstiver B P, et al. Enhanced proofreading governs CRISPR-Cas9 targeting accuracy [J]. Nature, 2017, 550(7676): 407.

235 Gates S N, Yokom A L, Lin J B, et al. Ratchet-like polypeptide translocation mechanism of the AAA+ disaggregase Hsp104 [J]. Science, 2017, 357(6348): 273-279.

何能够让毒性的蛋白聚集物分解以便恢复蛋白功能，并有助于开发出在人体中起作用的治疗性蛋白版本。

美国密歇根州立大学等研究机构的科研人员针对一种被称作细菌微区室（bacterial microcompartments，BMCs）的细胞器，提供其有史以来最为完整清晰的图片，从而揭示出这种细胞器的蛋白外壳在原子水平分辨率下的结构和组装过程[236]，并提供了用于抵抗致病菌或对细菌细胞器进行生物改造的重要信息。

美国加州大学旧金山分校的科研人员利用单粒子冷冻电镜技术，非常详细地绘制机械敏感性受体 NOMPC 蛋白复合体的结构[237]。该研究揭示出这种蛋白复合体依赖于四个微小的锚蛋白重复序列区将其固定在细胞骨架上，并且对细胞骨架的移动作出反应。

美国哈佛医学院联合瑞典乌普萨拉大学的科研人员，利用数学方法证实核糖体在结构上的精确优化能够尽可能快地产生更多的核糖体，以便促进细胞高效地生长和分裂[238]。这项研究的理论预测准确地反映了观察到的核糖体大尺寸特征（large-scale feature），并且为一种出色的分子机器进化提供新的视角。

美国哥伦比亚大学的科研人员采用冷冻电子显微镜技术，首次捕获到 AMPA 亚型谷氨酸受体（AMPA-subtype glutamate receptor）在发挥作用时的三维结构图[239]，增进了科学家对于该受体参与重要的大脑活动（如记忆和学习）的理解。

美国科罗拉多大学、科罗拉多州立大学与俄亥俄州立大学的研究人员利用 X 射线晶体分析技术，通过研究古细菌（Archaea）中结合到 DNA 上组蛋白的

236 Sutter M, Greber B, Aussignargues C, et al. Assembly principles and structure of a 6.5-MDa bacterial microcompartment shell [J]. Science, 2017, 356(6344): 1293-1297.

237 Jin P, Bulkley D, Guo Y, et al. Electron cryo-microscopy structure of the mechanotransduction channel NOMPC [J]. Nature, 2017, 547(7661): 118.

238 Reuveni S, Ehrenberg M, Paulsson J. Ribosomes are optimized for autocatalytic production [J]. Nature, 2017, 547(7663): 293.

239 Twomey E C, Yelshanskaya M V, Grassucci R A, et al. Channel opening and gating mechanism in AMPA-subtype glutamate receptors [J]. Nature, 2017, 549(7670): 60.

三维结构，发现了更加复杂的有机体存在着与古细菌非常类似的 DNA 折叠[240]。

美国霍华德·休斯医学研究所（HHMI）的科研人员利用 X 射线晶体衍射技术，观察参与释放神经元中化学信号的三种神经蛋白彼此间如何相互作用，揭示出它们如何协助成群的脑细胞同步释放化学信号[241]。

德国法兰克福大学的科研人员在分子水平上解析出细胞如何选择抗原，并将其呈递到细胞表面上[242, 243]。该研究首次证实这种质量控制机制保证机体能够产生精确而又有效的免疫反应，有助于防止癌细胞或病毒感染的细胞逃避免疫监控。

德国马克斯·普朗克生物物理研究所、法兰克福大学与马丁·路德大学的科研人员利用低温电子显微镜技术，阐明了 MHC-I 肽组装复合体（MHC-I peptide-loading complex）的结构及其筛选蛋白片段的机制[244]，加深了研究人员对免疫系统在抵抗寄生虫、病毒乃至癌症的过程中的机制的理解。

美国加州大学洛杉矶分校与科罗拉多大学的科研人员利用冷冻电镜技术，解析出酵母剪接体 P 复合物（spliceosome P complex）在分辨率为 3.3 埃（Å）下的原子结构图[245]。此项研究为 RNA 剪接过程的理解填补了最后一个重大缺口。

美国斯克里普斯研究所与杜克大学的科研人员从十多种不同的动物物种中筛选能够感知寒冷温度和薄荷醇的外周神经传感器 TRPM8 蛋白，采用冷冻电镜技术详细解析 TRPM8 及其天然配体在结构上的相互作用[246]，从而开发出更好的分子探针，揭示该蛋白的各种功能。

德国马克斯·普朗克生物化学研究所联合荷兰乌得勒支大学等机构的科研

240 Mattiroli F, Bhattacharyya S, Dyer P N, et al. Structure of histone-based chromatin in Archaea [J]. Science, 2017, 357(6351): 609-612.

241 Zhou Q, Zhou P, Wang A L, et al. The primed SNARE-complexin-synaptotagmin complex for neuronal exocytosis [J]. Nature, 2017, 548(7668): 420.

242 Thomas C, Tampé R. Structure of the TAPBPR-MHC I complex defines the mechanism of peptide loading and editing [J]. Science, 2017: eaao6001.

243 Jiang J, Natarajan K, Boyd L F, et al. Crystal structure of a TAPBPR-MHC I complex reveals the mechanism of peptide editing in antigen presentation [J]. Science, 2017, 358(6366): 1064-1068.

244 Blees A, Januliene D, Hofmann T, et al. Structure of the human MHC-I peptide-loading complex [J]. Nature, 2017, 551(7681).

245 Liu S, Li X, Zhang L, et al. Structure of the yeast spliceosomal postcatalytic P complex [J]. Science, 2017: eaar3462.

246 Yin Y, Wu M, Zubcevic L, et al. Structure of the cold-and menthol-sensing ion channel TRPM8 [J]. Science, 2018, 359(6372): 237-241.

人员发现蓝细菌（*Cyanobacteria*）生物钟的运转机制[247]；同一时间，美国加州大学解析了蓝细菌生物钟的三种蛋白组分复合体的晶体结构和核磁共振结构，对于理解生物钟的原始生物学机制发挥着重要的作用[248]。

3. 重大疾病和慢性疾病的防治诊疗与药物研发

英国医学研究委员会（MRC）联合美国印第安纳大学的科研人员利用冷冻电镜技术，对阿尔茨海默病患者大脑中的 tau 纤维进行成像，首次揭示出导致阿尔茨海默病的两种异常纤维之一的原子结构[249]，对于这类疾病的药物开发起到了关键作用。

德国于利希研究中心联合荷兰马斯特里赫特大学等机构的科研人员利用冷冻电镜技术、固态核磁共振光谱技术（SSNMR）和 X 射线衍射技术，解析出有史以来分辨率最高的 β 淀粉样蛋白纤维（amyloid-beta fibril，Aβ 蛋白纤维）结构[250]，首次展示出 Aβ 蛋白的精确位置和相互作用，并揭示出这些有害堆积物生长的之前未知的方面和遗传风险因素的影响。

英国 Heptares Therapeutics 公司的科研人员获得了全长胰高血糖素样肽 -1（GLP-1）受体结合到一种肽激动剂时的高分辨率 X 射线晶体结构[251]，为理解肽 GLP-1 的分子作用机制提供新的认识。该研究进一步验证了基于结构的方法，并且能够利用这些方法开发优化的靶向这种 GLP-1 受体和相关的 G 蛋白偶联受体（GPCR）的肽类药物和小分子，以便治疗一系列疾病。

美国密歇根大学、斯坦福大学和 ConfometRx 公司的科研人员首次捕获到一种关键的细胞受体在发挥作用时的冷冻电镜图片[252]，揭示了关于 GLP-1 和

247 Snijder J, Schuller J M, Wiegard A, et al. Structures of the cyanobacterial circadian oscillator frozen in a fully assembled state [J]. Science, 2017, 355(6330): 1181-1184.

248 Tseng R, Goularte N F, Chavan A, et al. Structural basis of the day-night transition in a bacterial circadian clock [J]. Science, 2017, 355(6330): 1174-1180.

249 Fitzpatrick A W P, Falcon B, He S, et al. Cryo-EM structures of tau filaments from Alzheimer's disease [J]. Nature, 2017, 547(7662): 185.

250 Gremer L, Schölzel D, Schenk C, et al. Fibril structure of amyloid-β (1-42) by cryo-electron microscopy [J]. Science, 2017, 358(6359): 116-119.

251 Jazayeri A, Rappas M, Brown A J H, et al. Crystal structure of the GLP-1 receptor bound to a peptide agonist [J]. Nature, 2017, 546(7657): 254.

252 Zhang Y, Sun B, Feng D, et al. Cryo-EM structure of the activated GLP-1 receptor in complex with a G protein [J]. Nature, 2017, 546(7657): 248.

B-GPCR 发生准确相互作用的新信息，有助于开发Ⅱ型糖尿病和肥胖疗法。

英国帝国理工学院和剑桥大学联合意大利和西班牙的科研人员，利用固态核磁共振光谱技术研究了有毒性的和无毒性的α突触核蛋白样品，观察到与帕金森病相关的毒性蛋白聚集物如何破坏健康的神经元的细胞膜，最终导致一系列诱导神经元死亡的事件[253]。

瑞士苏黎世大学联合美国西北大学、以色列本·古里安大学等机构的科研人员，利用三维电子显微技术首次成功地在分子分辨率上阐明细胞核的核纤层结构[254]，有助于科学家更加高效地研究肌肉萎缩症和过早衰老等疾病。

美国斯克里普斯研究所（TSRI）的科研人员通过采用高分辨率的冷冻电镜技术解析了Piezo1的结构[255]。该研究表明Piezo1是由三个弯曲的"叶片（blade）"组成，这些叶片环绕着一个中心孔。这一发现为靶向治疗Piezo1发生突变的疾病（如遗传性口腔细胞增多症和先天性淋巴水肿）指明道路。

美国哥伦比亚大学医学中心的科研人员采用冷冻电镜技术来对通道蛋白TRPV6进行成像，首次获得一种能够让上皮细胞吸收钙离子的膜孔的详细结构[256]。该发现可能加快开发校正与乳腺癌、子宫内膜癌、前列腺癌和结肠癌存在关联的钙离子摄取异常的药物。

美国纪念斯隆·凯特琳癌症研究中心的科研人员利用冷冻电镜技术解析出一种用于癌症药物靶向治疗的蛋白（mTORC1）的三维结构[257]。该项研究所获得的mTORC1结构展示了mTORC1、RHEB/PRAS40、RAPTOR是如何结合在一起的，以及mTORC1酶是如何被激活的。该研究为设计更加有效的药物来阻断这种关键的癌症促进物奠定基础。

253 Fusco G, Chen S W, Williamson P T F, et al. Structural basis of membrane disruption and cellular toxicity by α-synuclein oligomers [J]. Science, 2017, 358(6369): 1440-1443.

254 Turgay Y, Eibauer M, Goldman A E, et al. The molecular architecture of lamins in somatic cells [J]. Nature, 2017, 543(7644): 261.

255 Saotome K, Murthy S E, Kefauver J M, et al. Structure of the mechanically activated ion channel Piezo1 [J]. Nature, 2018, 554(7693): 481.

256 McGoldrick L L, Singh A K, Saotome K, et al. Opening of the human epithelial calcium channel TRPV6 [J]. Nature, 2018, 553(7687): 233.

257 Yang H, Jiang X, Li B, et al. Mechanisms of mTORC1 activation by RHEB and inhibition by PRAS40 [J]. Nature, 2017, 552(7685): 368.

美国范·安德尔研究所（VARI）的科研人员利用冷冻电镜技术观察到 TRPM4 蛋白的原子水平结构[258]，首次揭示了潜在药物靶点的原子水平结构，有望帮助开发治疗中风和外伤性脑损伤等疾病的新型疗法。

美国北卡罗来纳大学、斯坦福大学和加州大学旧金山分校的科研人员解析出一种特定多巴胺受体（D4）的高分辨率晶体结构[259]，这也是迄今为止第一张超高分辨率的结合到抗精神病药物奈莫必利（nemonapride）上的 D4 受体的结构图。

美国斯克里普斯研究所、Salk 生物研究所和康奈尔大学威尔医学院的科研人员首次解析出 Env 蛋白复合物的原子水平的特写结构图[260]，揭示出 Env 三聚体的不同部分之间发生的复杂构象变化。该发现可能为设计 HIV 疫苗提供潜在的新靶标。

（三）国内重要进展

1. 大分子与细胞机器的功能与机制

清华大学科研人员获得了人源剪接体 C 复合物在平均分辨率为 4.1 埃（Å）下的冷冻电镜结构[261]，并将这一结构与酿酒酵母剪接体 C 复合物的结构进行了比对，首次报道了人源剪接体的催化步骤。该研究有助于揭示核糖核蛋白重构的机理。

清华大学的研究人员利用单粒子冷冻电镜技术，首次获得了真核生物电压门控钠离子通道在 3.8 埃（Å）分辨率下的冷冻电镜结构[262]。该研究为理解此通道的离子选择性等机理提供了重要的分子基础，为解释过去 60 多年的大量实验数据提供了结构模板，并为基于该结构的分子配体开发奠定了基础。

中国科学技术大学、中国科学院分子细胞科学卓越创新中心与南京农业大学

258 Winkler P A, Huang Y, Sun W, et al. Electron cryo-microscopy structure of a human TRPM4 channel [J]. Nature, 2017, 552(7684): 200.

259 Wang S, Wacker D, Levit A, et al. D4 dopamine receptor high-resolution structures enable the discovery of selective agonists [J]. Science, 2017, 358(6361): 381-386.

260 Ozorowski G, Pallesen J, de Val N, et al. Open and closed structures reveal allostery and pliability in the HIV-1 envelope spike [J]. Nature, 2017, 547(7663): 360.

261 Zhan X, Yan C, Zhang X, et al. Structure of a human catalytic step I spliceosome [J]. Science, 2018, 359(6375): eaar6401.

262 Shen H, Zhou Q, Pan X, et al. Structure of a eukaryotic voltage-gated sodium channel at near-atomic resolution [J]. Science, 2017, 355(6328): eaal4326.

的科研人员利用冷冻电镜技术，解析出 DNA 修复关键组分 Mec1-Ddc2 复合物在 3.9 埃（Å）分辨率下的结构图[263]，并探究 ATR 激酶蛋白对 DNA 损伤作出的反应。

清华大学与美国哥伦比亚大学的科研人员获得了真核生物环核苷酸门控离子通道（CNG 离子通道）的最新单粒子电子显微镜结构[264]，为理解环核苷酸门控通道的离子渗透、门控和通道病变及相关通道的环核苷酸调控奠定了基础。

清华大学的科研人员获得了世界上首个完整藻胆体在近原子分辨率下的冷冻电镜三维结构，解析了所有连接蛋白在功能组装状态下的结构及其形成的超分子复合体结构骨架，首次确定了藻胆体中全部 2 048 个色素的整体排布[265]，并推测出了多条新的能量传递途径，为揭示藻胆体的组装机制和光能传递途径奠定了重要基础。

清华大学的科研人员解析了 AtLURE1.2-AtPRK6LRR 复合物的结构，从原子水平阐明了 PRK6 受体激酶 C 末端识别 LURE 吸引肽的结构基础[266]。该研究为 PRK6 作为 LURE 小肽的直接受体提供了证据，为更好地理解花粉管吸引的分子机制提供了线索。

清华大学的科研人员首次报道了胆固醇逆向运输过程中的关键蛋白 ABCA1 近原子分辨率的冷冻电镜结构[267]。该研究不仅为理解其作用机制及相关疾病致病机理奠定了重要基础，同时也丰富了人们对跨膜转运蛋白工作机理的理解。

清华大学的科研人员报道了酿酒酵母剪接体呈现 RNA 剪接反应完成后状态在 3.6 埃（Å）分辨率下的三维结构，首次展示了 pre-mRNA 中 3′ 剪接位点的识别状态[268]。该研究为回答 RNA 剪接反应过程中 pre-mRNA 中的 3′ 剪接位点如

263 Wang X, Ran T, Zhang X, et al. 3.9 Å structure of the yeast Mec1-Ddc2 complex, a homolog of human ATR-ATRIP [J]. Science, 2017, 358(6367): 1206-1209.

264 Li N, Wu J X, Ding D, et al. Structure of a pancreatic ATP-sensitive potassium channel [J]. Cell, 2017, 168(1-2): 101-110. e10.

265 Zhang J, Ma J, Liu D, et al. Structure of phycobilisome from the red alga Griffithsia pacifica [J]. Nature, 2017, 551(7678): 57.

266 Zhang X, Liu W, Nagae T T, et al. Structural basis for receptor recognition of pollen tube attraction peptides [J]. Nature Communications, 2017, 8(1): 1331.

267 Qian H, Zhao X, Cao P, et al. Structure of the human lipid exporter ABCA1 [J]. Cell, 2017, 169(7): 1228-1239. e10.

268 Bai R, Yan C, Wan R, et al. Structure of the Post-catalytic Spliceosome from Saccharomyces cerevisiae [J]. Cell, 2017, 171(7): 1589-1598. e8.

何被识别，第二步转酯反应如何发生及成熟的 mRNA 如何被释放等关键问题提供了重要的结构信息。

2. 重大疾病和慢性疾病的防治诊疗与药物研发

清华大学的科研人员首次报道了带有辅助性亚基的真核生物电压门控钠离子通道复合物可能处于激活态的冷冻电镜结构[269]。该研究有助于更好地理解电压门控离子通道最基本的机电耦合机理问题，并为基于结构的药物设计和功能研究提供了全新的模板。

清华大学的科研人员获得了首个高分辨率的人源剪接体结构，也是首次在近原子分辨率的尺度上观察到酵母以外的、来自高等生物的剪接体的结构[270]，进一步揭示了剪接体的组装和工作机理。该研究为理解高等生物的 RNA 剪接过程提供了重要基础，促进对一些疾病发病机制的理解，并为研发针对剪接体的相关药物提供可能。

清华大学的科研人员首次获得来源于人类细胞的呼吸链蛋白复合物样品，并运用冷冻电镜三维重构的方法成功解析了呼吸链超级复合物的三维结构[271]。该研究不仅阐明了这些蛋白的作用方式及反应机理，也为人类攻克线粒体呼吸链系统异常所导致的疾病提供了良好开端。

上海科技大学、中国科学院上海药物研究所和复旦大学的科研人员首次获得人胰高血糖素样肽 -1 受体（glucagon-like peptide-1 receptor，GLP-1R）跨膜区非活化状态的晶体结构（2.7Å）[272]。这项突破性研究成果不仅阐明了 B 型 G 蛋白偶联受体别构调节方式和作用机理，而且为靶向 GLP-1R 的小分子药物研发奠定了结构生物学基础。

---

269 Yan Z, Zhou Q, Wang L, et al. Structure of the Nav1. 4-β1 Complex from Electric Eel [J]. Cell, 2017, 170(3): 470-482. e11.

270 Zhang X, Yan C, Hang J, et al. An atomic structure of the human spliceosome [J]. Cell, 2017, 169(5): 918-929. e14.

271 Guo R, Zong S, Wu M, et al. Architecture of human mitochondrial respiratory megacomplex I₂III₂IV₂ [J]. Cell, 2017, 170(6): 1247-1257. e12.

272 Song G, Yang D, Wang Y, et al. Human GLP-1 receptor transmembrane domain structure in complex with allosteric modulators [J]. Nature, 2017, 546(7657): 312.

清华大学与北京大学的科研人员利用冷冻电镜技术，解析了 ATP 敏感的钾离子通道（KATP）在中等分辨率（5.6Å）下的冷冻电镜结构，揭示了 KATP 组装模式[273]，为进一步研究其工作机制提供了结构模型，有助于 Ⅱ 型糖尿病疗法的开发。

上海科技大学的科研人员解析了人源大麻素受体 CB1 与四氢大麻酚（THC）类似物复合物的三维精细结构，揭示了 CB1 在 THC 调控下的结构特征和激活机制[274]。该研究首次从三维结构上观测到 Phe2003.36 与 Trp3566.48 氨基酸在受体激活过程中的协同构象变化，为今后针对 GPCR 的药物设计提供了新的思路。

清华大学的科研人员通过 X 射线晶体结构的解析，首次揭示了 beta2 肾上腺素受体同时结合正构拮抗剂卡拉洛尔（carazolol）与胞内别构拮抗剂 Cmpd-15 的复合物结构[275]。该研究对 G 蛋白偶联受体别构调节物的研发具有指导意义。

中国科学院微生物研究所介绍了近两年来科学家在寨卡病毒全病毒结构、E 蛋白结构及与不同作用机制的保护性中和抗体的复合物结构研究方面取得的进展等内容[276]。该研究加深了对致病机制的理解，为寨卡病毒的病毒学研究及疫苗和抗体开发奠定了基础。

（四）前景与展望

从结构到功能的研究对生物学领域有着重要的意义。而新技术的出现，将对结构生物学的发展带来颠覆性、跨越式的进展。传统的结构解析方法是 X 射线（X-ray）衍射和核磁共振成像（NMR）。而结构生物学希望能够获得更大型、多聚体、复合物的生物活性状态下的结构，X-ray 和 NMR 都存在着天然的缺陷。以诺贝尔奖技术冷冻电镜为代表的电子显微镜（EM）技术在近些年来广泛用于

273 Li M, Zhou X, Wang S, et al. Structure of a eukaryotic cyclic-nucleotide-gated channel [J]. Nature, 2017, 542(7639): 60.

274 Hua T, Vemuri K, Nikas S P, et al. Crystal structures of agonist-bound human cannabinoid receptor CB 1 [J]. Nature, 2017, 547(7664): 468.

275 Liu X, Ahn S, Kahsai A W, et al. Mechanism of intracellular allosteric β 2 AR antagonist revealed by X-ray crystal structure [J]. Nature, 2017, 548(7668): 480.

276 Shi Y, Gao G F. Structural biology of the Zika virus [J]. Trends in Biochemical Sciences, 2017, 42(6): 443-456.

结构生物学领域，为该领域释放出新的活力。

随着学科的会聚与技术的交叉，以整合的方式把多种结构生物学手段（如绿色荧光蛋白应用技术、冷冻电镜技术、计算机技术）结合在一起，将极大地推动结构生物学的研究。日后，显微镜相板（phase plates）、探测器、计算机软件和样品承载系统等软硬件的开发将有助于研究人员获得更加便捷高效的操作和高清质量的图片，乃至记录实时、动态的分子或细胞构象。而结构生物学技术的不断发展完善，将带动糖生物学、力学细胞学等学科的发展，并贯穿大分子结构、功能作用、致病机理及诊断治疗的研发链条当中。

六、免疫学

（一）概述

免疫学已成为生命科学和医学中的前沿科学[277]，在揭示生命活动基本规律、保障机体内环境稳定方面发挥重要作用。近年来，免疫学基础研究不断深入，推进了免疫学进入转化成果群体迸发期。在临床工作中免疫疗法已被成功应用于前列腺癌[278]、黑色素瘤[279]、淋巴癌[280]、肺癌[281]等多种肿瘤的治疗，显著提高患者的生存质量。2017 年，国内外在免疫器官、细胞与分子的再认识和新发现，免疫识别、应答、调节的规律与机制，感染与免疫，肿瘤免疫等方面取得了突出成果。

---

277 韩存志. 免疫学在生命科学和医学发展中的作用——香山科学会议第 173 次学术讨论会综述 [J]. 中国基础科学，2002（3）：5-8.

278 Kantoff P W, Higano C S, Shore N D, et al. Sipuleucel-T immunotherapy for castration-resistant prostate cancer [J]. New England Journal of Medicine, 2010, 363(5): 411-422.

279 Barbuto J A M, Ensina L F C, Neves A R, et al. Dendritic cell-tumor cell hybrid vaccination for metastatic cancer [J]. Cancer Immunology, Immunotherapy, 2004, 53(12): 1111-1118.

280 Porter D L, Levine B L, Kalos M, et al. Chimeric antigen receptor-modified T cells in chronic lymphoid leukemia [J]. New England Journal of Medicine, 2011, 365(8): 725-733.

281 Kumar C, Kohli S, Chiliveru S, et al. A retrospective analysis comparing APCEDEN® dendritic cell immunotherapy with best supportive care in refractory cancer [J]. Immunotherapy, 2017, 9(11): 889-897.

（二）国际重要进展

1. 免疫器官、细胞与分子的再认识和新发现

单细胞分析技术的成熟和应用，使得人们对免疫细胞的认识不断深入。2017 年，国际上发表了多项免疫细胞研究的突破性成果。

美国麻省理工学院 - 哈佛大学博德研究所等机构的研究人员对人体血液中树突状细胞与单核细胞的分类进行了修正。研究人员利用单细胞 RNA 测序技术，鉴定出 6 类树突状细胞及 4 类单核细胞亚型[282]。该研究有助于对免疫细胞开展更精确的功能与发育研究。

美国拉霍亚过敏和免疫学研究所等机构的研究人员鉴定了新的免疫前体细胞。研究人员对 9 000 多个 CD4$^+$T 淋巴细胞开展单细胞 RNA 测序，发现了 CD4$^+$ 细胞毒性 T 淋巴细胞（CD4-CTL）的免疫前体细胞 CD4-T$_{EMRA}$[283]。CD4-CTL 在多种病毒感染和抗肿瘤反应中发挥重要作用，深入了解其前体细胞和生物学特性，可为开发相关疫苗产品，产生持久、有效的 CD4-CTL 免疫应答提供参考。

美国西奈山伊坎医学院等机构的研究人员分离了来自肺肿瘤组织、正常肺组织以及外周血的免疫细胞，利用 T 细胞受体测序和质谱流式细胞（CyTOF）等技术对细胞进行检测分析，绘制了早期肺腺癌肿瘤微环境中免疫细胞图谱。研究发现早期肿瘤会扰乱免疫细胞的活性[284]。该成果为肿瘤的早期免疫治疗提供了参考。

瑞士苏黎世大学等机构的研究人员采用质谱流式细胞和生物信息分析技术对 73 例肾透明细胞癌（ccRCC）和 5 个健康者的肾脏样本进行分析，分别用 29 种和 23 种蛋白质的表达情况对巨噬细胞和 T 细胞进行了分型。研究发现可

282 Villani A C, Satija R, Reynolds G, et al. Single-cell RNA-seq reveals new types of human blood dendritic cells, monocytes, and progenitors [J]. Science, 2017, 356(6335): eaah4573.

283 Patil V S, Madrigal A, Schmiedel B J, et al. Precursors of human CD4$^+$ cytotoxic T lymphocytes identified by single-cell transcriptome analysis [J]. Science Immunology, 2018, 3(19): eaan8664.

284 Lavin Y, Kobayashi S, Leader A, et al. Innate immune landscape in early lung adenocarcinoma by paired single-cell analyses [J]. Cell, 2017, 169(4): 750-765.

通过肾透明细胞癌肿瘤微环境分析，对患者的无进展生存期进行一定预测[285]。该成果对肾癌研究具有重要的指导意义。

2. 免疫识别、应答、调节的规律与机制

免疫识别、应答、调节的规律与机制是免疫学研究的基础内容，也是长期以来的重点方向。

新加坡科技研究局等机构的研究人员采集了近百份胎龄 12 周至 22 周的胎儿组织，分类分析胎儿的免疫细胞。研究发现胎龄 13 周时，树突状细胞已存在于胎儿的皮肤、脾脏、胸腺和肺部中。体外实验表明，胎儿树突状细胞可抑制胎儿对母体细胞的免疫反应[286]。该研究为控制胎儿免疫反应引发的流产和早产提供了参考。

美国加州大学旧金山分校的研究人员利用晶格光层显微术（lattice light-sheet microscopy），实时观察 T 淋巴细胞与抗原呈递细胞（antigen-presenting cells，APC）间的交流。研究发现 T 淋巴细胞通过表面微绒毛运动探测抗原呈递细胞表面位点，探测到抗原后，可在该位点聚集 T 细胞受体，进而完成 T 细胞免疫应答[287]。该研究为了解 T 细胞识别抗原机制提供了新的思路。

美国洛克菲勒大学等机构的研究人员利用荧光凋亡指示小鼠，观测和分析了生发中心内的 B 淋巴细胞凋亡机制[288]。相关研究结果为预防和治疗相关类型淋巴瘤提供新的思路。

美国圣裘德儿童研究医院等机构的研究人员研究发现，调节性 T 细胞（T_{reg} 细胞）的肝细胞激酶 B1（LKB1）功能缺陷会严重地破坏 T_{reg} 细胞的正常代谢与功能，导致 T_{reg} 细胞出现功能衰竭，进而引发严重的炎症反应[289]。该研究揭示了

285 Chevrier S, Levine J H, Zanotelli V R T, et al. An immune atlas of clear cell renal cell carcinoma [J]. Cell, 2017, 169(4): 736-749.

286 McGovern N, Shin A, Low G, et al. Human fetal dendritic cells promote prenatal T-cell immune suppression through arginase-2 [J]. Nature, 2017, 546(7660): 662-666.

287 Cai E, Marchuk K, Beemiller P, et al. Visualizing dynamic microvillar search and stabilization during ligand detection by T cells [J]. Science, 2017, 356(6338): eaal3118.

288 Mayer C T, Gazumyan A, Kara E E, et al. The microanatomic segregation of selection by apoptosis in the germinal center [J]. Science, 2017, 358(6360): eaao2602.

289 Yang K, Blanco D B, Neale G, et al. Homeostatic control of metabolic and functional fitness of T reg cells by LKB1 signalling [J]. Nature, 2017, 358(6359), 548(7669): 602-606.

T_{reg} 细胞的功能衰竭对于自身免疫性疾病发生的重要影响，为自身免疫性疾病的治疗提供了新的思路。

3. 感染与免疫

长期以来，免疫学在消灭传染病和理解人类感染机制方面作出了卓越贡献。2017 年，国际研究团队在流感、艾滋病等领域获得重要突破。

美国加州大学洛杉矶分校等机构的研究人员开发了一种新的疫苗设计策略。研究人员发现流感病毒基因组中多个突变位点对干扰素敏感，并获得了高干扰素敏感（hyper-interferon-sensitive，HIS）的病毒。HIS 病毒具有低毒性，且能引发强烈的免疫反应，可作为候选疫苗[290]。该研究为开发针对其他病原体的疫苗提供了新思路。

美国斯克里普斯研究所等机构的研究人员设计出能够中和多种流感病毒毒株的人工肽分子。流感血凝素（HA）是流感病毒表面主要的糖蛋白，可触发病毒与宿主膜融合，研究人员成功开发并表征了作为流感 HA 融合抑制剂的有效环肽[291]。设计的肽分子有望被开发为靶向特定流感病毒的药物。

赛诺菲公司等机构的研究人员利用基因工程技术开发了一种三特异性抗体，在对 208 种艾滋病病毒（HIV）株系的体外实验中，该抗体可有效中和 99% 的 HIV 株系。该抗体已在猴体试验成功，人体临床试验将于 2018 年启动[292]。该抗体为艾滋病的预防和治疗带来了新的希望。

4. 肿瘤免疫

近年来，肿瘤免疫研发热度持续不减，免疫疗法已被视为肿瘤治疗的新希望。肿瘤免疫疗法的形式很多，包括免疫细胞疗法、抗体疗法、溶瘤病毒疗

290 Du Y, Xin L, Shi Y, et al. Genome-wide identification of interferon-sensitive mutations enables influenza vaccine design [J]. Science, 2018, 359(6373): 290-296.

291 Kadam R U, Juraszek J, Brandenburg B, et al. Potent peptidic fusion inhibitors of influenza virus [J]. Science, 2017, 358(6362): 496-502.

292 Xu L, Pegu A, Rao E, et al. Trispecific broadly neutralizing HIV antibodies mediate potent SHIV protection in macaques [J]. Science, 2017, 358(6359): eaan8630.

法、细胞因子疗法、肿瘤疫苗、其他特异和非特异性的免疫刺激剂等。其中，以嵌合抗原受体 T 细胞（CAR-T）为代表的免疫细胞疗法和免疫检查点抑制剂（一种抗体类疗法）是当前肿瘤免疫的研究热点。

美国麻省总医院报告了一例通过 CAR-T 疗法实现难治性弥漫大 B 细胞淋巴瘤脑转移完全缓解的病例[293]。该研究是中枢神经系统淋巴瘤对 CAR-T 疗法响应的首次报道，为该疾病的治疗带来了新的希望。

美国纪念斯隆·凯特琳癌症中心的研究人员利用 CRISPR/Cas9 基因编辑技术构建出更加高效持久的 CAR-T 细胞，可增强小鼠体内的肿瘤免疫排斥[294]。该研究展现了基因编辑技术在肿瘤免疫中应用的潜力。

美国加州大学旧金山分校和美国埃默里大学的研究团队分别证实了程序性细胞死亡受体 -1（PD-1）的靶向治疗依赖于 T 细胞共刺激受体 CD28。美国加州大学旧金山分校等机构研究发现，PD-1 主要通过抑制 CD28 信号通路降低 T 淋巴细胞活性[295]。美国埃默里大学等机构研究发现，CD28/B7 共刺激通路在 T 淋巴细胞的激活及 PD-1 靶向治疗方面发挥重要作用[296]。两项研究表明 CD28 有望成为 PD-1 靶向治疗的一种预测性生物标志物，也为开发相关组合疗法奠定基础。

美国纪念斯隆·凯特琳癌症中心等机构的研究人员分析了 1 535 名使用检查点抑制剂治疗的癌症患者基因，发现人类白细胞抗原（HLA）基因多样性高的患者对疗法的反应更佳[297]。该研究对预测免疫检查点抑制剂治疗效果和开发基于肿瘤新抗原的治疗性疫苗具有指导意义。

美国约翰·霍普金斯 Kimmel 癌症中心的研究人员评估了肿瘤突变负荷与客

293 Abramson J S, McGree B, Noyes S, et al. Anti-CD19 CAR T cells in CNS diffuse large-B-cell lymphoma [J]. New England Journal of Medicine, 2017, 377(8): 783-784.

294 Eyquem J, Mansilla-Soto J, Giavridis T, et al. Targeting a CAR to the TRAC locus with CRISPR/Cas9 enhances tumour rejection [J]. Nature, 2017, 543(7643): 113.

295 Hui E, Cheung J, Zhu J, et al. T cell costimulatory receptor CD28 is a primary target for PD-1-mediated inhibition [J]. Science, 2017, 355(6332): 1428-1433.

296 Kamphorst A O, Wieland A, Nasti T, et al. Rescue of exhausted CD8 T cells by PD-1-targeted therapies is CD28-dependent [J]. Science, 2017, 355(6332): 1423-1427.

297 Chowell D, Morris L G T, Grigg C M, et al. Patient HLA class I genotype influences cancer response to checkpoint blockade immunotherapy [J]. Science, 2018, 359(6375): 582-587.

观缓解率之间的关系，绘制出抗 PD-1 或抗 PD-L1 治疗时 27 种肿瘤的突变负荷对应的客观缓解率关系图。研究发现一种癌症类型的突变负荷越高，免疫检查点抑制剂治疗的客观缓解率越高[298]。该研究对免疫检查点抑制剂治疗的疗效预测具有重要的参考意义。

法国国家卫生与医学研究院[299]和美国德克萨斯州大学 MD 安德森癌症中心[300]的研究团队分别报道了肠道微生物组能够影响癌症患者对 PD-1 抗体治疗的响应。研究发现某些特定的细菌种类的丰度与 PD-1 抗体治疗效果正相关。两项研究揭示了肠道微生物是影响免疫检查点阻断治疗的重要因素和预后判断的重要指标。

美国德克萨斯州大学 MD 安德森癌症中心等机构的研究人员发现了一种能有效治疗转移性去势抵抗性前列腺癌（metastatic castration-resistant prostate cancer，mCRPC）的组合癌症免疫疗法。小鼠模型研究表明，髓源性抑制细胞（MDSC）靶向疗法与免疫检查点抑制剂相联合治疗时，两者显示出强大的协同效应[301]。该研究为临床治疗 mCRPC 提供了一种潜在的治疗方案。

美国加州大学洛杉矶分校等机构的研究人员通过一项 21 名患者的 Ⅰ 期临床试验，分析了 PD-1 抗体 Keytruda 与溶瘤病毒 T-Vec 联合疗法的安全性和有效性。结果表明，Keytruda＋T-Vec 联合治疗转移性黑色素瘤的缓解率为 62%，超过单独使用两种方案的预期缓解率（为 35%～40%）[302]。该研究为肿瘤免疫疗法疗效改善提供了参考。

美国波士顿 Dana-Farber 癌症研究所和德国生物医药新技术公司的研究团队分别报道了针对不同肿瘤突变定制的个体化疫苗的临床 Ⅰ 期试验结果。美国

298 Yarchoan M, Hopkins A, Jaffee E M. Tumor Mutational Burden and Response Rate to PD-1 Inhibition [J]. New England Journal of Medicine, 2017, 377(25): 2500-2501.

299 Routy B, Le Chatelier E, Derosa L, et al. Gut microbiome influences efficacy of PD-1-based immunotherapy against epithelial tumors [J]. Science, 2018, 359(6371): 91-97.

300 Gopalakrishnan V, Spencer C N, Nezi L, et al. Gut microbiome modulates response to anti-PD-1 immunotherapy in melanoma patients [J]. Science, 2018, 359(6371): 97-103.

301 Lu X, Horner J W, Paul E, et al. Effective combinatorial immunotherapy for castration-resistant prostate cancer [J]. Nature, 2017, 543(7647): 728-732.

302 Ribas A, Dummer R, Puzanov I, et al. Oncolytic virotherapy promotes intratumoral T cell infiltration and improves anti-PD-1 immunotherapy [J]. Cell, 2017, 170(6): 1109-1119.

波士顿 Dana-Farber 癌症研究所的临床试验中，接种疫苗的 6 名黑色素瘤患者有 4 人肿瘤完全消失，且 32 个月内无复发[303]。德国生物医药新技术公司的研究结果显示，13 位接种疫苗的黑色素瘤患者中，8 人肿瘤完全消失且 23 个月内无复发[304]。两项研究同期发表于 *Nature* 杂志，是个体化肿瘤疫苗在临床获得成功的首次报道。

（三）国内重要进展

1. 免疫器官、细胞与分子的再认识和新发现

2017 年，我国科研团队在肝肿瘤和肠道炎症相关的免疫细胞研究上取得重要突破。

北京大学等机构的研究人员在单细胞水平对肝肿瘤微环境中 T 淋巴细胞的转录组及 T 细胞受体（TCR）序列进行了综合分析，探索不同 T 细胞亚群之间的关系并鉴定每个亚群特异的基因表达，从而揭示了肝肿瘤相关的 T 细胞在功能、分布和发展状态等方面的独特性质。该研究为理解肝肿瘤相关的 T 细胞特征奠定了基础。

中国科学院生物物理所等机构的研究人员在小鼠肠道组织发现了一群能够分泌白细胞介素 -10（IL-10）的固有淋巴样细胞（ILC）新亚群（命名为"ILC_{reg}"），该群 ILC 细胞随着肠道炎症的进展而大量扩增，继而抑制过度的肠道炎症。该研究揭示了 ILC_{reg} 细胞在肠道炎症中的重要调节作用。

2. 免疫识别、应答、调节的规律与机制

2017 年，我国科研团队解析了多个免疫识别、应答与调节机制。

清华大学的研究人员结合在体动态显微观察技术和小鼠模型研究发现，

---

303 Ott P A, Hu Z, Keskin D B, et al. An immunogenic personal neoantigen vaccine for patients with melanoma [J]. Nature, 2017, 547(7662): 217-221.

304 Sahin U, Derhovanessian E, Miller M, et al. Personalized RNA mutanome vaccines mobilize poly-specific therapeutic immunity against cancer [J]. Nature, 2017, 547(7662): 222-226.

ephrin-B1 蛋白在调控生发中心（germinal centers，GC）内 B 淋巴细胞和滤泡辅助性 T 细胞之间的相互作用和浆细胞的分化方面发挥着重要作用[305]。该研究揭示了抗体免疫应答正常运转的机制，为研发疫苗提供了新策略。

海军军医大学等机构的研究人员发现 DNA 修饰酶 Tet2 蛋白可以通过调控 RNA 修饰的新方式，促进机体增加天然免疫细胞的数量和功能，以应对病原体感染及其炎症反应[306]。该研究从表观遗传学角度揭示了 Tet2 参与转录后调控的新模式，为有效防治感染性疾病和控制炎症性疾病提供了新思路和潜在药物靶标。

海军军医大学等机构的研究人员研究发现一种病毒感染所诱导产生的长非编码 RNA（lncRNA-ACOD1）能够通过调控宿主细胞代谢状态，以反馈方式促进病毒免疫逃逸和病毒复制[307]。该研究为病毒感染调控机制提出了新观点，也为病毒感染性疾病的防治提供了新思路和潜在药物研发靶标。

厦门大学等机构的研究人员揭示了 Hippo 信号通路转录共激活因子 TAZ 在决定 T 细胞分化为促进炎症的 TH17 效应细胞和抑制免疫反应的 T_{reg} 调节性细胞过程中发挥着关键作用[308]。该研究为多种自身免疫性疾病的发病机理提供理论依据，也为早期诊断和治疗慢性炎症性疾病提供可能的分子标志物和治疗靶标。

3. 感染与免疫

2017 年，我国科研团队在寨卡病毒和流感病毒的免疫防治方面取得重要成果。

中国科学院遗传与发育生物学研究所等机构的研究人员在寨卡病毒致病机

305 Lu P, Shih C, Qi H. Ephrin B1-mediated repulsion and signaling control germinal center T cell territoriality and function [J]. Science, 2017, 356(6339): eaai9264.

306 Zhang Q, Zhao K, Shen Q, et al. Tet2 is required to resolve inflammation by recruiting Hdac2 to specifically repress IL-6 [J]. Nature, 2015, 525(7569): 389-393.

307 Wang P, Xu J, Wang Y, et al. An interferon-independent lncRNA promotes viral replication by modulating cellular metabolism [J]. Science, 2017, 358(6366): 1051-1055.

308 Geng J, Yu S, Zhao H, et al. The transcriptional coactivator TAZ regulates reciprocal differentiation of T H 17 cells and T reg cells [J]. Nature Immunology, 2017, 18(7): 800-812.

制研究中取得重要进展，发现了一个位于寨卡病毒 prM 蛋白中关键位点，单个氨基酸突变 S139N 即可显著增加寨卡病毒的神经毒力，从病毒层面揭示了寨卡病毒感染导致小头畸形的分子机制[309]。该研究对于寨卡病毒致病机制探索和疫苗药物的研发具有重要指导意义。

北京大学等机构的研究人员以流感病毒为模型，发明了人工控制病毒复制进而将病毒直接转化为疫苗的技术。研究人员在保留病毒完整结构和感染力的情况下，仅突变病毒基因的一个三联遗传密码为终止密码，流感病毒就由致病性传染源变为预防性疫苗，再突变多个三联码为终止密码，病毒就变为治疗性药物。这种复制缺陷的活病毒疫苗在老鼠、雪貂和天竺鼠模型中得到验证，达到广谱、持久和高效的效果[310]。该方法颠覆了传统灭活 / 减毒疫苗的理念，有望成为研发活病毒疫苗的一种通用方法。

4. 肿瘤免疫

2017 年，南京传奇生物科技有限公司发布了 CAR-T 临床试验数据，引发了国内外广泛关注。此外，我国科研团队在第三代 CAR-T、免疫细胞靶向给药等方面取得重要成果。

南京传奇生物科技有限公司在 2017 年美国临床肿瘤学会年会（ASCO）上发布了一项 CAR-T 临床试验结果：研究人员采用 CAR-T 治疗难治性或复发性的多发性骨髓瘤，客观反应率为 100%[311]。该研究疗效达到全球领先水平，为多发性骨髓瘤的治疗带来了新的希望。

中国科学院广州生物医药与健康研究院构建了包含 TLR2 共刺激信号的第三代嵌合抗原受体（chimeric antigen receptor，CAR）分子，并证明了 TLR2 共

---

309 Yuan L, Huang X Y, Liu Z Y, et al. A single mutation in the prM protein of Zika virus contributes to fetal microcephaly [J]. Science, 2017, 358(6365): 933-936.

310 Si L, Xu H, Zhou X, et al. Generation of influenza A viruses as live but replication-incompetent virus vaccines [J]. Science, 2016, 354(6316): 1170-1173.

311 ASCO. CAR T-Cell Therapy Sends Multiple Myeloma Into Lasting Remission [EB/OL]. https://www.asco.org/about-asco/press-center/news-releases/car-t-cell-therapy-sends-multiple-myeloma-lasting-remission. [2018-5-10].

刺激信号提高了 CAR-T 细胞杀伤肿瘤的功能[312]。TLR2 是天然免疫系统的重要受体，该研究为天然免疫和适应性免疫在 CAR-T 细胞治疗中的联合效应提供了理论基础，并开拓了 CAR 分子设计的新思路。

中国药科大学的研究人员研发了一种新的靶向给药策略：利用免疫细胞运输抗癌药物，穿透血脑屏障对抗残留肿瘤细胞。研究人员利用中性粒细胞作为药物载体，运载脂质体包裹的化疗药物紫杉醇，在小鼠中成功地抑制了手术后胶质母细胞瘤的复发[313]。该研究跳出了传统的通过特定受体 - 配体结合进行药物靶向的限制，为癌症治疗特别是脑部肿瘤治疗指出了新方向。

（四）前景与展望

面对免疫系统的复杂性，传统的单维度、单因素分割式研究难以揭示各种免疫机制的全貌，开展多维度和系统性研究将成为未来研发的主要趋势。免疫学机制研究的深入，为免疫相关疾病的预防和治疗研发带来了新的机遇。特别是肿瘤免疫产业正处于高速发展的初始阶段，孕育着巨大的市场空间。肿瘤免疫研究目前面临许多亟待突破的技术瓶颈，包括有效靶点少、缺乏指示疗效的生物标志物、安全性有待进一步确认等。攻克这些技术瓶颈也成为当前和未来免疫学研究的重点方向。

七、再生医学

（一）概述

再生医学为一系列重大慢性疾病的治愈带来希望，同时也为器官移植中缺

---

312 Lai Y, Weng J, Wei X, et al. Toll-like receptor 2 costimulation potentiates the antitumor efficacy of CAR T Cells [J]. Leukemia, 2018, 32(3): 801-808.

313 Xue J, Zhao Z, Zhang L, et al. Neutrophil-mediated anticancer drug delivery for suppression of postoperative malignant glioma recurrence [J]. Nature Nanotechnology, 2017, 12(7): 692-700.

乏器官来源的问题找到潜在解决方案。该领域的发展将使人类疾病治疗方式产生革命性的变化，有助于提升人口健康水平，也孕育了可观的市场前景，因此，再生医学一直是生命科学的研究热点。

近年来，再生医学领域的研究范畴和发展方向发生了一系列变化。基因编辑、单细胞分析、高分辨率成像等新型通用技术的融入，促进再生医学领域获得新突破；再生医学临床转化进程的推进对产业技术研发提出了新挑战；新材料制造、3D 打印等新兴技术的渗透，使再生医学领域实现"升级"，并催生了组织器官制造这一发展新方向，其中包含了生物 3D 打印、器官芯片、干细胞构建类器官等新兴领域。

（二）国际重要进展

1. 干细胞

美国加州大学旧金山分校的研究人员通过双光子活体成像技术（two-photon intravital imaging）观察活体小鼠肺部，首次发现肺部具有造血功能。该研究首次证明了肺部也是产生血小板的重要组织，同时肺部的造血祖细胞具有一定的造血功能。该成果为研究血小板减少症以及肺移植排异的成因和治疗提供了新思路[314]。

美国哈佛医学院[315] 和纽约威尔康奈尔医学院[316] 的研究人员利用两种不同的技术策略，首次实现了体外制造造血干细胞。这两项成果解决了"体外构建造血干细胞"这一困扰科研界 20 余年的难题，有望解决血液和骨髓供体不足的问题，为血液疾病的治疗带来新希望。

美国斯坦福大学的科研人员将小鼠多能干细胞注入无法长出胰腺的大鼠胚胎，在干细胞发育为胰岛细胞后将它们分离出来，移植到糖尿病小鼠体内。移

314 Lefrançais E, Ortiz-Muñoz G, Caudrillier A, et al. The lung is a site of platelet biogenesis and a reservoir for haematopoietic progenitors [J]. Nature, 2017, 544:105-109. DOI:10.1038/nature21706.

315 Sugimura R, Jha D K, Han A, et al. Haematopoietic stem and progenitor cells from human pluripotent stem cells [J]. Nature, 2017, 545:432-438.

316 Lis R, Karrasch C C, Poulos M G, et al. Conversion of adult endothelium to immunocompetent haematopoietic stem cells [J]. Nature, 2017, 545:439-445.

植后在超过一年的时间内，将小鼠的血糖成功控制在正常水平。该成果将有助于未来生产出可供移植的人类组织 [317]。

美国华盛顿大学的科研人员利用组蛋白去乙酰化酶抑制剂激活 *Ascl1* 基因，促进成年小鼠的米勒细胞分化成为功能正常的中间神经元。这些新的中间神经元能很好地融入视网膜系统，与其他视网膜细胞建立连接，进而成功实现视网膜功能的原位重建。该成果有助于开发出修复视网膜损伤的疗法，为因外伤、青光眼和其他眼疾而视网膜受损的患者带来希望 [318]。

美国 Salk 研究所的科研人员利用 CRISPR 技术结合人类诱导多能干细胞（iPSC），首次成功培育出了人 - 猪嵌合体胚胎，这种嵌合体胚胎将可作为研究人类发育和疾病以及评估潜在治疗方法的平台。相关成果被 *Cell* 杂志评选为 2017 年十大最佳论文 [319]。

美国 Scripps 研究所的科研人员开发出一种利用抗体诱导成体细胞重编程为多能干细胞的新方法，通过利用抗体作用于细胞表面的特异性抗原，从而通过细胞膜 - 细胞核之间调控多能性和细胞命运的信号通路传导，成功将小鼠的成纤维细胞转变为 iPSC。这种新型重编程策略避免了基于转录因子及化学小分子重编程技术的一系列潜在风险，包括避免外源基因进入受体、减少脱靶效应、减少了对 iPSC 基因组的威胁等 [320]。

日本京都大学的科研人员将由 iPSC 生成的神经元移植入帕金森病猴子体内，移植的神经元在猴子体内至少存活了两年，与猴子的脑细胞形成了连接，被治疗的猴子运动能力得到显著改善，且没有观察到移植细胞有发育成肿瘤的迹象，而且细胞移植也没有引发严重的免疫反应 [321]。

---

317 Yamaguchi T, Sato H, Kato-Itoh M, et al. Interspecies organogenesis generates autologous functional islets [J]. Nature, 2017, 542:191-196.

318 Jorstad N L, Wilken M S, Grimes W N, et al. Stimulation of functional neuronal regeneration from Müller glia in adult mice [J]. Nature, 2017, 548(7665): 103-107.

319 Wu J, Platero-Luengo A, Sakurai M, et al. Interspecies Chimerism with Mammalian Pluripotent Stem Cells [J]. Cell, 2017, 168(3): 473-486.

320 Blanchard J W, Xie J, EI-Mecharrafie N, et al. Replacing reprogramming factors with antibodies selected from combinatorial antibody libraries [J]. Nature Biotechnology, 2017, 35: 960-968.

321 Kikuchi T, Morizane A, Doi D, et al. Human iPS cell-derived dopaminergic neurons function in a primate Parkinson's disease model [J]. Nature, 2017, 548: 592-596.

2. 组织工程

英国剑桥大学的科研人员利用健康胆管细胞的自组装构建出胆管类器官，进一步将该类器官放置在胶原支架上，成功构建出具有天然胆管关键功能的人工胆管，并证实接受移植的小鼠能够依靠人工胆管继续生存，且没有任何并发症。该成果为这类疾病的治疗提供了全新的治疗选择，有助降低临床上对肝脏移植的需求，并将为研究胆管疾病病理及测试新药提供新的模型[322]。

美国麻省理工学院的科研人员通过将三种细胞放置在可降解的支架上，构建出肝脏的基本单元，在移植到肝脏受损的小鼠中后，能响应体内再生信号实现原位扩增，体积扩增了 50 倍，并具有类似正常肝脏的功能和结构。该研究不仅为肝脏疾病的治疗带来了新的希望，也为组织工程器官响应体内再生信号实现原位扩增提供了研究范式[323]。

加拿大多伦多大学的研究人员利用 POMAC 聚合物为材料，开发出类似创可贴药芯大小的心肌细胞组织贴片，可用于修复因心肌梗死导致的心肌损伤；同时，给受损心脏贴上这个"创可贴"不需要做开胸手术，只需要一个孔径为 1mm 的管道，即通过"微创手术"便可将这个贴片轻易贴到受损心肌的表面[324]。

3. 生物 3D 打印

瑞士苏黎世联邦理工学院的科研人员开发出一种由水凝胶和细菌混合而成的新型功能活性墨水 Flink，能打印出任何三维形状。这种墨水在医学、工业、环境等多个领域均具有巨大的应用前景，如使用恶臭假单胞菌可用于分解化学工业大规模生产的有毒化学物质苯酚；使用木醋杆菌可分泌高纯度的纳米纤维

322 Sampaziotis F, Justin A W, Tysoe O C, et al. Reconstruction of the mouse extrahepatic biliary tree using primary human extrahepatic cholangiocyte organoids [J]. Nature Medicine, 2017, 23:954-963.

323 Stevens K R, Scull M A, Ramanan V, et al. In situ expansion of engineered human liver tissue in a mouse model of chronic liver disease [J]. Science Translational Medicine, 2017, 9(399): eaah5505.

324 Montgomery M, Ahadian S, Huyer L D, et al. Flexible shape-memory scaffold for minimally invasive delivery of functional tissues [J]. Nature Materials, 2017, 16: 1038-1046.

素，具有在烧伤治疗中的潜在应用前景[325]。

美国 Advanced Solutions 公司开发出全球首款在六轴机器人上运行的 3D 人体器官打印机 BioAssemblyBot，该打印机使用触摸屏和激光传感器来控制机器人手臂和喷嘴的移动和操作，并通过"组织结构信息建模（Tissue Structure Informational Modeling）"软件进行控制。该生物 3D 打印机为人体器官打印带来了发展机遇，将有助于解决器官移植的问题。

4. 器官芯片

美国哈佛大学医学院的科研人员研发出一种带有多功能嵌入式传感器的新型器官芯片，首次通过微型显微镜、生物物理传感器及电化学免疫传感器等的融合，实现了对药物作用的自动化监测和筛选。基于这套带有传感器的器官芯片平台，抗癌药物对于人源肝癌组织的杀伤性以及对正常心肌组织的不良反应得以被实时监控[326]。

（三）国内重要进展

1. 干细胞

北京大学与美国 Salk 生物学研究所的科研人员在国际上首次建立了具有全能性特征的多能干细胞系（EPS），获得的细胞同时具有胚内和胚外组织发育的潜能。该成果为研究哺乳动物早期胚胎，尤其是胚外组织发育的分子机制提供了新工具；同时，人类 EPS 细胞的异种嵌合能力为未来制备人体组织和器官奠定了基础，也为利用干细胞技术治疗重大疾病提供了新的可能[327]。

陆军军医大学大坪医院的科研人员首次直观展示了成体心肌细胞的分裂全

---

325 Schaffner M, Ruhs P A, Coulter F, et al. 3D printing of bacteria into functional complex materials [J]. Science Advances, 2017, 3(12): eaao6804.

326 Zhang Y S, Aleman J, Shin S R, et al. Multisensor-integrated organs-on-chips platform for automated and continual in situ monitoring of organoid behaviors [J]. PNAS, 2017, 114(12): E2293-E2302.

327 Yang Y, Liu B, Xu J, et al. Derivation of Pluripotent Stem Cells with *In Vivo* Embryonic and Extraembryonic Potency [J]. Cell, 2017, 169(2):243-257.

过程，证实了心肌细胞具备再生能力；进一步诱导使心肌细胞具备了较强的增殖能力，同时发现终末分化的双 / 多核心肌细胞与单核心肌细胞的增殖能力基本相似。该研究揭示了成年心肌增殖的生物学特征和心肌内源性再生的重要途径，并探明了心肌再分化的具体分子机制，改写了"只有极少数幼稚的单核心肌细胞有增殖可能"的观点，为临床治疗心肌梗死和心力衰竭带来曙光[328]。

清华大学 - 北京大学生命科学联合中心的科研人员通过 1 199 例连续病例，建立以供受者年龄、性别、血型相合为核心的积分体系，证明决定造血干细胞移植预后的是该供者选择体系而非经典的人类白血病抗原（HLA），挑战了 HLA 全合同胞始终作为首选造血干细胞供者的经典法则[329]。

2. 组织器官制造

空军军医大学西京医院的科研人员成功实施了全球首例组织工程再生骨修复大段骨缺损手术，修复了长达 12 cm 的大段骨缺损。术后 22 个月患者骨缺损已完全修复，关节活动及行动如同常人，可以进行快步行走、上下楼梯和搬移重物等日常和重体力活动。该成果标志着应用组织工程技术修复大段骨缺损成为可能。

南通大学的科研人员构建出生物可降解组织工程神经，并研制出生物力学性好、降解可调控、低免疫原性、有利于血管生长和神经导向生长的组织工程神经，发明了构建组织工程神经的新技术和新工艺，并在国际上率先应用于临床。目前已有 132 例患者完成试验，受试患者损伤肢体功能明显恢复，优良率达 85%。该技术已完成临床试验，并获中国发明专利和美国、欧亚专利组织、澳大利亚等国际发明专利。

3. 生物 3D 打印

杭州捷诺飞生物科技股份有限公司领衔的"十三五"国家重点研发计划

---

328 Wang W E, Li L, Xia X, et al. Dedifferentiation, Proliferation, and Redifferentiation of Adult Mammalian Cardiomyocytes After Ischemic Injury [J]. Circulation, 2017, 136: 834-848.

329 Wang Y, Wu D P, Liu Q F, et al. Donor and recipient age, gender and ABO incompatibility regardless of donor source: validated criteria for donor selection for haematopoietic transplants [J]. Leukemia, 32: 492-498.

"面向活体器械的功能材料与高通量集成化生物 3D 打印技术开发"项目获得突破，科研团队研发出"离散制造微层析成像技术（MCT）"，并制造了我国首台自主知识产权的高通量集成化生物 3D 打印机。这台生物 3D 打印机代表了我国生物 3D 打印设备的顶尖水平。

中国科学院深圳先进技术研究院的科研团队采用先进的低温 3D 打印技术，开发了一种用于修复骨缺损或骨折的多孔支架材料，将具有促成骨活性的天然植物活性小分子淫羊藿苷均匀复合入多孔支架中，通过 3D 打印赋予此支架最理想的促成骨仿生结构（孔径 300～500μm），实现了难治愈性骨缺损的骨修复治疗[330]。

4. 器官芯片

大连理工大学的科研人员利用微流控器官芯片技术开发出新一代人工肾，包含了肾小球、小球血管、肾小囊（Bowman 囊）、肾小管、管周血管、肾血流、肾尿流、过滤、分泌、重吸收等 10 种结构和功能上的仿生设计，可以完整模拟整个血液净化过程，可用于观察外源物质，譬如药物的肾代谢和消除过程[331]。

（四）前景与展望

随着干细胞基础研究持续深入，临床转化进程将得到持续推进，在多种疾病治疗中的巨大应用前景将日趋明朗；新型生物技术的融入将进一步促进干细胞领域获得新突破，加速该领域的发展进程；iPSC 技术将进一步发展成熟，在安全性、效率等方面获得提升，推动 iPSC 技术在临床的应用。

组织工程技术在骨、皮肤等简单组织修复和重建中的应用逐渐成熟，将推动产业的进一步发展；与此同时，组织工程技术的进步，使其在肝脏、肾脏、心脏等复杂组织器官的修复中也逐渐展现出巨大应用潜力，未来将为心肌梗

---

330 Lai Y, Cao H, Wang X, et al. Porous composite scaffold incorporating osteogenic phytomolecule icariin for promoting skeletal regeneration in challenging osteonecrotic bone in rabbits [J]. Biomaterials, 2018, 153: 1-13.

331 Qu Y, An F, Luo Y, et al. A nephron model for study of drug-induced acute kidney injury and assessment of drug-induced nephrotoxicity [J]. Biomaterials, 2018, 155: 41-53.

死、肝脏损伤等重症疾病提供新的治疗方法。

生物 3D 打印技术快速革新，各类新型打印平台不断涌现，实现了打印组织从扁平化、管状组织向实体组织的发展，以及打印材料从非活体向活体细胞的转变，同时，打印组织的功能性也得到了显著提升。基于此，未来生物 3D 打印技术将孕育巨大的发展前景，不仅将促进组织工程技术的"升级"，而且打印的组织模型还将为复杂手术的实施提供帮助，同时也将带来可观的经济效益。

器官芯片技术在疾病模型领域将具有广阔的应用前景，未来在解决核心技术问题的基础上，将逐渐向多器官芯片领域发展。

 # 八、新兴与交叉技术

（一）基因编辑技术

1. 概述

基因编辑技术开发不断精准化，进入点对点时代。2017 年，基因编辑技术实现了精准靶向编辑 DNA 和 RNA 中的单个突变，入选 *Science* 杂志评选的年度十大突破，*Nature* 杂志认为其在 2018 年将取得更大突破。同时，随技术精准化及安全性、有效性的提高，基因编辑技术初步实现了在疾病治疗中的探索，在疾病治疗等多个领域表现出良好的应用潜力。迄今为止，国际上已经实现了在疾病模型中对视网膜色素变性、白血病、心脏病，以及杜氏肌营养不良等遗传性疾病等多种疾病的有效干预，并实现了特异性靶向敲除癌症融合基因、HIV 病毒基因，大幅推进了相关疾病的诊断和治疗进程；且通过与干细胞、CAR-T 等先进生物技术的联用，助力基因疗法、再生医学疗法、癌症免疫疗法的开发和升级；通过敲除猪基因组中所有可能的有害病毒基因，还将助力扫清猪器官用于人体移植的重大难关；另外，基因编辑成功修正了人类胚胎中的致病点突变，证实了人类生殖细胞系基因编辑的安全有效性。

技术与应用的突破推动了基于基因编辑技术的临床试验的持续开展，并有望在 2018 年取得突破。利用锌指核酸酶（ZFN）、CRISPR 等基因编辑技术治疗 Ramsay Hunt 综合征、非小细胞肺癌、交界型大疱性表皮松解症的临床试验均取得了良好反馈。目前在美国 Clinical Trials 官网中注册的临床试验已达 14 例，其中绝大多数来自中国机构，体现了我国在该领域的先发优势。

2. 国际重要进展

（1）技术开发不断迈向精准化

美国哈佛大学、哈佛大学 - 麻省理工学院 Broad 研究所的研究团队[332] 开发的新型腺嘌呤碱基编辑器（ABE），首次实现了无需切割 DNA 链即可将 A·T 碱基对转换成 G·C 碱基对，加之此前获得的将 G·C 碱基对转换成 T·A 碱基对的成果，该技术首次实现了不依赖于 DNA 断裂而能够将 DNA 四种碱基 A、T、G、C 进行替换的新型基因编辑技术。这一突破性成果摆脱了以往仅限于将 G·C 碱基对转换成 T·A 碱基对的束缚，未来将有望更广泛用于治疗点突变遗传疾病。

局灶性癫痫（focal epilepsy）、杜氏肌营养不良、帕金森病等人类疾病中，鸟嘌呤（G）向腺嘌呤（A）的致病突变较为常见。美国哈佛大学 - 麻省理工学院 Broad 研究所张锋团队[333] 利用 CRISPR/Cas13 系统（REPAIR），通过一步简单反应，有效实现了 RNA 中腺嘌呤（A）的单碱基编辑矫正，该方法因不会改变 DNA 信息而更为安全，为基础研究和临床治疗提供一个新的工具，有望从根源上治疗相关遗传疾病。

美国哈佛大学 - 麻省理工学院 Broad 研究所利用 CRISPR/Cpf1 系统[334]，克服 Cas9 靶向多个基因位点的限制，实现了同时靶向多个位点的多重基因编辑，在哺乳动物细胞中同时编辑多达 4 个基因，在小鼠大脑中同时编辑 3 个基因。该

332 Gaudelli N M, Komor A C, Rees H A, et al. Programmable base editing of A·T to G·C in genomic DNA without DNA cleavage [J]. Nature, 2017, 551(464):464-471.

333 Cox D B T, Gootenberg J S, Abudayyeh O O, et al. RNA editing with CRISPR-Cas13 [J]. Science, 2017, 358(6366):1019-1027.

334 Zetsche B, Heidenreich M, Mohanraju P, et al. Multiplex gene editing by CRISPR-Cpf1 using a single crRNA array [J]. Nature Biotechnology, 2017, 35(1):31-34.

研究实现了对基因的"一步到位"式编辑，证明了 Cpf1 在基因编辑中的应用潜力，将在人类基因编辑中发挥巨大功效。

（2）技术的安全性与有效性持续提高

为避免基因编辑技术产生脱靶效应而导致其他突变，美国索尔克研究所[335]进一步改造 CRISPR/Cas9 技术，使其不剪辑 DNA，仅通过沉默特定基因表达的"表观遗传编辑技术"对生物特性进行修正，并且在小鼠的 I 型糖尿病、肾损伤及杜氏肌营养不良治疗中显示出显著的疗效，这为提高基因编辑技术的安全性提出新思路，该系统在特异性药物的研发上具有极大的潜能。

美国加州大学伯克利分校的詹妮弗·杜德纳（Jennifer Doudna）团队[336]揭示了可抑制 CRISPR 的蛋白质 AcrIIC1 和 AcrIIC3 的作用机制，发现 AcrIIC1 会与 Cas9 的某一位点结合，该位点是 Cas9 与 DNA 结合的位置，从而有效控制 CRISPR/Cas9 技术。且这两个抑制蛋白具有广谱性，可适用于不同的 CRISPR 系统。

（3）技术突破推动临床应用快速发展

基因疗法多通过在实验室中编辑人类细胞，再注射回人体中进行治疗，但该方法没有对患者体内的基因组进行编辑。美国加州大学旧金山分校贝尼奥夫儿童医院联合腺病毒（AAV）和锌指核酸酶（ZFN）技术，直接将碱基与基因编辑工具注射入患者体内，治疗肌阵挛性小脑协调障碍（Ramsay Hunt 综合征），这是全球首例人体基因编辑临床治疗。

交界型大疱性表皮松解症（JEB）是由于 *LAMB3* 基因突变导致的单基因遗传疾病，此前，该罕见遗传疾病并无有效的治疗方法，40% 的患者会在青春期前死亡。德国和意大利的科研人员[337]通过结合逆转录病毒与 CRISPR/Cas9 技术，

335 Liao H K, Hatanaka F, Araoka T, et al. *In Vivo* Target Gene Activation via CRISPR/Cas9-Mediated Trans-epigenetic Modulation [J]. Cell. 2017, 171(7):1497-1507.

336 Harrington L B, Doxzen K W, Ma E, et al. A Broad-Spectrum Inhibitor of CRISPR-Cas9 [J]. Cell. 2017, 170(6):1224-1233.

337 Hirsch T, Rothoeft T, Teig N, et al. Regeneration of the entire human epidermis using transgenic stem cells [J]. Nature. 2017, 551:327-332.

将 *LAMB3* 基因成功导入交界型大疱性表皮松解症患者的皮肤细胞中，成功插入基因组中修复患者突变的 *LAMB3* 基因，治愈了该患者。

3. 国内重要进展

（1）技术开发与动物模型构建

中国科学院神经科学研究所、脑科学与智能技术卓越创新中心与北京大学[338]利用 CRISPR/Cas9 技术，针对目标染色体进行多个 DNA 剪切，实现了整条目标染色体的选择性消除。CRISPR/Cas9 技术介导的目标染色体消除，为染色体缺失疾病动物模型的建立以及非整倍体疾病的治疗提供了新策略。

南方医科大学实验动物中心运用 CRISPR/Cas9 基因编辑技术，成功培育出世界首例白化西藏小型猪，同时敲除了与免疫相关的基因，这标志着自主构筑的基于小型猪受精卵制备基因修饰猪的平台取得了突破性进展。该团队下一步计划将白化藏猪做成免疫缺陷猪，有免疫缺陷的动物可以把人的肿瘤细胞原位或异位移植到体内，然后用于发病机理研究、临床疗效观察及药物开发。

（2）基础研究探索助力临床应用

通过中美合作，美国 eGenesis 公司，以及中国浙江大学、云南农业大学、陆军军医大学，丹麦奥胡斯大学、美国哈佛医学院[339]培育出首批敲除猪内源性逆转录病毒基因的无"毒"克隆猪，成功解决了猪器官用于人体异种器官移植的关键难题，为全球需要器官移植的上百万患者带来希望。

中国华大基因[340]与美国俄勒冈健康与科学大学、韩国基础科学研究所、韩国国立首尔大学、美国 Salk 生物医学研究所合作，修正了人类胚胎中和遗传性心脏疾病有关的致病点突变，这项研究首次展示了如何利用基因编辑技术在早

338 Zuo E W, Huo X N, Yao X, et al. CRISPR/Cas9-mediated targeted chromosome elimination [J]. Genome Biology. 2017, 18(1):224.

339 Yang L H, Zhou X Y, Wang G, et al. Inactivation of porcine endogenous retrovirus in pigs using CRISPR-Cas9 [J]. Science. 2017, 357(6357):1303-1307.

340 Ma H, Marti-Gutierrez N, Park SW, et al. Correction of a pathogenic gene mutation in human embryos [J]. Nature, 2017, 548: 413-419.

期人类胚胎上成功对引起疾病的基因变异进行高效修正，证实了人类生殖细胞系基因编辑的安全有效性。

4. 前景与展望

基因编辑技术掀起了全球对基因编辑技术的研发热潮，尤其是 CRISPR 技术成为最有发展前景的基因组编辑技术，迅速实现了在畜禽育种、生物医药研发等领域的应用，全球正在加大努力将基因编辑技术引入临床，探索基因治疗的可能性，2018 年其临床试验有望获得大量突破。除已开展的临床试验外，基因编辑治疗公司（CRISPR Therapeuics）已获得欧洲监管机构许可，并向美国食品药品监督管理局申请批准，2018 年在欧美开展临床试验，利用 CRISPR 技术解决 β 地中海贫血患者的遗传缺陷；由我国开展的全球首例基于 CRISPR 技术的临床试验（编辑免疫细胞以治疗肺癌）也将于 2018 年结束；美国 Locus Biosciences 和 Eligo Bioscience 等公司将利用噬菌体，利用 CRISPR 系统对抗耐抗生素细菌。

基因编辑技术的发展带动了生物产业发展的新方向，孕育了巨大的社会经济价值，目前产业格局已初步形成。我国对基因编辑一直高度重视，在科研上也紧跟国际发展步伐，取得了一系列突破性成果。同时，在大动物模型构建、疾病治疗临床试验等基因编辑的应用领域，我国已经进入国际第一阵营。未来，我国仍需进一步推进技术源头创新，抢占在该领域的国际话语权；并优化政策环境，保证我国基因编辑技术下游应用的快速健康有序发展。

（二）人工智能医疗

1. 概述

2017 年是"人工智能（AI）应用元年"，大数据、人工智能等技术的日渐成熟，使得智慧医疗快速实现，从熟知的 IBM Watson 开始，人工智能已强势渗透医疗健康领域，用于疾病诊断和病理分析的突破层出不穷，"认知型医疗保健"已经到来。英国诺丁汉大学、美国斯坦福大学、香港中文大学、美国 IBM

Watson Health、美国谷歌等先后在脑癌、皮肤癌、肺癌、乳腺癌、胃癌等癌症的分析诊断与辅助治疗，以及心脏病发病风险预测中表现出应用潜力，研发的产品疾病诊断准确率超专业医师；美国 Arterys 公司的心脏医学成像平台 Cardio DL 成为首款获 FDA 批准的人工智能应用程序，标志着 AI 在医疗健康以及整个产业应用的一大进步。

同时，我国阿里巴巴、腾讯、百度、科大讯飞等大型互联网公司也纷纷涉足，先后推出 Doctor You、腾讯觅影、百度医疗大脑、ET 医疗大脑、医学影像辅助诊断 3D CNN 模型等产品；2017 年底，科学技术部启动了首个国家级医疗影像人工智能平台建设，人工智能全面赋能中国医疗的时代正在开启。此外，虽然目前取得了一定突破，但标准化数据缺乏与深度神经网络黑盒，仍然是目前整个医疗人工智能领域面临的瓶颈。

2. 国际重要进展

（1）辅助诊疗系统开发

美国 Arterys 公司的医学成像平台成为首个获 FDA 批准应用于临床的机器学习应用程序，该医学成像平台通过对目前已收录的 1 000 个病例（不断录入新病例）进行分析和学习，仅花费 15 秒就能对一个病例得出诊断结果。该应用程序的开发标志着医疗影像数据分析技术的革新，是 AI 在医疗健康以及整个产业应用的一大进步。

美国 IBM 与纽约基因组研究中心（NYGC）[341] 针对数十个脑部癌症患者的基因组进行研究，基于 IBM 沃森人工智能系统开发出一个专门分析肿瘤基因组的程序——沃森基因组分析。该程序仅用 10 分钟时间就完成对脑癌患者基因组的分析，并通过查阅 2 300 万篇期刊文献提出一项可供考虑的治疗计划。这项研究展示了人工智能在扩大精准肿瘤治疗方案应用上的巨大潜力。

美国 FDA 批准的用于检测儿童自闭症的一项人工智能平台也推进了人工智

---

341 Wrzeszczynski K O, Frank M O, Koyama T, et al. Comparing sequencing assays and human-machine analyses in actionable genomics for glioblastoma. [J]. Neurology Genetics, 2017, 3(4):e164.

能在辅助诊疗方面的应用。该人工智能平台由 Cognoa 公司开发，该公司是首个致力于将机器学习应用于儿童自闭症早期筛查的公司。其技术最初来源于哈佛大学和斯坦福大学，主要基于大量儿童现有行为观察数据集，通过儿童自然行为信息和视频，评估行为健康状况，识别儿童自闭症准确率超过 80%。

德国癌症中心（DKFZ）的 Stefan Pfister 研究团队[342] 开发出一个基于 DNA 甲基化诊断脑肿瘤的 AI 工具。该工具对 2 801 名癌症患者的甲基化数据分析后，可以诊断出 91 种脑肿瘤类型，并且该研究团队还创建了一个基于此 AI 算法的在线工具，使用者上传数据后数分钟即得出诊断分析结果。该 AI 工具的开发为其他类型肿瘤诊断提供了一种分类算法的新思路。

美国斯坦福大学[343] 开发出一个用于皮肤癌诊断的人工智能，其诊断准确率媲美皮肤科医生。该人工智能通过图像训练机器对 13 万张皮肤病变图像的深度学习，能够完成三项诊断任务包括鉴别角化细胞癌、鉴别黑色素瘤和对黑色素瘤进行分类，准确率高达 91%。该人工智能算法的开发开启了人工智能在皮肤疾病诊疗中的新应用。

美国谷歌公司及其旗下的谷歌大脑与 Verily 公司开发出一款诊断乳腺癌的人工智能，诊断准确率超过了专业的病理学家。该人工智能通过对大量乳腺肿瘤组织与正常组织的病理切片的学习之后，对 130 张乳腺切片进行分析，诊断准确率达到了 88.5%，而一名病理学家对这些切片的判断准确率仅为 73.3%。但由于人工智能并不能用于未经训练过的诊断项目，因此研究人员建议，未来人工智能和病理学家可以合作共同完成对疾病的诊断。

美国 IDx 公司开发出 IDx-DR 人工智能医疗设备，该设备是首款美国 FDA 批准的用于检测糖尿病患者视网膜病变的人工智能医疗设备。IDx-DR 能够筛查糖尿病性视网膜病变并得出治疗建议，只需将患者的视网膜数字图像上传至 IDx-DR，即可得到诊断结果，诊断准确率高达 85% 以上。该设备能够帮助医

342 Capper D, Jones D T W, Sill M, et al. DNA methylation-based classification of central nervous system tumours. [J]. Nature, 2018, 555:469-474.

343 Esteva A, Kuprel B, Novoa R A , et al. Dermatologist-level classification of skin cancer with deep neural networks. [J]. Nature, 2017, 543(7693):115-118.

生和糖尿病患者及早发现视网膜病变，帮助患者免受失明之苦。

美国斯坦福大学[344]开发出一个用于诊断肺炎的 CheXNet 算法，该算法是一个在 ChestX-ray14 上进行训练的 121 层的卷积神经网络，能够对胸部 X 射线影像图片进行分析判断，诊断肺炎的敏感性和特异性均高于普通放射科医生。该算法的开发有助于对肺炎的早期诊断和治疗。

（2）疾病风险预测

韩国高科技科学院和 Cheonan 公共卫生中心的科学家们通过深度学习开发出一项新的人工智能，该人工智能通过学习健康人群与阿尔茨海默病患者脑图像的数据库，能够识别三年后可能发展成为阿尔茨海默病的潜在患者，预测准确率高达 84.2%，显著优于人为的量化方法。这项研究显示了深度学习技术使用脑图像预测疾病预后的可行性。

加拿大道格拉斯健康大学研究所和 McGill 神经影像实验室也参与了阿尔茨海默病的人工智能预测研究[345]，他们开发出一种新型算法，能够基于淀粉样蛋白的 PET 影像，识别两年后阿尔茨海默病发病的潜在患者，预测准确率高达84%。该技术将改变医生管理患者的方式，加速阿尔茨海默病的治疗研究。

英国诺丁汉大学[346]开发出用于心脏病预测的人工智能系统，该系统通过机器学习算法学习近 30 万名居民十年的电子病历，能够预测人类患心血管疾病的发病风险，其预测准确率高于传统医生的诊断。不仅如此，该智能系统还能帮助研究人员发现一些患心血管疾病的潜在风险因素。

（3）辅助药物挖掘

相比于人工智能在辅助诊疗和疾病预测中的优秀表现，人工智能在新药研发领域的应用相对比较有限。美国斯坦福大学首次采用"一次学习"算法（深

344 Rajpurkar P, Irvin J, Zhu K, et al. CheXNet: Radiologist-Level Pneumonia Detection on Chest X-Rays with Deep Learning [EB/OL]. [2017-11-14]. https://arxiv. org/abs/1711.05225v1.

345 Mathotaarachchi S, Pascoal T A, Shin M, et al. Identifying incipient dementia individuals using machine learning and amyloid imaging. [J]. Neurobiology of Aging, 2017, 59:80-90.

346 Weng S F, Reps J, Kai J, et al. Can machine-learning improve cardiovascular risk prediction using routine clinical data? [J]. Plos One, 2017, 12(4): e0174944.

度学习的分支）用于药物毒性和不良反应的预测[347]，算法学习了 6 种化合物的毒性和 21 种药物的不良反应后，对新药的毒性和不良反应预测结果都比随机猜测结果更好。这项研究是"一次学习"第一次被应用于药物研发领域，是人工智能应用于药物研发领域的开端。

3. 国内重要进展

（1）辅助诊疗系统

中山大学联合西安电子科技大学[348]利用深度学习算法开发出"CC-Cruiser 先天性白内障人工平台"，该人工智能系统通过对大量先天性白内障图片的深度学习，对先天性白内障进行辅助诊断。广州中山眼科中心已将该平台应用于"AI 眼科医生"诊疗，为先天性白内障患者提供评估和治疗方案。"AI 眼科医生"这一全球首个眼科人工智能诊疗系统已正式向公众开放。

香港中文大学利用人工智能影像识别技术诊断肺癌及乳腺癌，准确率分别达91% 及 99%，识别全部数百张 CT 扫描图像的整个过程只需 30 秒至 10 分钟，而若用人眼观察，即使每张图只看 3 秒钟，也要花至少 5 分钟才能看完，准确率还无法保障，此项技术可大幅提升临床诊断效率，并降低误诊率。团队将联合北京几所医院共同开发相关产品，以优化技术，进一步提高在这两种癌症识别上的准确率，同时还打算未来 1 到 2 年内，将这两项技术推广至全香港医疗界。

广州医科大学联合美国加州大学圣地亚哥分校等机构[349]开发了一种新的人工智能疾病诊断系统，利用迁移学习（transfer learning）技术，可准确区分老年性黄斑变性和糖尿病性黄斑水肿，也适用于判断细菌性 / 病毒性小儿肺炎。该系统诊断准确度、灵敏度高，可应用于多种类型疾病的精确诊断。

中国科学院分子影像重点实验室将影像组学领域中基于深度学习的医学影像

347 Altae-Tran H, Ramsundar B, Pappu A S, et al. Low Data Drug Discovery with One-Shot Learning. [J]. ACS Central Science, 2017, 3(4):283-293.

348 Long E P, Lin H T, Liu Z Z, et al. An artificial intelligence platform for the multihospital collaborative management of congenital cataracts. [J]. Nature Biomedical Engineering, 2017, 1:0024.

349 Kermany D S, Goldbaum M, Cai W, et al. Identifying Medical Diagnoses and Treatable Diseases by Image-Based Deep Learning [J]. Cell, 2018, 172(5): 1122-1131.

大数据人工智能分析技术，应用于超声弹性成像的计算机辅助诊断，使其能够基于超声弹性图像，无创、智能化分期诊断患者的肝纤维化程度，从而辅助医生实现乙肝患者的个性化治疗决策。该技术通过中山大学第三附属医院和中国人民解放军总医院牵头的全国 12 家医院 398 例乙肝患者的诊断临床验证，诊断精度达到 97%～100%[350]。此技术的开发表明，我国自主研发的超声影像大数据人工智能辅助诊断技术在慢性乙肝患者的肝纤维化分期诊断上获得了新突破。

陆军军医大学[351]开发出一种方便、经济、快捷且准确度极高的血型测试试纸，该试纸采用机器学习算法对测试结果进行准确判断，可以在 2 分钟内对包括罕见血型在内的所有血型进行正向和反向的同时定型，准确率达到 99.7%。该技术的开发不仅为血型鉴定提供了新的策略，还为在时间和资源有限的情况下（例如战区、偏远地区和紧急情况）的血型测定提供了便利。

（2）智能虚拟助理

浙江省海宁市中心医院"虚拟医生"已正式投入使用。该人工智能随访系统与医院信息系统数据相通，能够记录病人的门诊记录、诊疗记录等，再根据不同科室特点，调整不同的回访时间，与患者进行远程电话交流，收录患者对于症状的描述，自动处理并生成结构化数据，为医生提供就诊方案。人工智能虚拟助手的应用不仅能够减轻医生工作压力，还能有效提高患者复诊率。

4. 前景与展望

随着支撑技术初步成熟，人工智能已成功应用于新药研发、辅助疾病诊断、健康管理、医学影像、临床决策支持、医院管理、便携设备、康复医疗和生物医学研究等医疗健康领域，尤其是在辅助医学影像诊断、肿瘤辅助诊疗领域，已接近或已应用于临床推广。人工智能与深度学习正在快速改变整个世界，人工智能、大数据、互联网赋能的数字医疗、移动医疗，将解决老龄化、医疗资

350 Wang K, Lu X, Zhou H, et al. Deep learning Radiomics of shear wave elastography significantly improved diagnostic performance for assessing liver fibrosis in chronic hepatitis B: a prospective multicentre study. [J]. Gut, 2018, 0:1-13.

351 Zhang H, Qiu X P, Zou Y R, et al. A dye-assisted paper-based point-of-care assay for fast and reliable blood grouping. [J]. Science Translational Medicine, 2017, 9(381): eaaf9209.

源不足、城市和边远地区不均衡等问题，促进健康管理水平不断提高。我国人工智能的医疗应用水平正在紧跟国际步伐，应紧抓人工智能发展的窗口期，在核心技术的开发上进一步取得突破，掌握核心技术的话语权。

同时，标准化数据缺乏、数据隐私困境，以及深度神经网络黑盒——神经网络学习问题，仍然是目前整个医疗人工智能领域面临的瓶颈。谷歌团队已成功使用认知心理学解释深度神经网络黑盒[352]，对神经网络在现实世界中更广泛的应用意义重大。未来，针对这些瓶颈问题，尚需进一步突破。

（三）生物影像技术

1. 概述

生物影像（Biomedical Imaging）涉及测量从分子到器官到整个群体的时空分布，专注于生物医学图像的采集，服务于医学诊断和治疗。生物影像一般是通过先进的传感器和计算机技术来获得生物体内生理状况和生理过程。各种各样成像设备，如计算机断层摄影（computed tomography，CT）、磁共振成像（magnetic resonance imaging，MRI）、正电子发射断层显像（positron emission tomography，PET）、超声和生物光学成像等广泛地用于生物医学成像技术领域。

重大疾病的早期诊断与治疗是提高其治愈率及改善病人生存质量的关键。而生物影像技术的发展经历了结构成像、功能成像阶段，现已到了分子成像水平，在细胞和分子水平上进行显示和测量，能对与疾病相关的分子改变进行成像和量化，而不是对最终结果的形态学改变进行成像，能有效帮助实现疾病的早期诊断和治疗。分子成像使得传统的医学诊断方式发生了革命性变化，已成为预警、早期诊治疾病最具有应用前景的医疗新技术、新方法和新手段。同时，生物影像是实现"健康中国"战略的重要支撑，它以生命体健康状况的检测与评价为目标，包含生命信息的获取、处理以及显示，是数理、化学、生

---

352 Ritter S, Barrett D G T, Santoro A, et al. Cognitive Psychology for Deep Neural Networks: A Shape Bias Case Study. [J]. ICML, 2017, arXiv:1706.08606.

命、信息、工程等学科的综合交叉。

2. 国际重要进展

（1）CT

当与光栅扫描结合使用时，小角度 X 射线散射（SAXS）已被证明是一种有价值的纳米级成像技术。德国慕尼黑工业大学通过引入虚拟层析成像轴，利用记录在区域探测器上的二维 SAXS 信息，重建出互易空间中的完整三维散射分布，能够获得骨骼、牙齿和大脑组织的纳米级成像[353]。

比利时根特大学利用数字体积相关（DVC）和迭代 CT 重建之间的协同作用来提高高分辨率动态 X 射线 CT（4D-μCT）的质量，并从采集的数据集中获得定量结果，形式为 3D 应变图，可以直接与材料特性相关联。此外，所开发的框架还能够有效减少运动伪影[354]。

目前双源 CT 逐渐成为 CT 医疗装备发展的热点。西门子推出的 SOMATOM Force 双源 CT 系统，可在一次心跳内完成心脏扫描，其单幅轴向图像的时间分辨率为旋转时间的四分之一。针对受压高心率的心脏，可采集由 ECG 触发的动态心肌灌注图像，用于心肌灌注评估，可得到血流、血容量、平均通过时间和通透性等灌注参数[355]。

2017 年 11 月，飞利浦发布首台以光谱探测器为成像基础的 IQon 光谱 CT，以"双层"立体探测器为核心技术，探测器分层接收高能、低能 X 线，实现"同源、同时、同向、同步"的"四同"精准能谱扫描，可一次扫描获得解剖影像及光谱功能影像数据[356]。

印度乌塔兰契尔大学的研究人员通过研究辐射剂量对 CT 图像的质量的影响，提出了一种适用于噪声不相关的两幅相同图像的去噪方案。该方案的最终

353 Schaff F, Bech M, Zaslansky P, et al. Six-dimensional real and reciprocal space small-angle X-ray scattering tomography [J]. Nature, 2015, 527:353-356.

354 De Schryver T, Dierick M, Heyndrickx M, et al. Motion compensated micro-CT reconstruction for in-situ analysis of dynamic processes [J]. Scientific Reports, 2018, 8(1):7655.

355 http://www.cmdi.org.cn/publish/default/zhixuntop_2/content/20170828095659111185.htm

356 https://www.cn-healthcare.com/article/20171112/content-497162.html

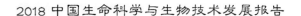
结果在噪声抑制和结构保存方面表现出色，在视觉质量、图像质量指标、峰值信噪比和熵差方面皆优于原有 CT 图像的处理方法[357]。

美国芝加哥大学研究团队在实际的 CBCT 成像中，直接从截断数据研究基于优化的图像重建[358]。将重建问题制定为约束优化程序，引入了数据导数保真项以有效抑制截断伪影[359]。该研究的结果表明，可以利用适当设计的数据导数保真度减少直接产生于截断数据的影响。

（2）MRI

麻省总医院（MGH）研究人员组成的团队开发了一种用于磁共振成像（MRI）的含钆造影剂（GBCA）的潜在替代品。该团队描述了在灵长类动物模型中进行的实验表明，锰基试剂 Mn-PyC3A 产生的血管对比度增强等同于基于钆的试剂的血管对比增强[360]。

阿尔托大学和赫尔辛基大学的研究人员首次成功地结合了神经通路成像和大脑磁刺激，从而影响了对触觉工作记忆任务的元认知。了解大脑功能可能有助于未来开发神经精神疾病的新疗法[361]。

凯斯西储大学医学院的研究人员开发了一种可以制作磁共振成像多色的方法。目前的 MRI 技术依靠注入患者静脉中的单一造影剂来使图像生动化，而新方法一次可以使用两个，这可以让医生在单个 MRI 中映射患者内部器官的多个特征。该方法可以作为研究工具，甚至可以帮助诊断疾病[362]。

美国食品药品监督管理局批准了第一台可专门用于新生儿的磁共振成像设备。这些磁共振成像设备将被用于对需要进入新生儿重症监护病房（NICU）的

---

357 Diwakar M, Kumar M. CT image denoising using NLM and correlation-based wavelet packet thresholding [J]. IET Image Processing, 2018, 12(5):708-715.

358 Xia D, Langan D A, Solomon S B, et al. Reconstructing dynamic magnification CBCT scans with optimization-based reconstruction [C]//. Nuclear Science Symposium and Medical Imaging Conference (NSS/MIC), IEEE, 2016:1-4.

359 Xia D, Langan D A, Solomon S B, et al. Impact of a data-derivative fidelity on truncation-data reconstruction in CBCT [C]//. Nuclear Science Symposium and Medical Imaging Conference (NSS/MIC), IEEE, 2016:1-4.

360 https://www.news-medical.net/news/20171115/MGH-researchers-develop-potential-alternative-to-gadolinium-based-MRI-contrast-agents.aspx

361 http://www.aalto.fi/en/current/news/2017-08-29-004/

362 https://www.news-medical.net/news/20170817/New-multicolor-MRI-approach-could-aid-disease-diagnosis.aspx

新生儿脑部和头部进行成像[363]。

美国食品药品监督管理局已经批准了西门子健康医疗公司的 MAGNETOM Vida 3 Tesla（3T）磁共振成像（MRI）扫描仪，该扫描仪采用了新的 BioMatrix 技术，可减少患者之间固有的解剖和生理差异，以及用户变异性。通过减少患者和用户之间的这种差异，扫描仪的 BioMatrix 技术可以降低重新扫描次数并提高生产率，从而提高 MRI 的成本效益[364]。

无创生物成像需要能够与深度渗透形式的能量相互作用的材料，例如磁场和声波。美国的研究人员通过结合 MRI 和超声波的互补物理学[365]，借助一种独特的气体填充蛋白质纳米结构，获得了独特的细胞分子成像方式。

作为新兴的相位对比 MR 技术，4D Flow MRI 成为 MRI 研究的热点。4D Flow MRI 可以动态采集图像，并同时对 3 个相互垂直的维度进行相位编码，从而多方向采集血流数据。瑞士日内瓦的研究人员将 4D Flow MRI 用于颅内血流的评估[366]，芝加哥儿童医院的研究人员使用 4D Flow MRI 来评估二尖瓣主动脉瓣（BAV）患者的收缩峰值速度[367]，都获得了良好的精确度。

（3）PET

西门子医疗的研究人员提出波形采样（waveform sampling）的方法来实现直接的闪烁脉冲数字化[368,369,370,371]，该方法首先利用电容阵列对闪烁脉冲进行采样并以模

---

363 https://www.news-medical.net/news/20170720/US-FDA-approves-MRI-especially-for-newborns.aspx

364 https://www.healthcare.siemens.com/magnetic-resonance-imaging/3t-mri-scanner/magnetom-vida

365 Lu G J, Farhadi A, Szablowski J O, et al. Acoustically modulated magnetic resonance imaging of gas-filled protein nanostructures [J]. Nature Materials, 2018, 17:456-463.

366 Pereira V M, Delattre B, Brina O, et al. 4D flow MRI in neuroradiology: Techniques and applications [J]. Top Magn. Reson. Imaging, 2016, 25(2): 81-87.

367 Rose M J, Jarvis K, Chowdhary V, et al. Efficient method for volumetric assessment of peak blood flow velocity using 4D flow MRI [J]. Magn.Reson. Imaging, 2016, 44(6): 1673-1682.

368 Wiener R I, Surti S, Kyba C C M, et al. An investigation of waveform sampling for improved signal processing in TOF PET [C]// IEEE Nuclear Science Symposium conference record, Nuclear Science Symposium, 2008:4101-4105.

369 Ashmanskas W J, Legeyt B C, Newcomer F M, et al. Waveform-Sampling Electronics for a Whole-Body Time-of-Flight PET Scanner [J]. IEEE Transactions on Nuclear Science, 2011, 61(3):1174-1181.

370 Kim H, Kao C M, Kim S, et al. A development of waveform sampling readout board for PET using DRS4 [C]// Nuclear Science Symposium and Medical Imaging Conference (NSS/MIC), IEEE, 2011:2393-2396.

371 Yeom J Y, Takahash H, Ishitsu T, et al. Development of a High Resolution APD sased Animal PET and Multi-Channel Waveform Sampling Front-End ASIC [J]. Journal of Nuclear Science & Technology, 2004, 41(sup4):279-282.

拟电压量的形式存储在电容中，再以低速 ADC 电容阵列中的模拟电压量逐个数字化。这种方式可实现脉冲精确采样，但信号处理仍依赖模拟电路处理。其系统灵敏度以及计数率等关键参数会因数据获得系统的死时间过长而有较大限制。

飞利浦医疗则提出数字光子计数器（DPC）的方法实现闪烁脉冲原始信息的获取。该方法使用数字化硅光电倍增器对闪烁体输出的光脉冲进行读出，通过记录闪烁光子的初始到达时间以及到达的闪烁光子的总数直接提取与输出闪烁脉冲的时间和能量信息。飞利浦医疗推出采用光子计数 DPC 技术的 Vereos PET/CT[372, 373, 374, 375]，将模拟电路集成于光电转换器件中，实现了全数字处理，但未实现脉冲精确数字化。

通用医疗推出了 LightBurst 数字探测器，作为其数字 PET 产品的关键部件，并应用于其 Discovery MI 数字 PET/CT[376]。本质上该探测器主要是采用硅光电倍增器件（SiPM）替代了传统光电倍增管，并未解决关键的脉冲精确数字化问题。

在系统集成方面，西门子医疗公司的 Biograph Horizon Flow PET/CT 通过 FDA 认证。该设备采用 FlowMotion 连续床运动扫描技术[377]，对提高扫描速度有一定帮助。

芝加哥大学在研发基于 SiPM 的脑成像的 TOF-PET 过程中，采用了基于带状线的信号复用方法[378, 379]，有效降低了 SiPM 的通道数。该方法使用单个带状

---

372 Schug D, Wehner J, Goldschmidt B, et al. Data Processing for a High Resolution Preclinical PET Detector Based on Philips DPC Digital SiPMs [J]. IEEE Transactions on Nuclear Science, 2015, 62(3):669-678.

373 Gasparini L, Braga L H C, Perenzoni M, et al. Characterizing single- and multiple-timestamp time of arrival estimators with digital SiPM PET detectors [C]// Nuclear Science Symposium and Medical Imaging Conference (NSS/MIC), IEEE, 2013:1-4.

374 Braga L H C, Gasparini L, Grant L, et al. A Fully Digital 8×16 SiPM Array for PET Applications with Per-Pixel TDCs and Real-Time Energy Output [J]. IEEE Journal of Solid-State Circuits, 2014, 49(1):301-314.

375 Braga L H C, Gasparini L, Grant L, et al. Complete characterization of SPADnet-I - a digital 8×16 SiPM array for PET applications [C]// Nuclear Science Symposium and Medical Imaging Conference (NSS/MIC), IEEE, 2013:1-4.

376 https://www.itnonline.com/content/ge-healthcare-discovery-mi-petct-improves-detection-small-lesions

377 https://www.itnonline.com/content/fda-clears-biograph-horizon-flow-edition-petct-system-siemens-healthineers

378 Kim H J, Hua Y X, Xi D M, et al. Performance tests of TOF PET detectors with a strip-line based readout [C]//. 2016 IEEE Nuclear Science Symposium, Medical Imaging Conference and Room-Temperature Semiconductor Detector Workshop (NSS/MIC/RTSD).

379 Kim H J, Choong W S, Hua Y X, et al. Use of the OpenPET data acquisition for a strip-line readout TOF PET detector [C]//2016 IEEE Nuclear Science Symposium, Medical Imaging Conference and Room-Temperature Semiconductor Detector Workshop (NSS/MIC/RTSD).

线，其上连接多个 SiPM 以共享读出，并且命中 SiPM 的位置根据在带状线两端处测量的到达时间差解码。同时，为获取 TOF-PET 的列表模式数据重建图像，该团队将要重构的图像设计为凸非光滑优化程序的解决方案，并且通过求解优化程序来开发用于图像重构的原始对偶算法[380]。所研究的优化重建方法可以产生具有增强的空间和对比度分辨率，以及抑制的图像噪声的图像。

加州大学戴维斯分校针对在 PET 时间标记中的 LED 方法，提出一种通过逐个事件地利用阈值穿越时间和事件能量之间的关系来对时间游走信息进行校正的方式[381]，并使用来自两个使用前沿鉴别器的相同检测器的时序信息进行评估。

（4）生物光学成像

光学相干断层扫描（OCT）是一种高分辨率的实时成像技术，可用于早期视网膜疾病的检测。然而，为了获得更好的视网膜细胞分辨率，需要使用昂贵的自适应镜头来矫正出现的图像畸变。维也纳医科大学的医学物理和生物医学技术中心的研究人员使用他们研发的新技术 Line Field OCT[382]，简化了对眼睛细胞过程的检查，可进行更准确的诊断。

FRET 技术用于探测在活体生物细胞内间距小于 10 nm 的荧光蛋白质分子之间的能量转移。伦敦帝国学院的研究人员将 FLIM-OPT 应用于 FRET 生物传感标记的活体转基因斑马鱼幼体，实现对其生物结构功能的测量[383]。在此基础上，该团队还提出将 FLIM-OPT 和角度复用技术结合，实现对成年斑马鱼的活体三维荧光成像[384]。

380 Zhang Z, Rose S, Ye J H, et al. Optimization-Based Image Reconstruction from Low-Count, List-Mode TOF-PET Data [J]. IEEE Transactions on Biomedical Engineering, 2018, 65(4): 936-946.

381 Du J W, Schmall J P, Judenhofer M S, et al. A Time-Walk Correction Method for PET Detectors Based on Leading Edge Discriminators [J]. IEEE Transactions on Radiation and Plasma Medical Sciences, 2017, 1(5):385-390.

382 Ginner L, Kumar A, Fechtig D, et al. Noniterative digital aberration correction for cellular resolution retinal optical coherence tomography *in vivo* [J]. Optica, 2017, 4(8):924-931.

383 Andrews N, Ramel M C, Kumar S, et al. Visualising apoptosis in live zebrafish using fluorescence lifetime imaging with optical projection tomography to map FRET biosensor activity in space and time [J]. Journal of Biophotonics, 2016, 9(4): 414- 424.

384 Kumar S, Lockwood N, Ramel M C, et al. *In vivo* multiplexed OPT and FLIM OPT of an adult zebrafish cancer disease model [C]. Cancer Imaging and Therapy. Optical Society of America, 2016: CTu4A. 2.

哥伦比亚大学开发的一种新型光学成像系统使用红光和近红外光来识别对化疗有反应的乳腺癌患者[385]。该成像系统有可能在开始治疗后的两周内尽早预测患者对化疗的反应。

加州理工学院的研究人员开发了光声层析成像技术[386]，该技术使用无害的激光脉冲和超声波。该系统可生成非常详细的图像，可用于长时间扫描，使研究人员能够长时间实时研究生物过程。同时，来自该单位光学影像实验室的工程师开发了一种 3D 光声显微镜[387]。光声显微镜或 PAM 使用低能激光激发组织样本，这会导致组织振动。由于原子核比周围物质振动更强烈，因此 PAM 可以显示细胞核的大小和填充密度。癌组织倾向于具有更大的细胞核和更密集的细胞，因此可以有效帮助外科医生切除乳腺癌肿块。

来自亚利桑那州立大学生物设计研究所（ASU）的科学家，巴罗神经病学研究所（BNI）的神经外科医生与蔡司显微镜公司合作开发了新型分子纳米探针和尖端光学成像技术[388]，能够为癌症患者提供即时和特异性的诊断。

（5）超声

近来已经引入了利用超声调制的多种混合层析成像方法。这些方法的成功取决于将超声波聚焦在任意兴趣点的可行性。然而，这种关注在实践中很难实现。因此，得克萨斯州大学研究人员提出了一种避免通过我们称之为合成聚焦的方式来使用聚焦波的方法[389]，即通过重构对应于实际未聚焦波的测量结果对聚焦调制的可能响应。

美国新泽西理工学院研究团队提出了一种使用超声波检测软组织中回声来

385 Gunther J E, Lim E A, Kim H K, et al. Dynamic Diffuse Optical Tomography for Monitoring Neoadjuvant Chemotherapy in Patients with Breast Cancer [J]. Radiology, 2018, 287(3): 778-786.

386 Li L, Zhu L R, Ma C, et al. Single impulse panoramic photoacoustic computed tomography of small-animal whole-body dynamics at high spatiotemporal resolution [J]. Nature Biomedical Engineering, 2017, 1(5).

387 Wong T T W, Zhang R Y, Hai P F, et al. Fast label-free multilayered histology-like imaging of human breast cancer by photoacoustic microscopy [J]. Science Advances, 2017, 3(5).

388 http://www.asu.edu/

389 Kuchmen P, Kunyansky L. Synthetic focusing in ultrasound modulated tomography [J]. Inverse Problems & Imaging, 2017, 4 (4):665-673.

确定肿瘤位置的方法[390]。定量超声波被用来允许超声波信号从发射机发送到多个接收机。这个接收到的信号能够被分析为回声性肿瘤和无回声性肿瘤，并以此区分这两者及非肿瘤样本，通过分析延迟和信号失真，以确定肿瘤位置。

荷兰阿姆斯特丹一研究团队首次在人体上针对前列腺癌使用超声分子成像与VEGFR2特异性超声分子造影剂（BR55）[391]。BR55是一种血管内皮生长因子受体2（VEGFR2）特异性超声分子造影剂（MCA），在癌症成像的多种临床前模型中显示出希望的结果。在其探索性研究中，调查了使用临床标准技术检测男性前列腺癌（PCa）的MCA的可行性和安全性。结果表明采用临床标准技术进行BR55超声分子成像是可行的，并表现出良好的安全性。PCa患者可达到可检测水平的MCA，为进一步临床试验开辟道路。

基于阵列的医学超声成像中的主要挑战之一是旁瓣和离轴杂波造成的图像质量下降。为了有效地抑制离轴目标和随机噪声中的杂波，美国阿拉莫斯国家实验室研究团队使用一种新的自适应滤波技术[392]，称为频率空间（FX）预测滤波或FXPF，它首先在地震成像中用于随机噪声衰减。研究结果表明FXPF是增强超声图像对比度的有效技术，并有可能改善临床上重要的解剖结构的可视化和病变的诊断。

超声检查使用多个压电元件探头对组织进行成像。当前的时域波束形成技术要求每个换能器元件处的信号以高于奈奎斯特准则的速率被采样，导致大量的数据被接收、存储和处理。来自瑞士洛桑联邦理工学院的研究人员建议利用每个传感器元件接收信号的稀疏性[393]。其提出的方法使用多个压缩多路复用器进行信号编码，并在解码步骤中解决最小化问题，从而减少了75%的数据量、电

390 Ratnakar A R, Zhou M C. An Ultrasound System for Tumor Detection in Soft Tissues Using Low Transient Pulse [J]. IEEE Systems Journal, 2017, 8 (3):939-948.

391 Smeenge M, Tranquart F, Mannaerts C K, et al. First-in-Human Ultrasound Molecular Imaging with a VEGFR2-Specific Ultrasound Molecular Contrast Agent (BR55) in Prostate Cancer: A Safety and Feasibility Pilot Study [J]. Investigative Radiology, 2017, 52 (7):419-427.

392 Shin J, Huang L. Spatial Prediction Filtering of Acoustic Clutter and Random Noise in Medical Ultrasound Imaging [J]. IEEE Transactions on Medical Imaging, 2017, 36 (2):396-406.

393 Besson A, Carrillo R E, Perdios D, et al. A compressed-sensing approach for ultrasound imaging [J]. Signal Processing with Adaptive Representations, 2017.

缆数量和模数转换器所需的数量执行高质量的重建。

变迹法是控制波束图旁瓣电平的常用方法。伊朗的研究团队通过数学表示和仿真结果来研究波束对速度变化的敏感性[394]，所述数学表示和仿真结果表明速度误差导致波束图在主瓣宽度和旁瓣水平方面的严重退化。结果表明，强大的变迹能够维持速度的所有可能值的主瓣特性，同时最小化旁瓣电平。而且，在较低的聚焦深度和较小的主瓣宽度下，鲁棒方法优于非鲁棒方法。

3. 国内重要进展

（1）CT

新型探测器方面，武汉光电国家研究中心研究出基于溶液法制备的全无机双钙钛矿铯银铋溴（$Cs_2AgBiBr_6$）单晶 X 射线直接探测器[395]，该探测器具有对 X 射线的高灵敏度和低检测限。该工作不仅为非铅钙钛矿材料的光电性能理解及其指向性应用提供了新思路，其所发展的稳定灵敏无毒的 X 射线探测器也具有优异的技术竞争力，有希望实现产业化应用。

中国科学院苏州生物医学工程技术研究所医学影像室提出了基于 SL0 的正则化函数模型，该模型根据重建图像的噪声性质，自适应调整正则化约束强弱，从而取得较好的噪声抑制和软组织保护特性。该方法在仿真实验、临床数据实验及动物数据重建中均能取得较为理想的重建结果[396]。

首都师范大学检测成像实验室针对扇形束计算机断层扫描（CT）未封闭的扫描数据，提出了一种基于非线性优化模型的几何伪影修正方法[397]。通过这种方法扫描标记和测量的物体，求解基于扫描数据的非线性优化模型来精确估计CT，系统的几何参数，能够有效地减少未闭合 CT 数据的 CT 图像的几何伪影。

394 Gholampour A, Sakhaei S M, Andargoli S M .A robust approach to apodization design in phased arrays for ultrasound imaging [J]. Ultrasonics, 2017, 76:10.

395 Pan W C, Wu H D, Luo J J, et al. Cs2AgBiBr6 single-crystal X-ray detectors with a low detection limit [J]. Nature Photonics, 2017, 11:726-732.

396 Li M, Zhang C, Peng C T, et al. Smoothed l₀ Norm Regularization for Sparse-View X-Ray CT Reconstruction [J]. BioMed Research International, 2016, 2016 (1):1-12.

397 Yu P, Chen D, Zhang H, et al. Correction of CT Image Geometric Artifacts for Unclosed Scanning Data [J]. Acta Optica Sinica, 2015, 35 (6) :0611006.

国内在 CT 上的研究热点集中于使用人工智能技术对 CT 以及多模态图像的处理。上海交通大学医学图像计算实验室基于骨盆 CT 和 MRI 的融合，提出一种用于多模态骨盆图像配准的区域自适应变形配准方法[398]，并证明了该方法用于常规前列腺癌放射疗法的潜力。

2017 年国产 CT 迎来了爆发式的发展。国产 CT 不再局限于 16 层以下 CT，同时出现了 32 层、64 层 CT 以及 128 层超高端 CT，更有部分企业正在研发 256 层甚至更高端的 CT。国产 CT 机技术水平不断提升，我国正在进行的分级诊疗改革，医联体 / 云服务的发展，以及国家鼓励本土企业创新、创业等因素，是国产 CT 机市场份额不断攀升的主要原因。

（2）MRI

通过结合功能性磁共振成像（fMRI）和脑电图（EEG）或脑磁图（MEG）的多模式功能性神经影像，能够提供脑部活动的高时空分辨率映射。北京大学医学物理与工程重点实验室提出了一种新的 fMRI 通知时变约束（FITC）方法[399]，能够更好地解决 fMRI 约束的 EEG / MEG 源成像中遇到的空间不匹配问题。

同时，该团队还使用静息状态功能磁共振成像广泛研究人脑大脑底部的拓扑结构，提出一种新型互补集合经验模式分解（CEEMD）方法用来将 fMRI 时间序列分成五个不同频率的特征振荡[400]。研究结果表明，不同功能回路中的特征性振荡活动可能导致帕金森病临床损伤的不同运动和非运动成分。

中国科学院武汉物理与数学研究所开发了一种新型磁共振成像（MRI）分子传感器[401]，使用超极化 Xe-129 的核自旋共振进行硫化氢检测和成像。它展示了一种"概念验证"，即荧光 H_2S 探针可以与氙结合的色氨酸连接，从而转化

398 Cao X H, Yang J H, Gao Y Z, et al. Region-Adaptive Deformable Registration of CT/MRI Pelvic Images via Learning-Based Image Synthesis [J]. IEEE Transactions on Image Processing, 2018, 27(7): 3500-3512.

399 Xu J, Sheng J, Qian T, et al. EEG/MEG source imaging using fMRI informed time-variant constraints [J]. Hum Brain Mapp, 2018, 39(4):1700-1711.

400 Qian L, Zhang Y, Zheng L, et al. Frequency specific brain networks in Parkinson's disease and comorbid depression [J]. Brain Imaging Behav, 2017, 11(1):224-239.

401 Yang S J, Yuan Y P, Jiang W P, et al. Hyperpolarized Xe-129 Magnetic Resonance Imaging Sensor for H_2S [J]. Chemistry-A European Journal, 2017, 23(32): 7648-7652.

为 MRI 探针，这可以提供非常普遍的模板。

此外，该团队还利用高分辨率魔角旋转质子核磁共振（HRMAS H-1 NMR）光谱技术分析肺癌组织的代谢组学特征，以期找出肺组织的恶性检测和分期研究的潜在诊断标志物[402]。

中国科学院微观磁共振重点实验室提出并进行了实验，实现了一种基于金刚石氮 - 空位（NV）色心量子传感器的新零场顺磁共振方法[403]，打破了传统顺磁共振信号强度对热极化的依赖，将零场顺磁共振的空间分辨率从厘米量级提升至纳米级，为零场顺磁共振的实用化开启了一条新途径。

合肥工业大学团队研发了一种安全的亚 10 nm 高性能纳米磁共振造影剂，实现 T1 型纳米磁共振造影剂的冻干粉针剂型，并通过大量体内生物安全性分析证明其具有良好的生物安全性，很有希望成为新一代高效、低毒的血池磁共振成像造影剂[404]。

（3）PET

华中科技大学研究团队研发了从源头对高速闪烁脉冲进行数字化的多电压阈值采样（MVT）全数字 PET 技术，具备信号"精确采样"和电路"全数字"两大特性。相关全数字 PET/CT 产品于 2018 年 1 月通过国家食品药品监督管理总局关于国家创新医疗器械的特别审批，目前在广州中山大学的附属医院已进入志愿者招募和临床实验数据采集阶段[405]。

中国自主研发生产的全球首台动物全数字 PET 仪器被送往芬兰国家 PET 中心，由中国工程人员亲赴现场调试、安装，一切数据达标后，将在图尔库 PET 中心用于进行专门针对小鼠、大鼠、兔、猴等动物的疾病研究和新药研发[406]。

402 Chen W X, Lu S H, Wang G F, et al. Staging research of human lung cancer tissues by high-resolution magic angle spinning proton nuclear magnetic resonance spectroscopy (HRMAS H-1 NMR) and multivariate data analysis [J]. Asia-Pacific Journal of Clinical Oncology, 2017, 13(5): E232-E238.

403 Kong F, Zhao P J, Ye X Y, et al. Nanoscale zero-field electron spin resonance spectroscopy [J]. Nature Communications, 2018, 9 (1):1563.

404 Liu K, Dong L, Xu Y J, et al. Stable gadolinium based nanoscale lyophilized injection for enhanced MR angiography with efficient renal clearance [J]. Biomaterials, 2018, 158:74-85.

405 http://www.stdaily.com/index/kejixinwen/2017-10/18/content_584774.shtml

406 http://news.sina.com.cn/s/2017-06-21/doc-ifyhfpat5579836.shtml

武汉大学将数字动物 PET 用于非酒精性脂肪肝的病理研究和药物开发[407]，可检测和评估包括在 NASH 多个阶段发挥作用的法尼醇 X 受体（FXR）[408]，炎症阶段的氨基脲敏感性胺氧化酶（SSAO）在内的新靶点。此外，数字 PET 于 2017 年 11 月首次在台湾长庚纪念医院完成质子束在线监测实验，首次成功监测到质子束在人体组织上产生的氧 15[409]。

目前对于早期肾纤维化的诊断和疗效评估是世界性的难点和热点问题[410]。华中科技大学同济医学院附属同济医院前期研究表明，利用 18F 标记的葡萄糖，借助数字 PET 成像能够对肾功能安全的功能 - 机制双重成像，这将为肾纤维化疗效评估和预后分析探索新的思路和手段。

（4）生物光学成像

中国科学院深圳先进技术研究院的研究组，把具备深层生物组织成像能力的双光子显微成像技术和具备超分辨成像功能的瞬时结构光照明显微成像技术有机结合起来，实现双光子激发的超分辨显微成像功能[411]。同时，研究人员又利用自适应光学（adaptive optics，AO）技术成功克服了由生物组织引起的波前相位畸变问题，最终实现 176nm 的横向分辨率、729nm 的纵向分辨率及 250μm 的探测深度的成像效果。

北京大学分子医学研究所跨学科团队成功研制新一代高速高分辨微型化双光子荧光显微镜，并获取了小鼠在自由行为过程中大脑神经元和神经突触活动清晰、稳定的图像[412]，该设备为从微观层面解析脑连接的结构和功能动态图谱提供了研究工具。

407 Wang P X, Ji Y X, Zhang X J, et al. Targeting CASP8 and FADD-like apoptosis regulator ameliorates nonalcoholic steatohepatitis in mice and nonhuman primates [J]. Chinese Journal of Cell Biology, 2017, 23(4):439-449.

408 Zhao G N, Zhang P, Gong J, et al. Tmbim1 is a multivesicular body regulator that protects against non-alcoholic fatty liver disease in mice and monkeys by targeting the lysosomal degradation of Tlr4 [J]. Nature Medicine, 2017, 23(6):742.

409 Gao M, Ascenzo N D, Hua Y X, et al. Measurement of Proton Beam Generated β+ Radioactivity by Use of All-digital PET Detectors. [C]//2017 IEEE Nuclear Science Symposium and Medical Imaging Conference (NSS/MIC).

410 Tang M, Cao X, Zhang K, et al. Celastrol alleviates renal fibrosis by upregulating cannabinoid receptor 2 expression [J]. Cell Death & Disease, 2018, 9:601.

411 Zheng W, Wu Y, Winter P, et al. Adaptive optics improves multiphoton super-resolution imaging. [J]. Nature Methods, 2017, 14(9):869.

412 http://www.coe.pku.edu.cn/news-focus/5049

同样来自北京大学的生物动态光学成像中心研究组首次研发成功适用于统计型超分辨成像的小尺寸光闪烁半导体聚合物量子点（Pdots）[413]，该探针具有高亮度、超高光稳定性和优异的生物兼容性等优势，并可以特异性地对生物亚细胞结构进行高密度标记。该工作成功取得超分辨率光学波动成像（SOFI）结果，打开聚合物量子点超分辨成像的新领域。同时，该单位另一研究组完成的肝癌 T 细胞免疫图谱绘制研究[414]，为多角度理解肝癌相关的 T 细胞特征奠定了基础，也为肿瘤免疫的图谱勾画做出了范式，成为对其他肿瘤开展类似研究的重要基础。

中国科学院团队针对单一模式的影像技术受成像机制制约，通常仅能获得组织部分的生物学信息的问题，通过创新设计光、声信号的激发、探测与解析，实现了光声双光子和二次谐波成像技术的集成[415]。

人的大脑大约有 1 000 亿个神经元，它们如何连接以及错误的连接产生何种问题，一直是人类认知的黑洞。华中科技大学研究团队研制出一种称为全脑定位系统的全自动显微成像方法（MOST），这项技术有望帮助基础神经科学和临床研究者们最终绘制一个完整脑的神经连接地图[416]。

（5）超声

清华大学提出了一种新的基于压缩感知的合成发射孔径（CS-STA）波束形成技术，以加速超声成像的采集[417]。仿体实验表明，该方法不仅能提高成像帧率，还能同时获得更高或相当的空间分辨率和对比度。此外，还对人体肱二头肌和甲状腺进行了比较，结果证实了 CS-STA 在体内条件下的可行性和竞争性。

北京大学工学院提出了纯光学的超声探测新方法，并成功地基于该方法实

413 Chen X Z, Li R Q, Liu Z H, et al. Small Photoblinking Semiconductor Polymer Dots for Fluorescence Nanoscopy [J]. Advanced Materials, 2017, 29(5):1604850.

414 Zheng C, Zheng L, Yoo J K, et al. Landscape of Infiltrating T Cells in Liver Cancer Revealed by Single-Cell Sequencing [J]. Cell, 2017, 169(7): 1342-1356.

415 Song W, Xu Q, Zhang Y, et al. Fully integrated reflection-mode photoacoustic, two-photon, and second harmonic generation microscopy *in vivo* [J]. Scientific Reports, 2016, 6: 32240.

416 http://www.medsci.cn/article/show_article.do?id=6114e400271

417 Liu J, He Q, Luo J.A Compressed Sensing Strategy for Synthetic Transmit Aperture Ultrasound Imaging [J]. IEEE Transactions on Medical Imaging, 2017，36(4):878-891.

现了活体动物高分辨率光声成像[418]。研究人员表示，这种纯光学超声探测新方法操作简单，不需任何特殊光学加工，可以很容易应用到大多数光学试验中，有助于我国在光学和超声领域的研究与应用。

超声分子影像与超声靶向破坏微泡技术（UTMD）联合可实现药物/基因定位递送的独特优势，使其成为一种极具临床应用潜力的新型诊疗一体化技术。重庆医科大学超声影像学研究所成功研制一种肽功能化的靶向载药液-气相变纳米粒[419]，并实现肿瘤超声分子成像与靶向治疗，为实现真正分子水平的肿瘤精准诊疗提供一种新策略和新方法[420]。

中国科学院深圳先进技术研究院在跨尺度超声神经调控仪器研制方面取得新进展[421]。该团队设计制备了一种新型的超声神经刺激芯片，以经典模式生物秀丽隐杆线虫作为研究对象。研究结果表明线虫的回避行为主要是超声波机械效应引起的。研究院研制的超声神经调控仪器为神经科学和脑疾病研究带来了新的可能[422]。

近年来，研究人员在早期发现乳腺癌方面开展了许多超声波计算机断层扫描（USCT）研究。北京大学深圳医院研究小组使用经皮超声造影（CEUS）联合细针抽吸（FNA）评估早期乳腺癌患者的腋窝淋巴结状况[423]，研究结果表明CEUS在术前评估腋窝淋巴结状态方面具有较高的准确性。

中山大学附属第六医院在比较使用高频线性的超声造影（CEUS）和凸探头检测小结直肠肝转移瘤（CRLMs）的表现中发现[424]，高频US和CEUS有助于改善小型CRLM的检测并减少化疗的影响。对于CRLM高危患者和化疗后高危患

418 http://www.xinhuanet.com/2017-02/26/c_1120531248.htm

419 Zhu L, Zhao H, Zhou Z, et al. Peptide-Functionalized Phase-Transformation Nanoparticles for Low Intensity Focused Ultrasound-Assisted Tumor Imaging and Therapy [J].Nano Lett, 2018 18(3):1831-1841.

420 Zhao H Y, Wu M, Zhu L L, et al. Cell-penetrating Peptide-modified Targeted Drug-loaded Phase-transformation Lipid Nanoparticles Combined with Low-intensity Focused Ultrasound for Precision Theranostics against Hepatocellular Carcinoma [J]. Theranostics, 2018, 8(7): 1892-1910.

421 Qiu W B, Zhou J, Chen Y, et al. A Portable Ultrasound System for Non-Invasive Ultrasonic Neuro-Stimulation [J]. IEEE Transactions on Neural Systems and Rehabilitation Engineering, 2017, PP (99) :1-1.

422 Landhuis E. Ultrasound for the brain [J]. Nature, 2017, 551(7679):257.

423 Zhong J Y, Sun D S, Xiao W W, et al. Contrast-Enhanced Ultrasound-Guided Fine-Needle Aspiration for Sentinel Lymph Node Biopsy in Early-Stage Breast Cancer [J]. Ultrasound in Medicine & Biology, 2018, 44(7):1371-1378.

424 Qin S, Chen Y, Liu X Y, et al. Clinical Application of Contrast-Enhanced Ultrasound Using High-Frequency Linear Probe in the Detection of Small Colorectal Liver Metastases [J]. Ultrasound in Medicine & Biology, 2017, 43(12):2765-2773.

者，研究人员建议首先使用凸形探头扫描肝脏，然后使用线性探针筛查肝脏表面区域和可疑的小病灶。

4. 前景与展望

2017 年，生物影像技术进入了全新的数字影像时代，生物影像技术的发展反映和引导着临床医学在诊治以及诊断方面的进步。生物影像技术的发展，在某种意义上代表着医学发展潮流中的一个趋势，推动了医学的发展，尤其是介入放射学的出现，使放射从单纯的诊断演变为既有诊断又有治疗的双重职能，并在整个医学领域中占有举足轻重的地位。

展望未来，生物影像必将得到更快、更好及更全面的发展，必将会对人类的健康做出更大的贡献。随着影像技术的发展，形态成像和功能成像以外的成像，如分子成像将会逐渐在生物医学起到愈发重要的作用。不仅如此，多模态成像方式的融合对疾病的早期诊断和活体病理成像也将成为无法阻挡的趋势。生物影像是生命科学的研究引导工具，成像技术发展的最终目的是应用于医学研究，拯救生命。因此，如何将生物影像技术的成果转化到临床应用，是我们目前面临的极具挑战且重要的任务。

第三章 生物技术

 一、医药生物技术

随着组学、免疫学、结构生物学、生物信息学等学科和领域的快速发展，医药生物技术正成为现代医学创新发展的重要支撑，带动了一批新技术、新试剂、新仪器和新方法投入临床使用，为疾病的快速、精准诊治提供了支撑。

（一）新药研发

1. 靶标类

近年来，生物医学的一个研究热点是探究表观遗传学机制在众多生理病理过程中如何发挥重要调节作用。中国医学科学院的曹雪涛院士与浙江大学医学院免疫学研究所、海军军医大学医学免疫学国家重点实验室的研究者们联合开展研究[425]，发现甲基转移酶 SETD2 分子表达对于干扰素抵抗乙型肝炎病毒 HBV 的发挥至关重要。而当在小鼠的肝细胞中特异性敲除 *SETD2* 基因时，干扰素抑制 HBV 体内复制的效应就会降低。这一研究揭示了甲基转移酶 SETD2 分子在促进干扰素抗病毒效应中的重要功能，为临床上研发新的抗病毒药物提供了潜在的研究靶标。

---

425 Chen K, Liu J, Liu S X, et al. Methyltransferase SETD2-Mediated Methylation of STAT1 Is Critical for Interferon Antiviral Activity [J]. Cell, 2017, 170(3):492-506.

北京师范大学生命科学学院王占新教授课题组历时 4 年，在关于 PCL 家族蛋白调控 PRC2 复合物在染色质上定位的机理研究上取得突破性进展[426]。该研究首次发现 PCL 家族蛋白的 EH 结构域识别含有非甲基化 CpG 序列的 DNA 元件，并通过结构生物学的方法揭示了 PCL 蛋白家族成员（PHF1 和 MTF2）识别这种特定 DNA 元件以及识别含有 H3K36me3 修饰的组蛋白的分子机理。该研究为进一步理解 PCL 家族蛋白在 PRC2 复合物中的生理功能，以及靶向与 PRC2 相关疾病开辟了一个全新的思路。

来自耶鲁大学医学院、暨南大学、斯坦福大学的研究人员首次报道了 m6A mRNA 修饰在哺乳动物免疫细胞中的生理功能[427]。该项研究发现，m6A 通过靶向 Naive CD4 T 细胞中 IL-7/STAT5/SOCS 信号通路中的信号分子 mRNA 来调控 Naive CD4 T 细胞的分化，从而维持免疫系统的动态平衡。METTL3 作为重要的甲基转移酶调控 m6A RNA 甲基化修饰，在 CD4 T 细胞中特异性敲除 Mettl3 基因，使 Naive CD4 T 细胞的分化受阻，从而抑制了 T 细胞过继转输诱导的肠炎模型中肠炎的发生。研究阐明了 m6A 甲基化修饰在调控辅助性 T 细胞的效应分化中的作用，为 T 细胞体内稳态和信号依赖的 mRNA 的降解提供了新的分子机制，并且表明 m6A RNA 修饰系统可以作为减轻自身免疫疾病的药物靶点。

海军军医大学与中国医学科学院 / 北京协和医学院等机构的研究人员发现了一种特殊的 lncRNA，这种 lncRNA 并不是通过 Ⅰ 型干扰素（IFN-Ⅰ）诱导，而是由多种病毒诱导。该研究揭示了一种由病毒诱导 lncRNA 介导的病毒感染代谢反馈方式，也为研发广谱抗病毒治疗剂提供了一个潜在的靶标。

清华大学医学院、清华大学药学院董晨、丁胜团队研究发现转氨酶 GOT1 的小分子抑制剂氨氧基乙酸可提升小鼠免疫力，从而揭示了如下代谢变化借由表观遗传调控关键基因转录，从而影响 T 细胞命运决定的途径：TH17 细胞中，

426 Li H J, Liefke R, Jiang J Y, et al. Polycomb-like proteins link the PRC2 complex to CpG islands [J]. Nature, 2017, 549(7671):287-291.

427 Li H B, Tong J Y, Zhu S, et al. m(6)A mRNA methylation controls T cell homeostasis by targeting the IL-7/STAT5/SOCS pathways [J]. Nature, 2017, 548(7667):338-342.

GOT1 催化合成 2- 羟基戊二酸二乙酯，后者可导致 *Foxp3* 基因位点超甲基化而被转录抑制，进而妨碍 TH17 细胞向 iT~reg 细胞的分化。该发现可能为治疗 TH17 介导的自免疫疾病提供帮助。该项研究中找到了一种小分子药物，它能有效地使效应 T 细胞重编程为调节性 T 细胞。

2. 疫苗

北京大学研究团队利用密码子突变控制病毒复制的方式，以流感病毒为例，实现流感病毒由致病性传染源向预防性疫苗和治疗性药物的转变，制备的保留完整病毒结构和感染力的突变病毒具有作为预防性疫苗或治疗药物的潜力，且在体内无法复制，具有良好的安全性，为活病毒疫苗研发开辟了一种通用方法。该研究入选"2017 年度中国科学十大进展"。

军事医学科学院生物工程研究所和康希诺生物股份公司利用国际先进的复制缺陷型病毒载体技术和无血清高密度悬浮培养技术研制的国内首个重组埃博拉病毒病疫苗（腺病毒载体）获得了新药证书。这对完善我国疫苗有条件批准制度和应急类疫苗申报注册以及加大国家对涉及重大公共卫生事件的相关疫苗研发投入具有重大意义。

厦门万泰沧海生物技术有限公司 / 厦门大学利用独特的大肠杆菌表达系统研制的人乳头瘤病毒疫苗（二价）提交了上市申请。这是首家完成临床保护效力试验的国产疫苗，对加快宫颈癌疫苗国产化和我国宫颈癌的预防具有重要意义，使该类疫苗进入国家计划免疫成为可能。厦门万泰沧海生物技术有限公司 / 厦门大学以及上海博唯生物科技有限公司分别利用大肠杆菌表达系统和酵母表达系统研制的人乳头瘤病毒疫苗（九价）分别获得了临床试验批件，有望打破进口疫苗的市场垄断，降低疫苗的市场售价，增加疫苗可及性，使该类疫苗进入国家计划免疫成为可能。

云南沃森生物技术股份有限公司研制的国内首个 13 价肺炎球菌多糖结合疫苗完成了 III 期临床试验，已提交上市申请，对我国婴幼儿预防侵袭性肺炎球菌疾病具有重大的临床价值，同时打破了国际疫苗巨头在这一疫苗领域的垄断，标志着我国细菌多糖结合疫苗研发与产业化能力已跻身世界先进行列。此外，该公司团队利用 23 种普遍流行或侵袭力强的肺炎链球菌荚膜多糖混合物组成并经高度纯化研制的 23 价肺炎球菌多糖疫苗获得了新药证书。该疫苗是全球第一个不含防腐剂的 23 价肺炎球菌多糖疫苗，为我国肺炎球菌疾病高危人群提供预防疾病的有力武器，同时将增强我国在该疫苗领域的市场竞争力。

国药集团中国生物技术股份有限公司所属北京北生研生物制品有限公司利用现行脊髓灰质炎减毒活疫苗的生产毒株（Sabin 株），经在 Vero 细胞生物反应器培养并结合灭活疫苗生产工艺研制的 Sabin 株脊髓灰质灭活疫苗（Vero 细胞）获得了新药证书，缓解了我国脊髓灰质炎灭活疫苗短缺的局面，为我国计划免疫策略实施的安全性和独立性发挥重要作用，有效保护我国儿童的健康。该团队利用脊髓灰质炎病毒Ⅰ型和Ⅲ型两种病毒血清型混合研制的口服二价脊髓灰质炎减毒活疫苗通过了世界卫生组织预认证，为全球消灭脊髓灰质炎行动计划的实施提供了有力保障，也将带动更多中国疫苗走出国门，造福人类健康，在中国疫苗产业国际化过程中具有里程碑意义。

北京科兴生物制品有限公司和武汉生物制品研究所有限公司利用 Vero 细胞研制的肠道病毒 71 型灭活疫苗（Vero 细胞）分别获得了新药证书，对有效降低我国儿童手足口病的发病率和保护我国儿童生命健康具有重要意义。

北京万泰生物药业股份有限公司／厦门大学基于病毒功能基因组学与反向遗传学技术研制的新型水痘减毒活疫苗，是全球首个皮肤与神经双减毒的水痘活疫苗，已获得国家一类新药临床试验批件，对提升我国儿童水痘疫苗的长期安全性具有重要意义。

3. 抗体

健能隆医药在 2017 年 9 月递交了重组抗 CD19m-CD3 抗体注射液 IND 申请，该注射液为国内为数不多的双特异抗体临床申请。健能隆凭借免疫抗体技术平台（ITabTM），设计开发了多个抗肿瘤双特异性抗体分子。双特异性抗体分子由两个功能区构成，通过同时与 T 细胞上的 CD3 抗原和肿瘤细胞特异性抗原结合，将 T 细胞定向至肿瘤细胞周围，两种细胞接触进而形成突触，触发 T 细胞受体（TCR）信号通路的激活，颗粒酶表达、释放进而引起肿瘤细胞膜穿孔，导致后者的溶胞和凋亡。2017 年 6 月，健能隆医药宣布启动用于治疗实体瘤的 A-337（抗 EpCAM × 抗 CD3 双特异性抗体分子）的 I 期临床研究（澳洲）。

2017 年 12 月 13 日，信达生物的信迪单抗注射液（PD-1 单抗）上市申请获国家食品药品监督管理总局药品审批中心（CDE）受理，适应证是霍奇金淋巴瘤。这是继百时美施贵宝（BMS）的 Nivolumab 注射液之后第 2 个在中国提交上市申请的 PD-1 单抗。此外，国内多个 PD-1、PD-L1 抗体项目进入或完成临床三期试验，如恒瑞医药和百济神州的 PD-1 单抗产品，适应证包括经治非小细胞肺癌、食道癌和肝细胞癌等。

4. CAR-T 细胞治疗产品

2017 年 12 月 8 日，国家食品药品监督管理总局药品审批中心（CDE）受理了来自南京传奇研发的一款靶向 BCMA 的 CAR-T 细胞治疗药物（LCAR-B38M CAR-T）的临床申请。这是我国 CDE 受理的首个 CAR-T 细胞药物申请临床批文。截至 2017 年年底，共有 4 个细胞治疗产品获得受理。2018 年 3 月 12 日，国家食品药品监督管理总局批准了 LCAR-B38M CAR-T 细胞自体回输制剂（简称：LCAR-B38M 细胞制剂）的临床试验申请。

（二）治疗与诊断方法

随着我国医学科技的进步和临床医学的发展，一些新技术、新手段不断应用于临床。一些新型的疾病诊断和治疗方法不断被挖掘，为疑难杂症的诊断和治疗提供了保障。

1. 疾病诊断

2017 年 7 月，深圳市瀚海基因生物科技有限公司研发的第三代单分子基因测序仪 GenoCare 研发成功并小批量量产，成为当今世界上准确率最高（达 99.9985%）的第三代基因测序仪。该测序仪采用单分子荧光测序技术，基于全内反射先进光学，利用光学信号进行碱基识别，可实现边合成边测序，操作简便、测序时间短、无交叉污染、灵敏度高、成本低于二代测序技术。该测序仪具有完全自主知识产权，填补了国内空白，也是亚洲第一台第三代基因测序仪，其技术水平处于世界领先地位，有望快速推动我国疾病组学研究及用于复杂疾病的诊断、治疗和预后判断。

2017 年 8 月，厦门大学研制的 Anti-HBc 定量检测试剂获得 CFDA 注册证书。该试剂的定量范围为 100～100 000 IU/mL，覆盖临床大部分乙肝患者。研究显示 Anti-HBc 定量水平可有效预测肝脏炎症与纤维化，基线 Anti-HBC 定量水平能够预测 CHB 的抗病毒治疗效果。

2017 年 10 月，中山大学、美国加州大学等研究团队在 *Nature Materials* 杂志发表了通过检测少量血液中循环肿瘤 DNA（ctDNA）特定位点甲基化水平，对肝癌进行早期诊断及疗效和预后预测的新方法。该团队先后攻克了稳定提取微量 ctDNA、提高重亚硫酸盐转化效率、靶向甲基化 PCR 扩增及测序、海量数据的统计学分析处理等技术壁垒，从 40 多万个候选位点中分别找到 10 个早期诊断和疗效相关以及 8 个预后相关的位点，可以准确检测到早期的肝癌病灶。这种新方法与原来常规的甲胎蛋白检测相比，将肝癌的漏诊率降低一半以上，能帮助医生发现更多的早期肝癌患者。该成果的转化推广将极大地提高肝癌早期诊断的准确率，对于提高肝癌患者的整体疗效具有重大意义。

2017 年 10 月，由南方科技大学、中国科学院北京基因组研究所、浙江大学医学院附属妇产科医院等多家单位联合利用我国自主研制的第三代单分子测序仪 GenoCare 开展无创产前检测研究（noninvasive prenatal testing，NIPT），检测结果 100% 准确，这是全球首次使用第三代测序仪成功完成 NIPT 测试。除了用于 NIPT 测试外，第三代单分子基因检测技术有望用于单基因病、ctDNA 肿瘤早筛、传染病检测、法医鉴定等方面。

2017 年 10 月，北京万泰生物药业股份有限公司研发的 HBsAg 中高值定量检测试剂获得 CFDA 注册证书。该检测试剂在不稀释样本的情况下定量检测范围为 20～1 000 000 IU/mL，可满足大部分临床标本 HBsAg 水平检测；在目前市售 HBsAg 定量试剂基础上简化了操作步骤，提高了仪器通量和检测效率，减少了检测误差。

2. 疾病治疗

2017 年 4 月，温州医科大学研究团队针对早发型儿童高度近视，通过大群体筛查、突变基因敲入动物模型等方法，发现并验证了全新的高度近视致病基因 *BSG*。该研究构建了可引起眼轴变长的基因突变小鼠模型，确证了 *BSG* 基因突变的致病机制，为早发型儿童高度近视的防控奠定了遗传学基础。

2017 年 7 月，中国科学院上海生物化学与细胞生物学研究所、上海微知卓生物科技有限公司等多家单位合作，突破"类肝细胞"体外培养技术，成功研制出生物人工肝系统。这项技术中人源性肝样细胞并不进入人体，避免了免疫排斥反应，为治疗急性肝衰竭提供了全新方案。预计投产后年产量可达 300～500 份生物人工肝系统，每年大约可满足 200 多位患者的临床需求。

2017 年 10 月，武汉光谷人福生物医药有限公司与中国人民解放军军事科学院放射与辐射医学研究所共同研发的重组质粒 - 肝细胞生长因子注射液（PUDK-HGF）获得国家食品药品监督管理总局核准签发的 Ⅲ 期临床试验批文，将开展肢体动脉闭塞症、肢体静息痛和缺血性溃疡等严重血管疾病的 Ⅲ 期临床研究，有望为上述疾病的治疗带来新希望。

二、工业生物技术

工业生物技术是利用微生物、细胞或酶的生物催化功能，进行大规模的物质加工与转化的先进制造技术，它的任务是把生命科学的发现转化为实际的产品、过程或系统，以满足社会的需要。工业生物技术拥有应对气候变化和发展绿色经济的巨大潜力，可极大地促进目前以化石资源为基础的经济体系向以可再生资源为基础的、可持续发展的生物经济体系转变。因此，大力发展工业生物技术，对我国建设绿色、低碳与可持续发展的经济和社会具有重大战略意义，是美丽中国建设的战略选择。

（一）高效生物催化剂关键技术体系

2018 年 3 月，上海交通大学生命科学技术学院冯雁教授团队在酶超高通量筛选方面取得新研究进展。冯雁团队与密歇根大学研究人员合作，将单细胞酶反应器技术与微流控技术相结合，建立了首个针对酶立体选择性的超高通量筛选系统（DMDS）。该研究建立了可以直接对酶立体选择性、底物选择性等复杂性质进行超高通量筛选的技术平台，有望极大提高酶定向进化的效率，促进生物催化、合成生物学等生物技术领域的发展。

2018 年 5 月，中国科学院微生物研究所吴边团队在人工智能应用于生物领域率先取得突破，通过智能计算技术，创造出自然界中不存在的生物催化反应类型，并在世界上首次通过计算指导完成工业级菌株的构建，该项成果在线发表于国际著名期刊《自然化学生物学》。研究人员在对天冬氨酸酶分子重设计后，成功获得一系列具有绝对位置选择性与立体选择性的人工 β- 氨基酸合成酶。随后，团队将非天然酶整合入大肠杆菌中，构建出可高效合成 β- 氨基酸的工程菌株。通过发酵工艺优化与转化工艺优化，该生物催化体系可在温和条件下利用廉价易得的烯酸类原料及氨水，一步实现相应 β- 氨基酸的合成，而且成本可下降 50%～90%。据介绍，该项技术已完成中试与全尺寸生产工艺验证，产品潜在市场预计超 30 亿元，有望在紫杉醇、度鲁特韦与马拉维若等抗癌与艾滋病治疗药物的生产过程中大幅降低生产成本。

2018 年 1 月，中国科学院天津工业生物技术研究所研究员朱敦明带领的生物催化与绿色化工研究团队，与同研究所研究员吴洽庆带领的生物催化剂发现与改造研究团队，在前期工作的基础上，对来源于氧化短杆菌的环己胺氧化酶（CHAO）和来源于黑曲霉的单胺氧化酶（MAO-N）进行酶工程改造，探索该类酶的立体选择性控制机制并挖掘其应用潜力。通过对 CHAO 突变体库的筛选及迭代突变，获得了对缬氨酸乙酯活力提高 30 倍的突变体，开发出一条由缬氨酸乙酯合成 D- 缬氨酸的新途径。通过对 MAO-N 的底物结合口袋与底物 / 产物进出通道进行同时改造，实现了提高单胺氧化酶活性及调节立体选择性的目的，为其他酶的改造提供借鉴。为揭示影响 CHAO 催化活性及立体选择性的关键位点，选取距离活性中心 6Å 范围的氨基酸残基作为突变位点，构建多样性的突变体库。将构建的突变体库与 2- 取代四氢喹啉底物库作乘法式的筛选，发现 CHAO 一个分子结构区域对氧化 2- 取代四氢喹啉的活性及立体选择性起重要作用。

2018 年 2 月，华东理工大学生物工程学院生物反应器工程国家重点实验室及上海生物制造技术协同创新中心许建和课题组，在胺脱氢酶 / 酮胺化还原酶的结构重塑和功能拓展方面研究取得新突破。美国化学学会催化杂志 *ACS Catalysis* 报道了这一最新研究成果。研究人员利用自主研发的氨基酸脱氢酶作为模板，通过生物分子工程手段开发出了三个新的胺脱氢酶，并针对其底物谱较窄的问题，采用计算机辅助的蛋白质工程技术，确定了酶活性口袋中影响酶与大位阻底物结合的关键残基（Ala113 与 Thr134），通过将其突变成分子最小的甘氨酸，实现了对口袋的"裁剪"，拓展了活性口袋的"容积"。将酶催化的底物范围由最长六个碳链的脂肪酮拓展至长达十个碳链的脂肪酮，显著地拓宽了该酶催化的底物范围。此外，这两个关键氨基酸残基的突变在另外两个同源胺脱氢酶的改造中也具有类似效果，这为其他不同胺脱氢酶的底物谱拓展提供了有益的参考。

2017 年 12 月，天津工业生物技术研究所孙周通 /Manfred T.Reetz 团队与中国科学院上海有机化学研究所周佳海团队、瑞士联邦理工学院袁曙光博士合作，在 *JACS* 发文解析了柠檬烯环氧化物水解酶突变体的底物催化特异性与立体选择性催化机制。经定向进化的柠檬烯环氧化物水解酶，能够选择性催化环戊烯氧化物或环己烯氧化物，使它们发生不对称水解反应，分别产生（R，R）- 和（S，S）- 构型的手性二醇。研究人员利用定向进化技术，结合突变体晶体结构分析和理论计算，解析了这种水解酶突变体的底物选择的特异性与立体选择性不对称催化机制。定向进化技术与 X- 射线晶体结构解析以及理论计算的组合使用是该文的亮点之一，可以深度解析酶催化底物结合口袋重塑和特异底物的选择催化与立体选择性催化机制，为蛋白质工程用于理性设计新酶与新反应提供了理论基础。

2017 年 9 月，代谢工程领域权威杂志《代谢工程》（*Metabolic Engineering*）

在线发表了上海交通大学生命科学技术学院、微生物代谢国家重点实验室的研究成果。该工作中研究人员提出从功能专一的现代酶出发，用酶工程的方法对其进行去进化，恢复酶的功能多样性，从而塑造新的催化功能。这一工作为人工设计新的功能酶提供了思路，也为人工代谢途径的设计构建提供了丰富的酶资源。该团队践行"智能代谢重编"，预期基于"代谢科学"的代谢工程和合成生物学研究将获得更大的发展。上述工作立足于开发各类平台化合物、聚合物单体、能源化合物和精细化学品的绿色生物制造。基于这些工作进行后续开发，有望产生实用的先进技术，推动我国可再生能源、可降解材料的发展。

2017 年 12 月，中国科学院上海有机化学研究所生命有机化学国家重点实验室的唐功利课题组通过异源生物转化、体外生化测定和一锅法酶促合成鉴定并表征了双环霉素生物合成途径。研究人员在札幌链霉菌（*Streptomyces sapporonensis*）中预测了可能的双环霉素合成 bcm 基因簇，并在大肠杆菌中分别异源表达和纯化了相关的七个蛋白 BcmA、BcmB、BcmC、BcmD、BcmE、BcmF 和 BcmG。经过对这些酶逐个进行生化表征，并分离鉴定酶催化中间产物，成功在体外重现完整的双环霉素生物合成途径，并阐明了途径中酶的催化功能。通过体外一锅法的酶促反应，研究人员成功实现了双环霉素的体外合成，并且对相关的酶的动力学参数进行了表征。

2017 年 5 月，中国科学院青岛生物能源与过程研究所代谢物组学团队以打破国外技术垄断、突破木质纤维素糖化技术瓶颈为研究目标，长期致力于热纤梭菌等纤维素降解菌的遗传改造及代谢工程研究，通过对热纤梭菌及其纤维素降解酶系——纤维小体的定向改造，构建了新型的工程菌株，可以作为全菌催化剂实现木质纤维素底物到可发酵糖的高效转化，有力促进了木质纤维素生物转化的工业化进程。该菌高效降解纤维素及生产可发酵糖的能力初步证明了木质纤维素的全菌催化糖化策略在工业化应用中的可行性。该研究拓展了木质纤维素糖化的新视野，有力推动了工业发酵领域中纤维素糖作为碳源对淀粉糖的替代。

2017 年 11 月，中国科学院微生物研究所陶勇研究组通过设计辅因子自平衡的系统，将合成途径中所需的多个辅因子进行同时再生循环，实现合成系统中辅因子的自平衡，促进产物的高效合成，在苯乙醇生物合成中得到成功应用。通过在合成系统中利用谷氨酸脱氢酶设计一个"桥梁"，构建辅因子自平衡的细胞工厂，无需外源添加任何辅因子，细胞催化效率提高近 4 倍，实现了苯丙氨酸高效转化生成具有玫瑰香的苯乙醇。该辅因子自平衡系统对氨基酸到相应的醇的合成具有普遍的适用性。本研究提供一种解决辅因子 / 还原力不平衡的新途径，并展示了辅因子自平衡系统促进化学品合成的广泛适用性。

中国科学院微生物研究所刘宏伟研究组从猴头菇、鸟巢菌属真菌中发现了 20 个具有抗肿瘤活性的鸟巢烷二萜新化合物。为便于开展鸟巢烷二萜的生物合成机制研究，研究组与中国医学科学院药用植物研究所郭顺星研究员团队合作，首次测定了猴头菇的全基因组。在此基础上，通过生物信息学、代谢产物谱以及定量 PCR 技术在猴头菇和隆纹黑蛋巢菌中确定了负责鸟巢烷二萜生物合成的基因簇；通过全基因合成、异源表达及酶催化活性研究首次鉴定了鸟巢烷二萜环化酶 EriG；进一步的生物信息学分析表明 EriG 及其同源蛋白代表了一类全新的二萜环化酶；研究组的工作解决了长期以来困扰人们的鸟巢烷二萜环化酶的鉴定难题，拓展了人们对于 UbiA 异戊烯基转移酶超家族蛋白生化功能的认识和理解，丰富了二萜环化酶的类型，同时为鸟巢烷二萜的生物制备奠定了重要理论基础。

2017 年 6 月，国际化学生物学领域顶级杂志《自然化学生物学》在线发表了浙江大学药学院药物生物技术研究所杜艺岭研究员和加拿大英属哥伦比亚大学合作者的研究论文，在国际上首次报道了一类催化 N—N 键形成的生物合成酶家族。该酶家族广泛存在于自然界中，以血红素为辅因子，负责天然产物重要结构单元 piperazic acid（Piz）中 N—N 键的合成。该发现破解了天然产物生物合成领域长期以来的一个未解之谜，为靶向挖掘含有 Piz 结构单元的天然产物分子提供了一个基因标记，也为后期其他天然产物分子中 N—N 键形成机制的研究提供了一定的启示。这项研究是杜艺岭研究员近期在破解天然产物中独特 oxazolinone 化学骨架形成机制后，在生物合成和酶催化领域另一项重大突破。

上海大学安泽胜课题组发展了酶催化引发的可逆加成 - 断裂链转移

（RAFT）聚合方法，通过辣根过氧化物酶（HRP）催化引发 RAFT 聚合，可以在温和条件下对多类单体在均相与异相体系中进行高效的可控聚合。最近，针对可逆失活自由基聚合（RDRP）领域存在的挑战性难题，他们进一步发展了酶联催化在空气存在的条件下合成多嵌段及超高分子量聚合物的新方法。该方法成功的关键在于 P_2Ox 的高效除氧能力与 HRP 温和而高效的引发。这项工作解决了 RAFT 聚合的氧气敏感性问题，进一步推动了 RAFT 聚合的工业化的进程，在环境友好条件下合成的高性能聚合物有望在高附加值材料中得到应用。

（二）工业生物技术和工艺技术

开发高效、绿色工业生物技术工艺是提高工业生物技术的经济性，实现清洁生产的重要途径。而生物技术装备是绿色生物过程工程研发和产业化推广的重要技术保障，也是我国工业生物技术补短板的重要方向。

西北工业大学研究团队开发了"吸附分离聚合物材料结构调控与产业化应用关键技术"，获 2017 年度国家科技进步二等奖。该成果在吸附材料结构设计、合成技术研究、应用技术开发、连续离交装置开发等方面取得重要突破，成功实现了新型吸附材料的工业化生产，并应用于西药原料药的提纯精制。打破了头孢合成用吸附分离和负载材料的国外垄断局面，开发了 7- 氨基头孢烷酸（简称 7-ACA）酶法生产技术，使头孢生产实现了由传统化学法向低污染、低物耗酶法的转变，建成年产 2 000 吨 7-ACA 酶法生产线，实现了头孢产业升级。

2017 年 4 月，江苏大学黄永红研究团队针对秸秆发酵燃料乙醇过程的非线性、滞后性和时变性特点，引入智能控制技术对发酵过程主要参数进行优化控制，并设计出基于 ARM-Linux 和 GPRS 的嵌入式远程监控系统，开展解决秸秆发酵燃料乙醇自动化水平低、配套的生产技术和设备落后等问题的研究。该系统能够进行快速、多路同步的数据采集和输出控制，并通过 GPRS 网络将数据信息同步上传至远程接收端，实现 Web 客户端与现场监控终端之间的动态数据交互。该研究为降低燃料乙醇生产成本、提高发酵效率和产量，促进秸秆发酵燃料乙醇的规模化、集约化生产过程提供了支持。

2017 年 4 月，中山大学苏薇薇研究团队将膜分离技术应用于麦冬多糖的纯化工艺，通过对微滤效果、膜的清洗和再生等方面进行研究，确定最佳适宜于麦冬多糖纯化的陶瓷膜孔径。经该工艺处理，多糖的透过率为98.5%，纯度达84.8%，从所得多糖的纯度和量方面比较，其纯化效果优于高速离心法、直接减压浓缩法。无机陶瓷膜微滤法对麦冬多糖的纯化效果较好，适合于工业化生产，具有一定的推广价值。

2017年5月，辽宁工业大学研究团队对智能控制两相厌氧生物膜沼气发酵系统及工艺进行了研究，改进了水解酸化相发酵装置、产甲烷相发酵装置和PLC智能控制器等的设计，使得各进出料途径相互协调，基于生物相分离技术，准确控制系统进、出料有机负荷、温度、机械搅拌及沼液回流负荷等，实现有机废弃物低温高效沼气的制备。

2017年6月，云南省热带作物科学研究所姜士宽课题组研发了天然橡胶乳清中规模化提取白坚木皮醇技术，以膜分离技术替代传统的蒸发浓缩和柱层析工艺，对天然橡胶乳清进行除杂和浓缩，结合结晶法提纯，制备出高纯度白坚木皮醇成品。该法极大提高了生产效率，实现了白坚木皮醇的规模化提取。通过提取乳清中白坚木皮醇，降低废水处理成本，也使得天然橡胶产业链得以延长。该技术现已授权中美两国专利。

2017年8月，中国科学院上海植物生理生态研究所杨琛课题组在蓝细菌中构建异戊二烯合成途径，利用代谢流量分析和代谢组学分析指导蓝细菌中异戊二烯合成途径的设计和改造。通过循环鉴定合成途径限速步骤和解除限速步骤，该团队逐步提高异戊二烯合成途径的代谢通量，最终经改造后的工程菌平均合成速率为每小时 4.26 mg/L。该速率远超过目前文献中报道的光自养微生物合成萜类化合物的合成速率（每小时 $3\times10^{-4}\sim4\times10^{-2}$ mg/L），达到了世界先进水平。除了高效合成异戊二烯，该研究所构建的工程菌还可以作为平台，构建光合自养细胞工厂，合成各种萜类化合物，为产业化提供了支持。

2017年9月，安徽天方茶业集团有限公司汪辉进团队开展了人工智能酶促发酵工艺及对红茶天然产物品质形成研究。该团队通过构建人工智能系统，经茶叶内含多酚氧化酶和外源糖化酶双重酶促发酵，极大改善了产品质量。该工艺条件下，红茶中不仅富含茶多酚、茶多糖、氨基酸、芳香物质等天然产物，

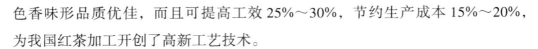

色香味形品质优佳，而且可提高工效 25%～30%，节约生产成本 15%～20%，为我国红茶加工开创了高新工艺技术。

2017 年 11 月，中国科学院青岛生物能源与过程研究所微生物代谢工程团队致力于蓝细菌糖类物质合成研究。通过对蓝细菌蔗糖合成在调控和代谢方面机理问题的研究，明确了突变株盐敏感表型的真正原因，证明 Slr1588 能调控蔗糖合成关键酶 spsA 基因的转录和蔗糖分解酶活性。该研究为进一步解析蓝细菌蔗糖合成调控机制和针对性强化蔗糖合成途径、提高蔗糖产量奠定了理论基础。

2017 年 12 月，中国科学院大连化学物理研究所高分辨分离分析及代谢组学研究组在利用多维液相色谱 - 质谱技术用于代谢组深度覆盖研究中取得新进展，相关研究结果被 *Analytical Chemistry* 杂志收录。该课题组建立了一种同时覆盖短链、中链和长链酰基辅酶 A 的在线二维液相色谱 - 质谱轮廓分析方法。利用该方法从肝组织提取物中鉴定到 90 种酰基辅酶 A，是迄今为止最大肝组织酰基辅酶 A 数据集。该方法具有覆盖度广、通量高、重复性好等优势，适用于组织、细胞等生物样品分析。

（三）生物技术转化研究

近年来，我国工业生物技术产业规模不断发展，自主创新能力显著增强，生产技术水平大幅度提高，实现了多项核心技术向产业化的转移转化，促进了国内工业生物技术产业的长足发展和国际影响力的提升，为提高我国生物产业技术水平做出了突出贡献。

2017 年 3 月，清华大学课题组研究开发的"纳米固定化酶"技术应用于厦门庚能新材料有限公司的新项目——棕榈空果串生产乙醇。长期以来，高昂的生产成本、生产原料等成为制约燃料乙醇行业发展的核心问题。清华大学课题组不断寻求提高乙醇产量的解决方案，并研发出了全球唯一的"纳米固定化酶"技术。这项技术也是目前全球唯一能够将酶固定化并重复使用的新型技术，使得低成本生产乙醇成为现实。2015 年厦门庚能公司正式成立，专注于"纳米固定化酶"技术的应用和产业化探索。2017 年 3 月，庚能公司与马来西亚主要的棕榈油生产企业常青集团签署了合作框架，进行正式的空果串回收利用，打造一条国际间的合作生产线，用低成本将工业垃圾转化为燃料乙醇，在提高国内燃料乙醇供给量的同时还能解决令东南亚国家头疼的垃圾污染问题。

江南大学研究团队主持的"结构特异性醇/酯制备用高选择性工业酶的高效创制关键技术"获 2017 年度中国石油和化学工业联合会技术发明一等奖。该成果以高附加值结构特异性功能醇/酯制备用高选择性脂肪酶和氧化还原酶为研究对象，开发了具有自主知识产权和适合工业化要求的高选择性、高活性、高稳定性工业酶的高效创制及应用技术体系，填补国内空白，打破国际技术壁垒，推动了我国相关产业的技术进步和持续健康发展。项目成果在江苏一鸣生物股份有限公司、石家庄诚志永华显示材料有限公司等生物催化剂生产和应用企业得到推广应用，创造了显著的经济效益与社会效益。

中国科学院上海生命科学研究院的研究团队依靠在酶工程领域多年基础研究和应用实践的积累，围绕产业需求，突破了共性技术瓶颈，创建了打通产学研价值链的酶工程技术体系。这一新型酶工程技术体系为用户定制了 200 余种重组酶，单独或组合应用于 40 项产品或工艺，其中 DL-丙氨酸等 8 条生物催化生产工艺和精氨酸酶制剂为国际首创。制酶工艺包示范推广 12 家定制酶生产应用单位。12 家企业应用该体系近三年新增销售额 82.63 亿元，累计 207.59 亿元。酶工程技术体系创新及工业催化应用，对促进生物催化相关产业发展起到了重要作用。

中国科学院广州能源研究所的研究团队针对农业废弃物面源污染控制的问题，开展了高效厌氧转化与高值利用系统研究，开发了高负荷模块化厌氧反应器及节能型中心搅拌机、沼气净化提质与沼液沼渣高值利用成套装备，形成环保、清洁能源、碳减排、循环农业"四位一体"的农业废弃物资源化清洁利用技术体系，建立沼气工程制备全产业链的行业和国家标准体系，推进了国内沼气工程的转型升级。项目关键技术已应用于多种类型农业废弃物制备沼气和生物天然气的规模化工程中，覆盖了我国东北、西北、西南、华南及欧亚非等国家和地区。成套装备已批量出口应用，形成了国际影响力和竞争力。近 3 年，累计生产沼气约 4.30 亿立方米，创造新增产值总计约 12.24 亿元，新增利润

1.54 亿元，辐射带动产值约 148.20 亿元以上，该成果在国内沼气市场的 3 年平均占有率达 47%。

2017 年 12 月，清华大学生命科学学院合成与系统生物学中心与山东省兖州区政府正式签约聚羟基脂肪酸酯（PHA）项目。PHA 项目采用清华大学研究团队首创的下一代工业生物技术平台，属于世界领先的嗜盐微生物技术，生产成本仅是现有技术的 50%，可替代石油基塑料解决白色污染问题。该项目投资 12 亿元，产能 10 万吨 / 年，可实现收入 20 亿元，利税 3 亿元。目前，该项目拥有完善的 PHA 中试生产线，已完成 5 吨级产品中试，实现了无灭菌开放连续发酵低成本 PHA 量产能力，对我国生物制造产业的转型升级起到历史性的推动作用。

2018 年 1 月，浙江大学研究团队合作开发的项目"黄酒绿色酿造关键技术与智能化装备的创制及应用"，获得 2017 年度国家技术发明奖二等奖。项目新颖之处在于，选用了微生物组学技术系统解析黄酒酿造工艺机理，并在此基础上集成创新关键技术与装备。通过这些新研发的技术，研究者为黄酒企业构建了绿色环保、优质高效、智能化酿造的新技术体系。以黄酒生产用水为例，有了绿色酿造关键技术，参与研发的 3 家黄酒企业在 3 年内共减少了 180 万吨废水排放，增加了 9 亿元的税收。黄酒的饮用舒适度也大幅提高了。

2018 年 3 月，中国科学院科技服务网络计划（STS 计划）项目"高值生物基化学品关键技术研发及示范"通过验收。中国科学院天津工业生物技术研究所团队创新了体外多酶体系和细胞工厂两条生物合成技术路线，在高值化学品生物合成方面取得了系列技术突破，建立了肌醇、9α- 羟基雄烯二酮、β- 丙氨酸、α- 熊果苷、维生素 B_{12}、普鲁蓝多糖、番茄红素、红景天苷、甜菊糖莱鲍迪苷 D、胸腺糖等高值化学品绿色高效的生物合成路线，5 种产品实现了工业规模推广应用，8 种产品完成了中试验证。其中，国际上首次构建了多酶催化合成肌醇路线，建成了千吨级肌醇生产示范线，较传统工艺高磷废水、COD 排放分别减少 90%、50% 以上，成本降低 50% 以上，正在推动万吨级肌醇生产线建设；研制了维生素 B_{12} 新一代生产菌株，技术指标国际领先，并实现了工业规模应用。项目的有效组织和实施已经产生了显著的经济和社会效益，为推动传统产业的转型升级形成了示范效应。

2018年4月，由湖北省科技厅委托宜昌市科技局组织的一项科研成果鉴定会上，中国七位发酵行业专家一致认为"安琪酵母蛋白胨产品填补了国内空白，整体技术达到国际领先水平"。安琪酵母依托国家级企业技术中心、博士后科研工作站等高层次研发平台，通过国际化专家团队多年的研究与开发，在国内首创了酵母蛋白胨产品FP101生产技术。FP101产品的蛋白原料来源于面包酵母，无转基因争议、无致病性、无过敏原、无风俗禁忌等问题，有助于用户通过KOSHER、HALAL等国际认证；同时安琪公司全封闭管理、全自动控制产品生产线，有力保证了酵母蛋白胨产品的稳定性。

2018年5月，浙江工业大学研究团队主持完成的"腈水解酶工业催化剂的创制及应用"项目通过了由中国石油和化学工业联合会组织的成果鉴定。腈水解酶对腈化合物具有独特的立体选择性、区域选择性和化学选择性，可用于一步催化水解腈化合物以合成多种医药及医药中间体、农药及农药中间体等化学品，在有机合成领域具有十分广泛的应用前景。该项目团队经过十几年的潜心研究，创制了系列腈水解酶工业催化剂并开发了其应用技术，构建了腈水解酶催化剂工业应用的技术平台。对于建立先进生物制造核心技术，破解经济发展中资源、环境的制约瓶颈具有重要意义。该成果在多种精细化学品的生产中实现了工业应用，具有完整的自主知识产权，新工艺具有原料利用率高、能耗低、生产过程安全、产品质量好等优点，对化学品的绿色制造具有示范作用。

此外，多种传统石油化工产品和精细化学品（如丙氨酸、生物航空煤油、长链二元酸等）已经可以实现生物质路线生产，主要品种生物基材料产量和技术水平处于世界领先地位，生物能源产业正在积极向新原料和新技术利用转型。

 ## 三、农业生物技术

（一）作物分子设计与品种创制技术

当前，转基因育种技术在全球范围的广泛应用，推动了全球生物技术产业化的三次发展浪潮，促进了医药、农业和工业等传统产业的全面技术升级换代。基因编辑等育种前沿技术的应用，正在推动主要动植物育种高效及精准化，有望实现作物资源利用率、产量、品质和抗性的突破性提高。21 世纪兴起的合成生物技术的发展，使人们可以根据需求设计创建元件、器件或模块，改造农业生物品种，大幅度提高育种效率。

2017 年，在 SCIE 数据库共检索到 2 723 篇作物育种相关的研究论文。中国发文量最多，以 964 篇位居第 1，占该领域总发文量的 35%。从专利申请和授权量来看，中国的作物育种专利申请量（1 414 件）全球第一，授权专利数量（447 件）第二。总体而言，中国已经成为作物育种领域科技产出大国。

我国水稻高产优质性状形成的分子机理及品种设计取得了重大突破性进展，为"新绿色革命"奠定了重要的理论与技术基础。研究者培育了"嘉优中科"等一系列高产优质新品种，2017 年度获国家自然科学奖一等奖。中国科学院遗传与发育生物学研究所与浙江嘉兴市农业科学院研究组率先运用"分子模块设计"这一突破性杂交育种技术，选育的嘉优中科 1 号水稻平均理论亩产可达 900 公斤（1 亩 $\approx 667 \text{m}^2$）。该品种实现了水稻超高产和抗性提升的完美结合，其早熟特性使种植区域北移得以实现，对引领我国水稻品种升级换代具有里程碑式的意义。

稻瘟病是水稻最严重的病害，是水稻生产的"癌症"，被列为十大真菌病害之首。发掘广谱持久的抗稻瘟病新基因、平衡抗病和产量关系是水稻育种的瓶颈。2017 年 Science 杂志上在线发表了中国科学院植物生理生态研究所等单位完成的关于水稻持久广谱抗病的最新研究成果。该研究成功克隆了持久广谱抗稻瘟病基因 Pigm，并揭示了水稻广谱抗病与产量平衡的表观调控新机制，为作物抗病育种提供了有效的新工具，并已被国内 30 多家种子公司和育种单位应用于水稻抗病分子育种，所培育的新品种已参加区试和品种审定。

水稻新型广谱抗病遗传基础发现与机制解析取得重大理论突破。四川农业大学利用大数据分析，结合分子生物技术手段鉴定并克隆了抗病遗传基因位点 Bsr-d1，揭示了该位点具有抗谱广、抗性持久、对水稻产量性状无明显影响等特征。该研究成果一方面极大丰富了水稻免疫反应和抗病分子的理论基础；另一方面，为培育广谱持久抗稻瘟病的水稻新品种提供了关键抗性基因；同时，也为小麦、玉米等粮食作物相关新型抗病机理的基础和应用研究提供重要借鉴。

中国科学院亚热带农业生态研究所的水稻育种团队于 2017 年 10 月 16 日宣布，历经十余年研究培育出超高产优质"巨型稻"：株高可达 2.2 米，亩产可达 800 公斤以上，具有高产、抗倒伏、抗病虫害、耐淹涝等特点。经农业部植物新品种测试中心 DNA 指纹检测，以及华智水稻生物技术有限公司 56k 水稻 SNP 基因芯片指纹图谱检测，确认"巨型稻"是一种水稻新种质材料。这种"巨型稻"光合效率高，单位面积生物量比现有水稻品种高出 50%，平均有效分蘖 40 个，单穗最高实粒数达 500 多粒，单季产量可超过 800 公斤/亩。它是运用突变体诱导、野生稻远缘杂交、分子标记定向选育等一系列育种新技术获得的水稻新种质材料。该项成果被中国科学院和中国工程院院士投票评选为 2017 年中国十大科技进展新闻。

我国是世界上最大的花生生产和消费国。花生是易受黄曲霉毒素污染的主要农产品之一，降低花生毒素污染风险，是保障消费者健康、推进产业持续发展迫切需要解决的问题。培育和种植抗黄曲霉的花生品种，从源头上控制黄曲霉毒素污染是最为经济有效的措施。中国农业科学院油料作物研究所完成的"花生抗黄曲霉优质高产品种的培育与应用"2017 年荣获国家科技进步二等奖。研究人员发明了高效的花生黄曲霉产毒抗性鉴定方法，根据黄曲霉抗性遗传理论，综合应用表型鉴定、生化标记和分子标记辅助选择技术，从 3 500 份国内外代表性种质中发掘出抗产毒种质，通过大量配制杂交组合，培育出中花 6 号和天府 18 号等抗性品种，在毒素污染较重的长江流域累计推广 4 200 多万亩，覆盖了适宜产区的 30% 以上，有效降低了花生产品的黄曲霉毒素污染风险，种植业和加工业增收 70 多亿元，并在提高食品安全性、保护消费者健康等方面发挥了重大作用。

马铃薯目前是我国第四大粮食作物，粮菜饲兼用，常年栽培面积达 9 000 万亩，堪居世界首位。中国农业科学院蔬菜花卉研究所牵头完成的"早熟优质多抗马铃薯新品种选育与应用"2017 年获得国家科学技术进步二等奖。科研人员历经 23 年攻关，突破马铃薯早熟品种退化快、品种选育可用资源缺乏、育种技术落后等瓶颈。他们首创了茎枝菌液法青枯病抗性和电解质渗漏法耐寒性鉴定技术，开发了早熟、薯形和抗病等 6 个实用分子标记，结合标记辅助选择和常规鉴定技术，建立了高效早熟育种技术体系，创制了 19 份早熟优质多抗育种材料，育成了以抗旱广适中薯 3 号和丰产抗晚疫病中薯 5 号为代表的 7 个具有自主知识产权的国审早熟优质多抗新品种。他们通过建立优良品种脱毒种薯快繁技术体系和各区域集成的高产高效配套栽培技术，在 24 个省份累计推广了 7 868 万亩，其中仅中薯 3 号和中薯 5 号就推广了 7 498.9 万亩。在育成品种的推广应用上，我国早熟马铃薯种植面积由 20 世纪 80 年代时的 15% 提高到 2016 年的 45%，达 4 000 万亩左右，经济效益显著。

（二）农业生物制剂创制技术

我国是畜牧业大国，目前每年消耗配合饲料近 3 亿吨，每年需要进口大豆 3 000 万吨以上，消耗大量的外汇储备。我国 21 世纪的粮食问题实际上是饲料用粮的问题。目前我国每年消耗配合饲料约 3 亿吨，去掉散户养殖消耗量，商品化的配合饲料总量为 1 亿～1.5 亿吨，按照 1‰ 的酶制剂添加量，我国的饲料酶总量在 10 万吨以上。但是目前我国的饲料酶生产总量还很小。以植酸酶为例，目前我国年产量为 1 万吨以上，相当于 1 000 万吨配合饲料的使用量，还有绝大部分配合饲料没有添加酶制剂。其他一些品种的酶制剂产品，如纤维素酶、木聚糖酶、葡聚糖酶、甘露聚糖酶、果胶酶等，由于应用效果有限，市场份额还很小。此外，由于国际巨头企业，如巴斯夫、诺维信、罗氏等知名企业对我国市场的抢占，国产品牌酶制剂的生存压力很大。2017 年中国的酶制剂产量超过 130 万标准吨，复合年均增长率为 9.60%，但中国酶制剂市场消费规模仅占全球的 9.0% 左右，未来发展空间广阔。

抗生素的应用促进了大规模集约化养殖业的发展，也提高了饲料转化率和养殖效益。但是，抗生素的长期大量使用，已严重威胁到了生态环境的安全。欧盟已经于 2006 年开始禁止在动物饲养中使用抗生素，越来越多的国家也已经开始限制含抗生素残留畜禽产品的进口。因此研制安全、高效、环保的抗生素替代品成为我国乃至全世界畜禽养殖业和饲料业的核心问题之一。抗菌肽是最有可能替代抗生素的一种天然抗菌药物。抗菌肽来自动物、植物和微生物，通常能广谱抑制微生物生长，且快速杀菌、不易产生耐药性。而传统抗生素通常只对细菌有效，在绝大多数情况下须联合用药，且剂量特别大，安全性和毒副作用问题很突出。抗菌肽能避免这些问题的产生，对解决细菌的耐药性难题具有重大意义。科技创新是解决饲用抗生素禁用给畜牧生产带来的系列问题、推动药物饲料添加剂在2020年全部退出的关键。在"减抗""禁抗"大背景下，2017年中国农业科学院组织实施了"畜牧业绿色发展技术集成模式研究与示范""饲用抗生素替代关键产品创制与产业化"等项目，积极推动抗生素替代品的相关研究与应用，促进了畜牧业绿色、健康、提质、增效发展。在抗菌肽研究方面，研究人员从金环蛇毒液中分离出一种结构全新的抗菌肽，其经过分子结构改造以后，与传统抗生素（氨苄青霉素、青霉素钠和亚胺培南-西司他丁钠）相比，具有更广谱的抗菌活性和更低的抑菌浓度，尤其是对饲料中常见的致病微生物（包括霉菌）都具有显著的抑制作用。研究人员分子改良了一种来源于海洋动物鲨的广谱性抗菌肽，该抗菌肽对饲料有害微生物和动物胃肠道有害微生物，如大肠杆菌、沙门氏菌、小肠结肠炎耶尔森氏菌、葡萄球菌、黄曲霉等数十种有害菌具有高效杀灭作用，同时对酵母等有益菌无抑制作用。

动物疫苗和诊断试剂是目前应用最为广泛的两大类生物兽药。动物疫苗是以预防动物疫病为主要目的的一大类生物兽药，包括灭活疫苗、弱毒疫苗和基因工程疫苗。基因工程疫苗又包括基因缺失活疫苗、基因工程载体疫苗、基因工程亚单位疫苗、核酸疫苗、合成肽疫苗等。动物疫苗的研究涉及微生物学、免疫学、细胞工程、基因工程、蛋白质工程和发酵工程等现代生物技术的应用。动物疫病诊断试剂主要包括免疫学诊断试剂和分子生物学诊断试剂两大类。诊断试剂的研发除广泛运用现代免疫学和分子生物学技术外，物理学和化学的新技术（如量子点、化学发光、生物传感器、化学传感器等）也越来越多地被运用到动物疫病诊断试剂的研究，大大提高了传统诊断技术的特异性、敏感性和通量。基因工程疫苗具有遗传背景清晰、质量安全可控等优点，更重要的是，该类疫苗内置遗传稳定的检测标记，配合鉴别诊断技术使用，可以区分疫苗免疫动物和野毒感染动物，从而逐步淘汰野毒感染动物，实现对某种疫病净化和彻底根除。因此，动物基因工程疫苗已成为世界各国争相抢占的前沿领域和战略性新兴产业。随着现代分子遗传学、分子生物学以及基因工程技术的快速发展与逐步完善，基因工程疫苗逐渐取代传统疫苗，并成为现代疫苗发展的主导方向和发达国家的战略重点，研制更安全、高效、广谱、廉价、使用更方便的新型疫苗是基因工程疫苗发展的总体趋势。我国是世界养殖大国，猪、禽养殖量均居世界第一。2017 年我国动物疫苗市场规模超过 200 亿元，但基因工程疫苗占比不到 20%。目前，国产动物疫苗基本以传统疫苗为主，而进口疫苗则几乎都是基因工程疫苗，被誉为动物疫苗高端产品的基因工程疫苗市场几乎被进口厂商垄断。2017 年 9 月，中共中央办公厅、国务院办公厅发布《关于创新体制机制推进农业绿色发展的意见》，明确提出"实施动物疫病净化计划，推动动物疫病防控从有效控制到逐步净化消灭转变"。我国兽用生物制品行业也取得了长足进步，技术水平得到明显提升。圆环病、禽流感、伪狂犬病等基因工程疫苗已陆续上市，口蹄疫、猪瘟等品种的疫苗也即将面世。国产疫苗升级为基因工程疫苗后，其与进口疫苗的质量差距明显缩小。2017 年，中国农业科学院兰州兽医研究所历经多年研究的口蹄疫复合表位蛋白疫苗取得了突破进展，达到了世界动物卫生组织（OIE）和我国口蹄疫疫苗标准。该疫苗的复合表位蛋白经反复试验筛选和结构分析确定，产物具有良好的稳定性和免疫原性，进一步完成全部规定试验即可上市。

在治疗性生物兽药中，以干扰素、白细胞介素等细胞因子和抗生素（肽）、防御素、细菌素等多肽药物的研究居多，由于其独特的抗微生物活性和免疫调节作用，具有良好应用前景。治疗性抗体在禽类和宠物传染病的紧急免疫治疗中也得到了广泛应用。此外，在动物、植物和微生物中还存在大量具有预防和治疗动物疫病的生物活性物质。加强药物靶标的筛选与鉴定及基于药靶的生物兽药的分子设计、筛选与合成将是生物兽药创制的重要领域。动物微生态制剂主要用于改善动物机体内正常菌群和微生态环境，提高动物对胃肠道病原侵袭的抵抗力，同时具有提高饲料转化效率和促进生长等作用，是值得重视和加强的领域之一。畜牧业环保重组微生物制剂是生物兽药中的新兴领域。随着畜牧业的快速发展，畜牧业生产过程导致的环境污染问题也日益突出。运用现代微生物学与基因工程技术开发出复合微生物制剂，解决畜牧业生产中的粪污污染和排放问题是养殖业健康和可持续发展的必然要求。目前，我国在治疗性生物兽药研究领域发展最快的主要是细胞因子类生物药物。抗体类药物主要用于宠物病的治疗以及部分禽病的免疫球蛋白。动物传染病药物有效成分的研究也主要集中在几个重大人畜共患传染病，例如从中药材中分离提取了治疗禽流感的金丝桃素。近年来，我国在动物病原微生物基因组学、转录组学、蛋白质组学和相互作用组学及分子致病与免疫机理方面的研究不断深入，发掘了一些潜在的药靶，其有效性需要进一步去证实。药靶的大规模发掘和基于药靶的药物分子设计技术平台急需建设，人才队伍和技术水平急需培养和提高。在我国，微生态制剂的研究和应用起步较晚，但相对起点高、发展快。我国目前主要应用芽孢杆菌和乳酸杆菌。农业部规定可用于生产微生态制剂的细菌有六种，即乳酸杆菌、乳酸链球菌、粪链球菌、芽孢杆菌、双歧杆菌和酵母菌。现有成熟产品主要包括促菌生、促康生、DM432菌粉、增菌素等，2017年销售量达1 000吨。2017年中国农业科学院饲料研究所"奶牛重要细菌病防治药物创制与应用"研究取得重大突破。该成果针对严重影响我国奶牛养殖、生鲜乳生产与质量的重要细菌性疾病，重点开展了奶牛乳房炎、子宫内膜炎、呼吸道疾病的病原菌调查、药物筛选和新兽药创制等研究和新产品应用推广，获得9项国家新兽药证书，形成了9个兽药国家标准，打破了国外同类产品的垄断，在北京、黑龙江、内蒙古、宁夏等22个省市推广应用，新增经济效益25.7亿元。

（三）农产品加工技术

2017年，我国农产品加工业规模以上企业已超过8万家，年总业务收入超过20万亿元，加工业产值和农业产值的比达到了2.2∶1，成为国民经济的重要组成部分。当前我国农产品加工业已进入从规模扩张向质量提升转变的新阶段，各地纷纷紧紧围绕推进农业改革这条主线，加快推动农产品加工业向中高端迈进。

目前我国的粮食储藏和果蔬产后损耗率分别高达9%和25%，远高于发达国家水平；农产品产后产值与采收时自然产值之比仅为0.38∶1；产品粗加工多，精加工少；初级产品多，深加工产品少；中低档产品多，高档产品少；而且农产品的深加工技术和装备普遍落后于发达国家 10～20 年，各种高新加工技术的应用很不普遍。尽管近几年来，各级政府对农产品深加工越来越重视，逐渐加大了投入。但由于基础薄弱，起步较晚，我国的农产品深加工业距世界发达国家水平还有很大差距。同时，也意味着我国的农产品深加工具有比较大的发展空间。

中国农业科学院蜜蜂研究所"优质蜂产品安全生产加工及质量控制技术"获得 2017 年度国家技术发明奖二等奖。该成果聚焦我国蜂产业生产效率低、传统加工技术落后、质量检测技术缺乏等问题，发明了蜜蜂多王群组建技术，创新了蜂胶、蜂蜜高效生产技术，构建了主要蜂蜜化学指纹图谱，发明了 10 种蜂产品品质识别技术，支撑了蜂群高效饲养、蜂产品高值化利用、蜂产品质量安全监管等领域科技水平的提升，有力推动了蜂产业健康发展。

中国农业大学研究成果"生鲜肉品质无损高通量实时光学检测关键技术及应用"获得 2017 年度国家技术发明奖二等奖。该成果针对现代农产品加工及品质控制领域生鲜肉品质无损、高通量、实时检测的技术难题，揭示了光在肉品内部的散射规律特征，实现了可食用新鲜肉的无损快速判定；发明了生鲜肉品质的特征图谱建模关键核心技术，建立了定量预测模型及模型库；创制了生鲜肉品质无损高通量光学检测的系列装备，实现了多品质参数的同时实时检测及分级。该项目整体技术达到国际领先水平，为生鲜肉品质监控提供了先进实用的检测手段，提高了监管效率及检测技术水平，经济社会效益显著。

新疆农业科学院研究成果"番茄加工产业化关键技术创新与应用"获得 2017 年度国家科学技术进步奖二等奖。该成果从专用品种选育与栽培技术体系建立、番茄酱与粉加工贮藏关键技术创新、番茄红素高效制备与产品创制技术研发三方面开展研究，突破了多项关键技术，选育了加工专用品种，提升了产品品质，实现了节能降耗，提高了综合利用水平，全面提高了我国番茄产业的技术水平和国际竞争力，改变了我国番茄加工业落后状况，产生了显著的经济效益和社会效益。

浙江省农业科学院研究成果"干坚果贮藏与加工保质关键技术及产业化"

获得 2017 年度国家科学技术进步奖二等奖。该成果以山核桃、核桃、巴旦木等代表性干坚果为研究对象，聚焦原料贮藏、加工过程和制品保质三大阶段的脂肪酸氧化机理、品质提升技术、包装材料及综合抗氧化控制技术，开展系统深入研究及产业化应用。综合新技术可有效控制坚果氧化劣变，延长产品货架保质期 6～8 个月，提升了坚果加工技术行业水平，经济和社会效益显著。

四、环境生物技术

现代环境生物技术是现代生物技术与环境科学紧密结合形成的新兴交叉学科，内容涉及污染治理、污染预防、清洁能源、废弃物资源化、环境生物监测与安全性评价等。科技的发展充分证明了环境生物技术在解决环境问题过程中所展现的独特功能和优越性，它的纯生态过程体现了可持续发展的战略思想，它具有速度快、消耗低、效率高、成本低、反应条件温和以及无二次污染等显著优点。

（一）环境监测、恢复与污染控制技术

2017 年 2 月以来，广东东莞全市深入推进水污染治理工作成效显著，利用生态修复系统使松山湖埔心排渠、文庙排渠变清。该生态修复系统通过激活水环境中土著的微生物，使其大量繁殖后再随循环系统的水流进入河道，从而丰富水体的生物群落。该系统的应用实现了河道水质的明显好转，可为城市同类型河道水质改善工程设计提供有效借鉴。

2017 年 6 月，中国科学院电子学研究所传感技术国家重点实验室研制了局域等离子体共振（LSPR）光纤 DNA 传感器，用于水中 Hg^{2+} 的检测。该传感器以 DNA 杂交双链为联结，构建纳米金颗粒 Core-satellites 结构并激发等离子体耦合增强效应。该传感器通过检测 Hg^{2+} 抑制 DNA 杂交反应过程中对等离子体耦合强度以及 LSPR 谐振波长的影响，实现对 Hg^{2+} 的快速检测，检测线性范围 5～150 nmol/L，检测下限为 3.4 nmol/L。

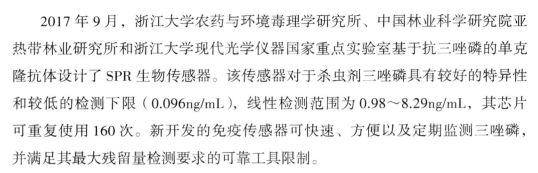

2017 年 9 月，浙江大学农药与环境毒理学研究所、中国林业科学研究院亚热带林业研究所和浙江大学现代光学仪器国家重点实验室基于抗三唑磷的单克隆抗体设计了 SPR 生物传感器。该传感器对于杀虫剂三唑磷具有较好的特异性和较低的检测下限（0.096ng/mL），线性检测范围为 0.98～8.29ng/mL，其芯片可重复使用 160 次。新开发的免疫传感器可快速、方便以及定期监测三唑磷，并满足其最大残留量检测要求的可靠工具限制。

2018 年 1 月，吉林油田自主研发成功微生物膜含油污水处理技术。通过应用该技术，处理后的污水在设备出口处，含油量每升可控制在 2mg 以下，悬浮物每升可控制在 1mg 以下；在注入泵入口，含油量每升可控制在 5mg 以下，悬浮物每升可控制在 3mg 以下，均远远低于规定指标。该技术为低渗透油田开发"注够水、注好水、精细注水、有效注水"提供了有力的技术支持。

2018 年 5 月，上海泓济环保科技股份有限公司携村镇污水治理两大最新产品——iCUBE 和 iCELL 污水处理一体化装置亮相第十九届中国环博会。主体工艺采用泓济自主研发的"改良型 A/O＋滤池"工艺，同时 iCUBE 污水处理一体化装置配备先进的智能控制系统。近年来，我国村镇环境受到普遍关注，随着《农村人居环境整治三年行动方案》的发布，农村生活污水治理亦成为了行业内的热点话题。针对村镇排放源分散，管网建设投资高但投资收益率低；村镇大多数地区地形复杂，勘察工作周期长，大型机械难进入，施工进度缓慢；站点管理人力成本高；项目建设运营后缺少专业维护，污水收集率低等问题，该产品体现了在村镇污水治理领域的"以设备代替工程"的极简主义思路，为村镇污水治理提供了方便。

2018 年 5 月，上海交通大学作为承担单位，联合中国环境科学研究院、大理大学和大理市水利水电管理总站等单位，在洱海入湖河流治理方面取得初步成效。基于洱海流域农村污水收集现状，课题组开发了农村污水收集与处理技术，通过对功能填料、跌水充氧与微生物氧化、潜流湿地等技术组合应用，形成了分层生物滤池污水处理工艺，优化了生物氧化、硝化和反硝化过程，达到有效去除氮磷营养物与有机物的目标。技术应用后，污水处理设备出水水质指标达到污水排放标准一级 B 水平，同时可为同类型湖泊水质改善工程提供有效借鉴。

2018 年 5 月，中国科学院广州地球化学研究所博士生李继兵和导师罗春玲，通过向石油污染的水体中加入能高效降解菲的微生物 *Acinetobacter tandoii* LJ-5，采用 DNA 稳定同位素探针（DNA-SIP）和高通量测序技术，研究了 LJ-5 的菲降解能力和其对土著菲降解微生物群落多样性的影响。结果显示，添加 LJ-5 能够显著提高菲的生物降解效率，它的主要作用是改变了原体系中的菲降解功能微生物的群落结构，增加了功能微生物群落的多样性。在所有参与菲降解的土著功能微生物中，4 种微生物对菲的降解能力首次得到证实。该研究结果有助于加深对污水处理中土著微生物强化技术作用机制的理解，为石油污染水体的生物修复提供了理论基础。

（二）废弃物处理与恢复、资源化

作为湖北省第二批餐厨垃圾资源化利用和无害化处理试点城市，宜昌市在 2012 年就启动了中心城区餐厨垃圾收运体系建设项目。2015 年餐厨垃圾处理厂正式运行，成为宜昌仅有的一家，到 2018 年日处理能力达 200 吨。该试点城市将固体料经轻质杂质和重质杂质分离后作为厌氧发酵浆料。固体浆料接受"水解酸化"和"厌氧发酵"产生的固体残渣，最终进行好氧堆肥处理，让微生物菌快速繁殖，最终实现垃圾"变身"肥料。液体料经油水分离后，成为工业油脂。运进去的是泔水，产出的是电能、生物柴油、沼气和有机肥料。在完全无害化的处理手法下，餐厨垃圾循环利用率达 95%。针对储料池容易散发气味的问题，预处理车间里安装了专门的除臭风道。对餐厨废弃物的无害化处理、资源化利用起到变废为宝的作用。

2018 年 2 月，"怀柔模式"采用好氧堆肥技术，将作物干秸秆、畜禽粪污、蔬菜残株烂果等农业废弃物按一定比例混合后联合堆肥，在好氧条件下利用微生物降解有机废弃物，生产生物有机肥料。产出的有机肥料回用于农田生产，用来种植玉米、小麦、蔬菜等农作物。待农作物收获后，一部分秸秆通过青贮、黄贮等方式加工为饲料，用于畜禽养殖，产生的畜禽粪污与另一部分秸秆继续用于生产有机肥，从而实现了种养加循环、一二三产融合。

2018 年 2 月，中国科学院广州地球化学研究所王茂林团队通过对重金属离子的矿化产物和碳酸盐矿化菌的成矿因素分析，揭示 MICP（微生物诱导碳酸盐沉淀）矿化产物的特征及形成条件。该技术可用于以共沉淀的形式固定土壤和水体中的 Cu、Pb、Zn、Cd、Cr、As 等重金属，从而促使污染土壤中的可交换态重金属向碳酸盐结合态转移。

2018 年 3 月，中国科学院烟台海岸带研究所海岸带生物学与生物资源利用重点实验室研究团队从微生物胞外电子传递的机制、微生物介导锰氧化、微生物介导锰还原等 3 个方面来介绍参与锰循环的微生物多样性，以及微生物地球化学锰循环的环境意义。这一发现推动生物除锰、污染物原位修复及生物冶金等应用领域的发展。

2018 年 4 月，华东理工大学国家环境保护化工过程环境风险评价与控制重点实验室探讨了微生物燃料电池阳极中 Cu^{2+} 对其产电性能的影响以及 Cu^{2+} 的迁移转化过程。微生物燃料电池的阳极中加入质量浓度为 5.5488.64 mg/L 的 Cu^{2+}，使其最大功率密度增加到 536.6 mW/m^2，此时 Cu^{2+} 去除率大于 95%。大部分的 Cu^{2+}（89.24%）被生物膜吸附或还原，这一发现将为去除和回收有机废水中的重金属提供新的思路。

随着科技的进步，生物科学和生物工程以及生物技术将被越来越广泛地应用于生物多样性保护、人类健康、环境污染防治和环境、经济、社会的可持续发展，同时在攻克环境保护的科技难关中有广阔的发展前景。

第四章　生　物　产　业

生物产业是以生命科学理论和现代生物技术为基础发展起来的、专门从事生物技术产品开发、生产、流通和服务的产业群，包括生物医药、生物农业、生物制造、生物服务产业等。从产业链的角度看，它既包括为生物技术研发提供支持的设备、制剂以及相关信息的服务业，也包括运用生物技术工艺进行生产或提供服务的产业，还包括相应的储、运、销售等需要专门的生物技术知识与技能的产业。进入 21 世纪以来，以分子设计、基因操作和基因组学为核心的技术突破，推动了以生命科学为支撑的生物产业深刻改革，全球生物产业进入了一个加速发展的新时期，对解决人类面临的人口、健康、粮食、能源、环境等主要问题具有重大战略意义。

作为 21 世纪创新最为活跃、影响最为深远的新兴产业，生物产业也是我国战略性新兴产业的主攻方向，对于我国抢占新一轮科技革命和产业革命制高点，加快壮大新产业、发展新经济、培育新动能，建设"健康中国"具有重要意义。2017 年 1 月，国家发改委印发了《"十三五"生物产业发展规划》，规划提出：到 2020 年，生物产业规模达到 8 万亿～10 万亿元，生物产业增加值占GDP 的比重超过 4%，成为国民经济的主导产业，生物产业创造的就业机会大幅增加（表 4-1）。

表 4-1 《"十三五"生物产业发展规划》中 2020 年生物产业市场规模发展目标

细分领域	市场规模发展目标
生物产业（总）	到 2020 年，生物产业规模达到 8 万亿～10 万亿元，生物产业增加值占 GDP 的比重超过 4%
生物医药	到 2020 年，实现医药工业销售收入 4.5 万亿元，增加值占全国工业增加值 3.6% 到 2020 年，生物医学工程产业年产值达 6 000 亿元，初步建立基于信息技术与生物技术深度融合的现代智能医疗器械产品及服务体系

续表

细分领域	市场规模发展目标
生物农业	到 2020 年，实现生物农业总产值 1 万亿元，2 家以上领军企业进入全球种业前 10 强
生物制造	到 2020 年，现代生物制造产业产值超 1 万亿元，生物基产品在全部化学品产量中的比重达 25%
生物服务	到 2020 年，培育出全球生物服务行业龙头企业，带动一大批我国原创的创新药和治疗方法在国内国外上市

数据来源：国家发改委

综合来看，未来随着政策的落实以及相关技术产业化进程的加快，我国生物技术领域有望实现整体"并跑"、部分"领跑"：在基础研究领域取得重大原创性成果，突破一批核心关键技术；并培育出一批具有重大创新能力的企业，基本形成较完整的生物技术创新体系；生物技术产业初具规模，国际竞争力大幅提升。到 2022 年，实现生物技术产业规模翻番，达到 1.9 万亿的新高度（图 4-1）。

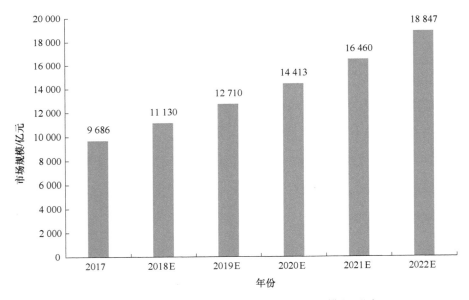

图 4-1 2017～2022 年中国生物技术产业规模及预测

数据来源：前瞻产业研究院

一、生物医药

2017 年是我国生物医药发展至关重要的一年，国内外众多因素共同推动我国生物医药市场扩大。国际上，生命科学技术突破不断，推动精准医疗成为各国追逐热点；国际大量专利药物保护断崖，促使仿制药市场进一步得到解放；世界范围内新兴市场迅速扩张，外资企业借助技术创新合作模式加速融入新兴市场。

在国内，国家颁布了一系列政策促进国内生物医药产业发展。2017 年年初，国家发改委正式颁布了《"十三五"生物技术创新专项规划》（以下简称"《规划》"），构建生物医药新体系将成为生物产业未来发展的重点。在加速新药创制和产业化方面，中共中央办公厅、国务院发文《关于深化审评审批制度改革鼓励药品医疗器械创新的意见》，明确国家食品药品监管部门牵头，国家卫生和计划生育委员会（以下简称"卫计委"，其职责于 2018 年 3 月整合至国家卫生健康委员会）、财政部门、中医药管理部门和知识产权部门等配合，药械创新战略地位提升到国家高度。同时，《规划》提出以临床用药需求为导向，依托高通量测序、基因组编辑、微流控芯片等先进技术，促进转化医学发展，在肿瘤、重大传染性疾病、神经精神疾病、慢性病及罕见病等领域实现药物原始创新。此外，"仿制药一致性评价"的正式实施，加速国内药企结构优化升级；国家药价下调谈判深入推进，强化重点药物更广泛的市场可及性和可负担性；国内药企海内外并购频发，进一步提升生物医药行业整体竞争力。未来，国内生物医药各细分领域市场将保持旺盛增长，我国将成为世界范围内生物医药新兴市场的亮点，同时将形成仅次于美国的全球第二大生物医药市场。

（一）多因素促进我国生物药终端市场增长

肿瘤疾病的高发、二胎政策以及人口老龄化等因素是促进国内生物医药市场高速增长的主要因素。

1. 肿瘤成为我国人口首位死亡原因

根据 2018 年 2 月国家癌症中心发布的我国最新癌症数据，2014 年，中国恶性肿瘤估计新发病例 380.4 万例（男性 211.4 万例，女性 169.0 万例），平均每天超过 1 万人被确诊为癌症，每分钟有 7 个人被确诊为癌症。此外，2014 年我国癌症死亡人数约 229.6 万例。发病例数方面，肺癌位居全国发病首位，每年发病约 78.1 万，其后依次为胃癌、结直肠癌、肝癌和乳腺癌。肺癌和乳腺癌分别位居男女性发病的第 1 位。在 2012 年的统计报告中，中国新诊断的胃癌病例和胃癌死亡人数同样占全球的 40% 以上。肺癌、食管癌和胃癌是中国人最常罹患的三大癌症，预计到 2030 年，中国癌症发病人数将翻番。

目前肿瘤生物免疫治疗多数被用于晚期肿瘤患者，但将来可能会像化疗一样，成为癌症治疗的一线方法。预计到 2025 年，肿瘤生物免疫治疗将达到 100 亿～150 亿美元的市场规模，未来 10 年 60% 的癌症病人将采用生物免疫治疗。

2. 老龄化人口的快速增长

同期随着我国人口年龄结构的变化、生活水平的提高，民众对健康的需求进一步旺盛，将带动医药行业的需求升级。根据全国老龄办公布的数据，截至 2017 年年底，我国 60 岁及以上老年人口 2.41 亿人，占总人口 17.3%。人口统计数据显示，我国从 1999 年进入人口老龄化社会到 2017 年的 18 年间，老年人口净增 1.1 亿，其中 2017 年新增老年人口首次超过 1 000 万，预计到 2050 年前后，我国老年人口数将达到峰值 4.87 亿，占总人口的 34.9%（图 4-2）。

中国进入老年化社会，养老需求中最重要的健康、医疗资源成为未来最紧缺的资源。庞大的老龄化人群对医疗尤其是癌症预防需求巨大，而国内生物医药产业尚处于开拓初期，市场巨大。卫计委调查表明，老年人慢性病患病率高于平均水平 3.2 倍，而且老年病多为肿瘤、心脑血管疾病、糖尿病、老年抑郁症和精神病等慢性疾病，花费大、消耗卫生资源多。老龄人口的增多，必将刺激生物医药支出的增长。

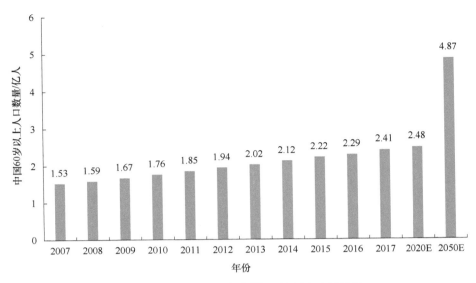

图 4-2　2007～2050 年中国 60 岁以上人口数量

数据来源：国家统计局，卫计委

3. 二孩政策实施

二孩政策的正式落地将刺激我国新生儿数量的增长。根据国家统计局发布的最新数据，2017 年我国全年出生人口 1 723 万人，人口出生率为 12.43‰。2017 年全年，二孩数量进一步上升至 883 万人，比 2016 年增加了 162 万人；二孩占全部出生人口的比重达到 51.2%，比 2016 年提高了 11 个百分点。新生儿基数的扩增必将拉动儿童用药、儿童疫苗、产前筛查等相关产业，也将带来新生儿先天性疾病病例的增加以及新生儿筛查需求的日益增长，这将有力推动整个儿童生物医药市场的发展。

与此同时，更多夫妇渴望拥有自己的子女，我国不孕不育率已从 20 年前的 2.5%～3% 攀升到了 12.5%～15%，2016 年患者人数已超 5 000 万，且呈现出不断攀升与年轻化的趋势，这也将扩展辅助生殖医疗业务市场（图 4-3）。二孩政策放开带来生育高峰，我国目前每年新生儿童数量达到 1 700 万人，二孩政策放开后未来每年将新增 500 万～600 万的增量，保守以 2 000 万新生儿计算，其中有 200 万～240 万的新生儿因不孕不育无法出生。因此，该领域市场庞大。根据生殖医学年会报告，2016 年体外受精（IVF）市场规模达 122 亿元，

2017 年达到 140 亿元，预计到 2019 年达到 185 亿元，复合年均增长率达 15%（图 4-4）。

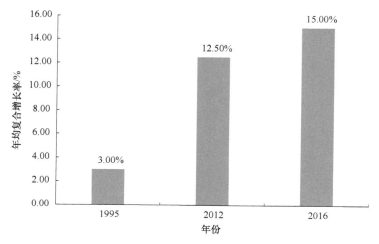

图 4-3　1995～2016 年我国不孕不育率增长情况

数据来源：卫计委，平安证券研究所

图 4-4　2013～2019 年全球辅助生殖市场规模（含预测）及增速

数据来源：生殖医学年会报告，平安证券研究所

（二）政策鼓励和规范生物医药研发力度加大

2015 年 2 月，国家 CFDA 发布了《生物类似药研发与评价技术指导原则（试行）》，对生物类似药给出了明确的定义和框架性的指导规范，鼓励和规范

我国生物医药产业发展。进入2017年以来，国家出台一系列药审政策，推动全方位生物医药行业供给侧改革。2017年8月，CFDA发布《关于仿制药治疗和疗效一致性评价工作有关事项的公告》；7月和10月，国家食品药品监督管理总局药品审评中心（CDE）接连发布的关于贝伐珠单抗和曲妥珠单抗生物类似药的研发征求意见给出了清晰而又具体的指导意见，提出要紧抓生物类似药与原研药进行头对头等效性试验以及生物类似药的安全性和免疫原性研究，将加速目前在研产品优胜劣汰，上市后可以通过价格优势或者进入医保目录提高渗透率，快速实现进口替代。2017年10月，中共中央办公厅联合国务院办公厅发布了《关于深化审评审批制度改革鼓励药品医疗器械创新的意见》（表4-2）。

表 4-2　2017 年我国出台的鼓励和规范生物医药的相关政策、法规、议案

时间	部门	政策法规／议案
2017.07.19	国务院办公厅	《关于深化审评审批制度改革鼓励药品医疗器械创新的意见》
2017.07.19	CDE	《关于"贝伐珠单抗注射液生物类似药临床研究设计及审评的考虑"征求意见通知》
2017.08.25	CFDA	《关于落实（国务院办公厅开展仿制药质量和疗效一致性评价的意见）有关事项》
2017.09.05	CFDA	《仿制药质量和疗效一致性评价受理审查指南（需一致性评价品种）》 《仿制药质量和疗效一致性评价受理审查指南（境内共线生产并在欧美日上市品种）》
2017.10.02	CDE	《接受境外临床试验数据的技术要求（征求意见稿）》
2017.10.08	中共中央办公厅、国务院办公厅	《关于深化审评审批制度改革鼓励药品医疗器械创新的意见》
2017.10.23	CFDA	《〈中华人民共和国药品管理法〉修正案（草案征求意见稿）》
2017.10.31	CDE	《关于征求"注射用曲妥珠单抗生物类似药临床研究设计及审评考虑要点"意见的通知》

数据来源：CFDA，卫计委，CDE

（三）医药创新活力凸显，创新产业化成果突出

医药创新投入持续增长，一方面"重大新药创制"科技重大专项、核心竞争力提升三年行动计划等政策继续加大对医药创新研发及创新成果产业化的支持；另一方面涌现了一批研发投入大、创新成果显著的行业领军企业，根据上市公司年报，恒瑞、复星、海正等企业研发投入达到了销售收入的10%左右。

大量资本涌入医药创新领域，一批创新成长型企业顺利融资，有效推动了高风险、长周期的创新药研究。截至 2017 年 11 月，CDE 公布了 11 批拟纳入优先审评审批名单，其中多批均包含创新药，上市公司相关品种包括马来酸吡咯替尼片（恒瑞医药）、福沙匹坦双葡甲胺（中国生物制药）、依库珠单抗（泰格医药）、硫培非格司亭注射液（恒瑞医药）、盐酸安罗替尼（中国生物制药）、人凝血因子Ⅷ（天坛生物）等，创新药临床和上市审批加速（表 4-3）。

表 4-3　2017 年以来优先审评审批情况（节选）

药品名称	企业名称	申请事项
马来酸吡咯替尼片	江苏恒瑞医药股份有限公司	新药上市
注射用福沙匹坦双葡甲胺	正大天晴药业集团股份有限公司	新药上市
依库珠单抗注射液	杭州泰格医药科技股份有限公司	新药临床
硫培非格司亭注射液	江苏恒瑞医药股份有限公司	新药上市
盐酸安罗替尼胶囊	正大天晴药业集团股份有限公司	新药上市
人凝血因子Ⅷ	成都蓉生药业有限责任公司	新药上市
英莱布韦钠	广东东阳光药业有限公司	新药临床试验
重组人血小板生成素注射液	沈阳三生制药有限责任公司	新药临床试验

数据来源：CDE，国联证券研究所

同时，随着审评审批改革的不断深入，加快创新药品和医疗器械审评审批、药品上市许可持有人制度试点、优化审评审批流程等一系列举措快速推进，大大提高了审评审批效率，医药创新环境明显改善。2017 年我国独立研发、具有完全自主知识产权的"重组埃博拉病毒病疫苗"在全球首家获批，硼替佐米、富马酸替诺福韦二吡呋酯、帕瑞昔布钠、卡泊芬净、来那度胺、特立帕肽等一批重磅首仿品种以及介入人工心脏瓣膜等一批创新医疗器械产品获批上市，不断填补各领域国内空白，为提高人民群众用药可及性、减轻疾病负担发挥了重要作用。

（四）产业规模稳步增长、增长提速

根据国家发改委产业协调司发布的信息，2017 年，我国医药产业发展态势整体向好，主营业务收入、对外贸易总额、利润总额保持较快增速，主营业务收入更是恢复至两位数增长，在保供应、稳增长、调结构等方面发挥了重要作用。2017 年，规模以上医药企业主营业务收入 29 826.0 亿元，同比增长

12.2%，增速较 2016 年提高 2.3 个百分点，恢复至两位数增长。其中，生物医药行业主营业务收入 3 311.0 亿元，同比增长 11.8%，占 2017 年医药产业比重为 11.1%（表 4-4）。

表 4-4　2017 年医药产业子行业主营业务收入

行业	主营业务收入（亿元）	同比增长（%）	比重（%）
化学药品原料药制造	4 991.7	14.7	16.7
化学药品制剂制造	8 340.6	12.9	28.0
中药饮片加工	2 165.3	16.7	7.3
中成药生产	5 735.8	8.4	19.2
生物医药制造	3 311.0	11.8	11.1
卫生材料及医药用品制造	2 266.8	13.5	7.6
制药专用设备制造	186.7	7.7	0.6
医疗仪器设备及器械制造	2 828.1	10.7	9.5
合计	29 826.0	12.2	100

数据来源：国家发改委

同时，随着医药产业结构调整不断深化，2017 年，规模以上企业实现利润总额 3 519.7 亿元，同比增长 16.6%，增速提高 1.0 个百分点。利润增速高于主营业务收入增速，行业整体盈利水平得到提高。在医药行业的 8 个子行业中，生物医药制造业是利润增长最快的子行业，产业发展动力不断向高附加值产品转移。生物医药制造实现利润总额 499.0 亿元，同比增长 26.8%，占医药产业利润总额的 14.2%（表 4-5）。

表 4-5　2017 年医药产业子行业利润总额

行业	利润总额（亿元）	同比增长（%）	比重（%）
化学药品原料药制造	436.1	13.7	12.4
化学药品制剂制造	1 170.3	22.1	33.2
中药饮片加工	153.4	15.1	4.4
中成药生产	707.2	10.0	20.1
生物医药制造	499.0	26.8	14.2
卫生材料及医药用品制造	213.9	14.4	6.1
制药专用设备制造	14.7	−8.1	0.4
医疗仪器设备及器械制造	325.1	6.9	9.2
合计	3 519.7	16.6	100

数据来源：国家发改委

二、生物农业

生物农业将各种新型生物技术应用于农业领域而产生新型品种和生物制品。具体来看，生物农业可运用基因工程、发酵工程、酶工程、蛋白质工程、细胞工程、胚胎工程和分子育种等现代生物技术手段，培育动植物新品种，生产安全、优质、高效的绿色农产品，研制高性能、高效、安全的农业用品。根据生物技术所应用的不同领域，我国生物农业包括生物育种、生物肥料、生物农药、兽用生物制品等四个领域。

2017 年，习近平总书记在党的十九大报告介绍最近 5 年来中国经济建设取得的重大成就时指出"农业现代化稳步推进"，并强调农业、农村、农民问题是关系国计民生的根本性问题，必须始终把解决好"三农"问题作为全党工作重中之重，农业、农村的现代化核心关键还要靠科技创新和科技进步。2017 年，中央一号文件也强调"强化科技创新驱动，引领现代农业加快发展"。2017 年，中国农业科技的自主创新能力进一步提高，原始创新和基础研究方面涌现了一批重大新品种和新技术；一些设施技术在改变农业生产方式方面发挥了关键作用；农业科技成果转化进一步加快，围绕农业生产中的关键问题进行推广，创新推广转化模式机制效果明显。

目前全球生物农业的发展开始进入大规模产业化阶段，我国的生物农业发展与全球发展基本同步，但发展进度略慢，整体发展正处于成长阶段，参与公司数量较多，但大部分公司规模普遍偏小。

（一）生物育种

生物育种指运用生物学技术原理培育生物品种的过程，通常包括杂交育种、诱变育种、单倍体育种、多倍体育种、细胞工程育种、基因工程育种等多种技术手段和方法。目前，育种研究已经从传统育种转向依靠生物技术育种阶段。生物育种是目前生物农业发展最快、应用最广的一个领域。我国是一个人口大国，相应地也是粮食消费大国，干旱、洪涝以及病虫害等问题严重威胁着粮食安全。生物育种技术是增强作物抵御病虫灾害能力、确保粮食产量的有效途径，是推动现代农业科技创新、产业发展和环境保护等的有效手段。

1. 技术起步晚、发展快，主要集中于杂交水稻与玉米

我国的生物育种技术起步晚于发达国家，但发展速度较快。转基因抗虫棉技术的应用降低了国内棉花种植的病虫害风险，提高了棉花产量，并减少了农药的使用，使得我国一举成为全球生物育种市场的重要组成部分。在生物育种行业中，杂交玉米和杂交水稻种子市场占比分别超过 40% 和 30%，是我国生物育种应用的主要领域。我国杂交水稻和杂交玉米技术的应用对提高国内粮食产量、保障粮食安全起到了重要作用。目前国内水稻种植单产水平位居全球前列，远高于全球其他主要稻谷生产国，玉米单产水平也逐年提高。据前瞻产业研究院数据显示，2016 年，我国杂交水稻可供种量为 3.39 亿公斤，杂交水稻总需种量为 2.45 亿公斤；杂交玉米可供种量为 20 亿公斤，总需求量为 11.50 亿公斤，种子行业供给过剩，行业去库存压力较大。2017 年，杂交水稻、杂交玉米种子库存量继续上升，种子行业去库存、去产能需求巨大（图 4-5、图 4-6）。

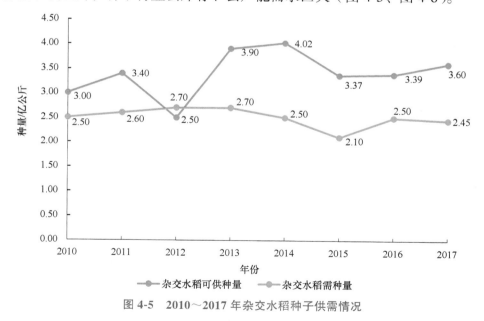

图 4-5　2010～2017 年杂交水稻种子供需情况

数据来源：前瞻产业研究院

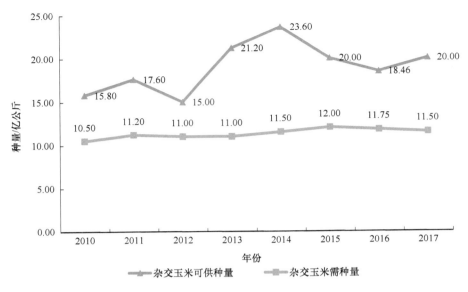

图 4-6　2010～2017 年杂交玉米种子供需情况

数据来源：前瞻产业研究院

　　但同时，我国种子行业整体发展目前仍处于相对初级阶段，主要表现在育种企业数量众多但规模普遍偏小、市场集中度低、种子企业普遍育种技术和核心竞争力不强、种子商品化率低等方面。2000 年以来，随着国内种子市场向外资开放，外资种业通过合资、独资、合作等方式大举进入国内种子市场，目前已经占有了国内蔬菜种子市场 80% 的份额，未来国内种业公司发展将面临来自国内外种子公司的激烈竞争。

2. 国家政策大力支持发展，未来市场巨大

　　2017 年 3 月 4 日，李克强总理在参加全国政协会议时说："要发展高质量农业，必须深入推进农业供给侧结构性改革，发挥市场作用完善重要农产品收储机制，更大发挥科技引领作用，培育和壮大新动能。"农业部此前印发的《"十三五"农业科技发展规划》，明确提出"十三五"期间要不断提升农业科技自主创新能力、协同创新水平和转化应用速度，为现代农业发展提供强有力的科技支撑。业内认为，农业科技创新是农业发展的第一推动力，生物育种作为提高农业生产效率的根本，又与生物技术等前沿科学紧密联系，被称为农业的"芯

片"。在 2017 年颁布的《生物产业发展"十三五"规划》中，生物育种上升至重要位置。这意味着该"规划"出台后，生物领域转基因研究将进入快速发展期。国家对生物农业的资金投入和政策支持，要比"十二五"期间大很多。

此外，我国发展生物育种还具备许多资源优势和市场优势。

一是我国拥有约 26 万种生物物种、12 800 种药用动植物资源、32 万份农业种质资源，是世界生物物种最丰富的国家之一，具有发展生物育种独特的资源优势。

二是我国生物技术与发达国家差距相对较小，且拥有一支庞大的生物技术人才队伍，规模在国际上处于前列。截至 2016 年年底，我国种业企业有科研人员 2.44 万人，占企业员工总数的 20.2%，人数较 2010 年增加 83%；其中硕士、博士共有约 5 900 人，占企业科研人员的 24%。此外，国家支持科研单位和企业搭建高水准研发平台筑巢引凤，几年来，先后从海外引进高层次科研人才 80 多人，其中来自孟山都、先锋、先正达等跨国企业的海外人才有 20 多人。

三是我国拥有发展生物产业的巨大市场。2017 年中国生物育种的总市值已经增长到 966 亿元，其中 7 种主要农作物种子市值占比 65% 左右，预计 2018 年中国生物育种市场规模达到 1 146 亿元。预计到 2020 年，我国将会成为继美国之后的第二大生物种业市场。

3. 产业整合加剧，集中度进一步提高

新中国成立以来，我国种业科技领域不断发展，种业科技创新能力逐步提高，对种业发展的支撑保障能力开始逐步增强。但长期以来我国的种业体制格局是在政府主导下形成的，大田作物由科研机构、院校负责研发、选育，国有种子公司进行种子生产经营，各级乡镇推广机构负责分销；经济作物种子的研发、生产、经营的单位较多，主要以科研机构、国有种子公司、私人种子公司、外国种子公司为主。新《种子法》实施后，国内种子企业发展迅速，企业的市场主体地位日渐突出。但是面对现代生物技术的快速发展和跨国种子企业竞争，我国种业的竞争力要素优劣并存，种业发展面临机遇和挑战。同时，国务院、农业部相继出台一系列政策法规，加快推进"事企脱钩"：明确科研机构和种业企业的责任分工，脱钩的科研机构主要进行农作物种业基础性、公益

性研究,"育繁推一体化"的种子企业积极构建商业育种体系。多项政策施行有利于加速我国商业化育种体系的建立,推动种质资源和人才、技术流向优秀种企,促进种业的健康发展。截至 2016 年年底,种子行业持有效生产经营许可证的企业数量为 4 316 家,较 2010 年的 8 700 家减少了 4 384 家(图 4-7)。与此截然相反的是,大型种子企业的数量和规模却逆势增长。

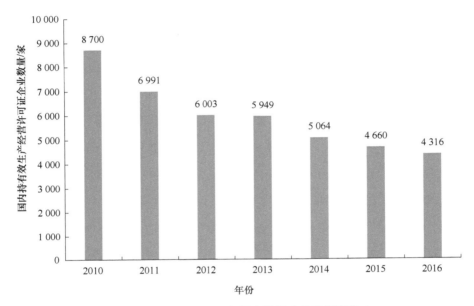

图 4-7　2010~2016 年国内种子企业数量变化

数据来源:观研天下(Insight&Info Consulting Ltd),2017

　　2017 年,国内种子龙头企业的并购脚步明显加快,包括隆平高科、登海种业、荃银高科等企业陆续开展外延项目。通过产业内资源整合,优质资源得以向优势企业集中,从而提升大型种子企业的规模化优势。以隆平高科为例,2017 年隆平高科收购的速度进一步加快:2017 年 6 月以 1 亿 2 千万元收购湖南金稻 80% 股权;8 月 23 日,收购惠民科技 80% 股权;11 月;隆平高科正式以 4 亿美元与中信农业基金等共同投资收购陶氏在巴西的特定玉米种子业务。截至 2017 年 10 月底,通过多次收购整合,隆平高科已和不久前收购先正达的中国化工集团共同进入全球种业十强,排名第 9 位。截止到 2016 年年底,净资产 1 亿元以上的企业数量达到 341 家,较 2012 年增加一倍多;其中净资产 10 亿元以上的企业由 2012 年的 7 家增加到 2016 年的 15 家。

（二）生物肥料

广义的生物肥料泛指利用生物技术制造的、对作物具有特定肥效的生物制剂。化学肥料的过量使用会造成土壤有机质减少、土壤板结、耕地退化等问题。生物肥料不但能提高作物产量、改善作物品质，而且还能提高土壤肥力、改善土壤生态，是对环境较为友好的肥料品种。近十年来，我国粮食产量的连年增长伴随着化肥和农药的过量使用以及土壤和生态环境的恶化，目前国内已经开始了化肥农药零增量行动，并鼓励使用有机肥和生物肥替代化肥，进而促进农业生产的绿色可持续发展。生物肥料在我国开发利用较早，其在改善作物品质、降低成本、提高产量、减少环境污染、改善土壤性质等方面具有重要作用。通过多年的研究积累，我国在固氮、分解土壤有机物质和难溶性矿物、抗病与刺激作物生长、根系共生菌等领域相继开发出微生物土壤接种剂、肥田灵复合生物肥、微生物叶面增效剂、解磷、溶磷、解钾、促生磷联合固氮细菌等一批生物肥料产品。其中固氮类生物肥料如根瘤菌是最重要的品种，其他种类的生物肥料生产数量和种类相对较少。

1. 政策升级，进一步扶持生物肥料市场

近年来，国家政策对生物肥料产业的发展给予了一定的重视和支持，在科研资金支持力度和产业化示范项目建设上的立项都是空前的。如 2012 年，国务院发布《生物产业发展规划》，生物肥料被纳入到"农用生物制品发展行动计划"；2015 年中央一号文件明确提出大力推广生物肥料，生物肥料生产企业迎来了发展机会；2016 年 5 月，国务院印发的《土壤污染防治行动计划》提出，鼓励农民增施有机肥、减施化肥，对畜禽规模养殖集中区鼓励农作物种植与畜禽粪便综合利用相结合。

2017 年是深入推进农业供给侧结构性改革的一年，农业种植结构调整加快，区域布局更加优化。进入 2017 年以后，此类利好政策再次升级。2 月 5 日，2017 年中央一号文件发布，首次提到将"开展有机肥替代化肥试点"。2 月 10 日，农业部印发《开展果菜茶有机肥替代化肥行动方案》，提出的目标是：

2017 年选择 100 个果菜茶重点县（市、区）开展有机肥替代化肥示范，创建一批果菜茶知名品牌，集成一批可复制、可推广、可持续的有机肥替代化肥的生产运营模式；到 2020 年，果菜茶优势产区化肥用量减少 20% 以上，果菜茶核心产区和知名品牌生产基地（园区）化肥用量减少 50% 以上。

2. 生物肥料市场规模持续增长、市场潜力大

面对一系列利好政策，我国生物肥料行业获得了蓬勃发展。根据前瞻产业研究院发布数据显示，2010～2017 年，我国生物肥料制造销售行业收入逐年增长，但增速有所放缓。2017 年，有机肥料及微生物肥料制造行业销售收入为822.98 亿元，同比增长 3.72%（图 4-8）。

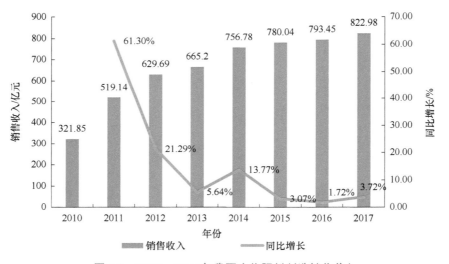

图 4-8　2010～2017 年我国生物肥料制造销售收入

数据来源：前瞻产业研究院

目前，生物有机肥料的使用在我国还属于初步发展阶段，农民种植粮食还是主要依靠化肥投入，达到粮食增产的目的，使用生物有机肥的还是属于少数。此外，生物有机肥的生产商也远不如化肥生产企业发展的成熟。就国外情况来看，有机肥的使用量要远大于我国，如日本的有机肥在农业种植中的使用占比高达 76% 左右，而我国使用有机肥的比例在肥料使用中仅占 20%，未来增长空间巨大。随着我国肥料应实施以质量替代数量、以有机肥替代无机肥的发

展战略，这势必给有机肥的发展带来巨大的想象空间和潜在市场，预计到2023年，我国有机肥料行业需求规模将达到 2 273 亿元（图 4-9）。

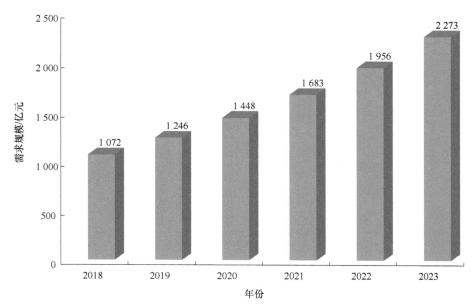

图 4-9　2018～2023 年我国生物有机肥料行业需求规模预测

数据来源：前瞻产业研究院

3. 企业众多，以中小型企业为主

经过多年发展，我国生物肥料生产以及应用已渐具规模。2017 年，有机肥料及微生物肥料制造行业企业达到 553 家。其中，58% 的企业以生产复混肥为主，31% 的企业以生产精制有机肥为主，另外的 11% 的企业则以生产生物有机肥为主。

企业规模方面，受传统观念制约和原料来源的限制，我国生物肥料生产企业的规模仍以中小型为主。据近年的统计数据显示，生产规模小于 2 万吨的企业约占 66%，2 万至 3 万吨的企业占 24%，3 万至 5 万吨的企业占 6%，超过 5 万吨的企业仅占 4%（图 4-10）。

但是整体来看，国内生物肥料生产企业规模普遍偏小，生产技术水平整体不高，缺乏龙头公司和领军企业，产品稳定性和研发能力也不强（表 4-6）。从新三板挂牌的生物肥料企业的情况来看，挂牌的企业数量相对较多，但规模普遍偏小，同时具备以下一些特征。

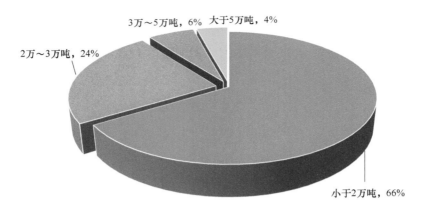

图 4-10　中国生物肥料生产企业产能分布

数据来源：前瞻产业研究院

表 4-6　2017 年国内主要生物肥料企业经营情况

企业名称	主要产品及市场	2017 年营业收入 （万元）	2017 年净利润 （万元）	总市值 （亿元）
根力多	产能即将达到百万吨，在全国三地建有生产基地	36 570.54	3 402.16	7.49
宝源生物	拥有多种有机、复混及功能肥料产品	26 252.43	3 705.83	5.05
力力惠	复混肥为主，有机生物肥为辅	20 468.10	119.22	/
泰谷生物	秸秆腐熟剂市场排名靠前	20 156.31	2 007.12	4.89
莱姆佳	生产化肥与有机肥	13 539.63	256.52	0.90
雷力生物	海藻生物肥、海藻农用生物制品	11 740.33	896.53	2.70
邦禾生态	以经济作物用肥为主	11 722.35	1 220.36	4.11
金穗生态	生产热带经济作物生物有机肥，主要市场在西南地区	9 248.30	1 901.59	/
合缘生物	水体养殖肥、微生物菌剂	7 253.81	−982.77	1.41
航天恒丰	生物有机肥、微生物菌剂	5 824.90	1 494.74	0.87
漯效王	有机水溶肥料、生物有机肥、微生物菌剂	4 717.94	650.06	2.01

企业名称	主要产品及市场	2017 年营业收入（万元）	2017 年净利润（万元）	总市值（亿元）
苏柯汉	利用生物技术生产霉菌类生物制剂和生物有机肥	3 763.79	−59.72	0.52
泰宝生物	生物有机肥、有机水溶肥料	3 744.35	−712.07	0.68
精耕天下	生物有机肥、微生物菌剂	3 224.62	25.34	1.2
三炬生物	生物有机肥、微生物菌剂	2 150.76	−658.02	0.47

数据来源：Wind 数据库

1）生物肥料企业普遍融合生物、有机、水溶等多种技术，开发出了多样化、种类丰富、功能各异的生物肥料产品。如阿姆斯将各类技术进行搭配和组合，形成了产品多样化的竞争路线，主要产品包括复合微生物肥料、生物有机肥、微生物菌剂、叶面肥、生物鱼肥、秸秆腐熟剂等四大类五十多种产品。

2）企业产品横跨生物农业多个领域，形成全面的生物农业产品体系。如泰谷生物利用生物技术对农业生产的多个领域进行改善提高，一方面有助于增加收入，另一方面有助于通过多样化的产品增加客户黏性，主要产品包括秸秆腐熟剂、生物有机肥、生物兽药、微生物饲料添加剂。

3）传统化学肥料公司向生物肥料领域延伸。随着国内开始化肥零增量行动，传统化学肥料公司的增长空间受到限制，开始向绿色、安全的生物肥料领域拓展。2015 年，国内复合肥生产龙头企业芭田股份收购新三板挂牌公司阿姆斯，将公司主营业务拓展至生物有机肥、秸秆腐熟剂等领域，为公司长远发展奠定了基础，也有助于双方合作研发出新型肥料产品，带动我国生物肥料技术进步。

（三）生物农药

生物农药是指利用生物活体（真菌、细菌、昆虫病毒、转基因生物、天敌等）或其代谢产物（信息素、生长素、萘乙酸、2，4-D 等）针对农业有害生物进行杀灭或抑制的制剂；又称天然农药，系指非化学合成、来自天然的化学物质或生命体，而具有杀菌农药和杀虫农药的作用。生物农药包括虫生病原性线虫、细菌和病毒等微生物，植物衍生物和昆虫费洛蒙等。生物农药在有机农业使用的整合害虫管理系统（IPM）中扮演重要的角色。我国生物农药按照其成分和来源可分为微生物活体农药、微生物代谢产物农药、植物源农药、动物源农药四种类型；按照防治对象可分为杀虫剂、杀菌剂、除草剂、杀螨剂、杀鼠剂、植物生长调节剂等。

1. 农药管理新政刺激生物农药市场发展

党的十八大以来，我国农药生产、应用和市场监管领域坚持绿色引领、质量安全优先的原则，全力保障农业生产安全、农产品质量安全和生态环境安全，取得了明显成效。2017 年 6 月，国务院颁布了新修订的《农药管理条例》和一系列配套规章。2017 年 9 月，国家生态环保部制定发布了《排污许可证申请与核发技术规范（农药制造工业）》，完善了排污许可技术支撑体系，指导和规范农药制造工业排污单位排污许可证申请与核发工作。2017 年 12 月农业部宣称，最后 12 种高毒农药将于未来 5 年内禁止使用。其中，硫丹和甲基溴将于 2019 年全面禁用，涕灭威、甲拌磷、水胺硫磷将于 2018 年退出，灭线磷、氧乐果、甲基异构柳磷、磷化铝将于 2020 年前退出，氯化苦、克百威和灭多威将力争于 2022 年前退出。发展生物农药有助于促进农业可持续发展、保障群众健康、保护生态环境，此外生物农药的发展还有助于增强中国农产品的国际竞争力，为农产品出口创造十分有利的条件。

目前，我国一系列的政策都在推动生物农药行业的迅猛发展。农药生产许可、二维码追踪、营业执照等相关规定日趋严格，使得合成农药获得登记愈发困难，迫使合成农药企业关停或更新技术。全国将会因此有超过 30% 的合成农药生产厂停产关闭。此外，环保限产政策使得合成农药价格猛涨，其相对生物农药的价格优势正被削弱。高毒农药禁限用令也使得合成农药越来越多地被生物农药所取代。从 2015 年开始，农业部组织开展"到 2020 年农药使用量零增长行动"，加快推进农药减量增效。截至 2017 年年底，农药使用量已连续三年实现负增长，2017 年农药利用率达到 38.8%，比 2015 年提高 2.2 个百分点，相当于减少农药使用量 3 万吨（实物量）。

2. 生物农药发展快，但使用率仍较低

中国生物农药的研究自新中国成立初期即开始了 Bt 杀虫剂的研究，经过几十年的自主原始创新和发展，已相继开发出了 200 多种具有自主知识产权和中国特色的生物农药产品，部分产品和技术已经通过合作等方式输出到国际市场。在国家政策的大力支持下，我国生物农业产业获得了快速发展。根据新华社统计，目前我国生物农药年产量达到近 30 万吨（包括原药和制剂），约占农药总产量的 8%。目前我国生物农药防治覆盖率近 10%。尽管近年来增长幅度较大，但仍比发达国家低 20%～30%。这一数据反映了生物农药在农药市场上所占份额不高，价格、接受程度等因素仍在制约生物农药的推广。

按照目前发展速度来看，未来很长一段时间生物农药对普通农药的替代速度仍然缓慢，或许到 2030 年都较难达到 30% 的目标，但我国生物农药将会保持 15%～20% 的增速，预计到 2020 年市场规模达到 700 亿元，占农药比重上升至 13% 左右（图 4-11）。

图 4-11　2015～2022 年中国生物农药市场规模及占农药市场规模比重预测

数据来源：《前瞻产业研究院生物农药行业报告》

3. 2017 年我国生物源新农药登记数量首次超过化学农药

目前我国已登记生物农药有效成分 102 个、产品 3 500 多个，分别占农药登

记的 16% 和 10%，且每年仍以 4% 左右的速度递增。而在 2017 年，我国共取得 17 个新农药（共计 30 个产品）的登记，其中杀虫剂 6 个、杀菌剂 5 个、除草剂 2 个、植物生长调节剂 4 个。有 12 个原药/母药同时带制剂登记，占新农药的 71%。所有新农药毒性均为低毒或微毒，所有剂型均为对环境友好。新品种不仅有特色，而且风险相对较小，不少还是专利产品。从农药类别看，10 个生物源农药（杀虫剂 2 个、杀菌剂 4 个、植物生长调节剂 4 个）占新农药的 59%，首次超过新化学农药的数量，说明我国生物源农药正在蓬勃发展。12 个国内创制产品占新农药的 71%，境外仅占 29%，标志着我国农药的研发制造能力已达较高水平，尤其是 9 个国内生物源农药，占创制新农药的 75%。如在解淀粉芽孢杆菌上筛选开发的 3 个新菌株，在芸苔素类农药中又增加了 2 个新活性成分。

此外，截至 2017 年，我国已拥有 30 余家生物农药研发方面的科研院所、高校、国家级和部级重点实验室，并且我国已成为世界上最大的井冈霉素、阿维菌素、赤霉素生产国。从综合产业化规模和研究深度上分析，井冈霉素、阿维菌素、赤霉素、苏云金杆菌（简称 Bt）4 个品种已成为我国生物农药产业中的拳头产品和领军品种。随着农产品安全事件的频发以及人们环保意识的增强，我国生物农药行业也随之快速发展。

（四）兽用生物制品

生物兽药和兽用疫苗均是兽用生物制品。在我国，兽用疫苗市场占到了兽用生物制品市场规模的 90%，是兽用生物制品的主要组成部分，因此我国兽用疫苗的发展就代表了兽用生物制品产业的发展。

1. 国内兽用生物制品市场规模超 200 亿元

近几年来，国家加大防疫投入，实行强制免疫制度，促进我国兽用疫苗市场步入快速成长期。在 2004 年以前，列入国家强制免疫范围的动物疫病只有口蹄疫。从 2004 年开始，高致病性禽流感、高致病性猪蓝耳病、猪瘟、小反刍兽疫等重大动物疫病逐步被列入国家强制免疫范围，大大促进了市场对相关疫苗产品的需求。特别是 2007 年，高致病性猪蓝耳病和猪瘟均被列入国家强制免疫范围，当年国内兽用疫苗市场增长幅度较大。虽然 2017 年，国家对高致病性猪蓝耳病、猪瘟两类疫病不再强制性免疫，但由于我国对动物饲养、食品安全等领域的监管不断标准化、正规化，动物疫苗市场仍将面临着很好的发展机会。

从我国兽用生物制品消费市场规模变化来看，2000 年我国兽用疫苗市场规模仅约为 10 亿元。自 2006 年 1 月 1 日起生物制品生产企业全面实施兽药 GMP 认证，这从行业上规范了疫苗生产企业的生产行为，保障了产品质量的提高。2013 年，我国兽用疫苗市场规模达到 140 亿元；2015 年在 179 亿元左右；2016 年在 203 亿元左右（图 4-12）。

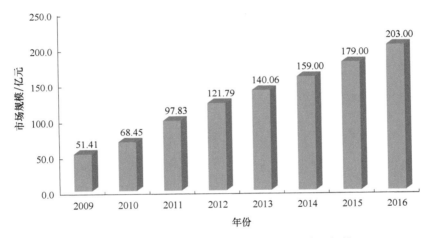

图 4-12　2009～2016 年中国兽用生物制品市场规模

数据来源：前瞻产业研究院

2. 多因素促进未来兽用生物制品市场发展

动物疫苗行业过去快速增长的主要原因有两方面：第一，规模化养殖中动物防疫和治疗是常规性的消耗，而高密度的养殖方式，一旦发生疫情，在短时间有可能造成大面积的传染；第二，我国食品安全实行越来越严格的标准，对养殖业也提出了更高的标准，注射疫苗进行免疫相较于处置生病动物能够大大节约成本和人力，而且可以大大降低药物残留。因此防疫体系的健全也是一个环境大趋势。受上述两个因素的影响，未来几年兽药行业仍可维持较快增长，预计到 2022 年将达到 325 亿元左右（图 4-13）。

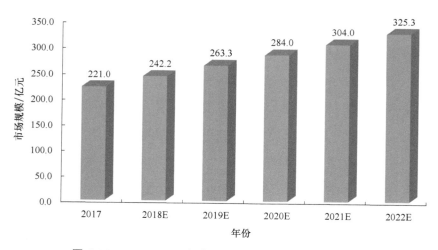

图 4-13　2017～2022 年中国兽用生物制品市场规模预测

数据来源：前瞻产业研究院

3. 细分产品以禽用和猪用制品为主

产品方面，截至 2017 年年底，我国共有生物制品生产企业 85 家，共获批兽用生物制品 368 种，实际投产 314 种，品种主要集中在活疫苗、灭活疫苗和诊断制品上，约占总品种的 94.7%；抗血清和其他制品品种较少，仅占总品种的 5.3%。按应用动物种类划分，主要集中在禽类和猪类的共患病制品上，约占总数的 74.8%。市场规模方面，2016 年我国禽用疫苗市场规模在 95.35 亿元左右，其中活疫苗销售规模为 28.31 亿元，所占比重为 30%；灭活疫苗规模为 67.04 亿元，所占比重为 70%。在猪用疫苗市场方面，2016 年我国猪用疫苗的市场规模为 75.21 亿元左右，其中活疫苗总计 26.38 亿元，占比 35%；灭活疫苗总计 48.83 亿元，占比 65%。其他如牛、羊制品约占 14.6%，马、兔、犬、狐、貂、鱼等种类约占 10.6%。

 ## 三、生物制造

生物制造作为生物产业的重要组成部分，是生物基产品实现产业化的基础平台，也是合成生物学等基础科学创新在具体过程中的应用。生物质是自然界唯一含碳的可再生能源，发展绿色生物制造，生产燃料乙醇、生物柴油、生物航煤、生物甲烷以及各种化学品和可降解生物材料是其最佳利用途径。生物制造将从原料源头上降低碳排放，通过工业生物技术实现绿色清洁的生产工艺，从根本上改变我国经济社会发展"高能耗、高排放"的现有模式。重大化工产品（化学品、能源和材料）的绿色生物制造可改变我国化工产品结构失调、高端产品大量依赖进口的重大缺陷；生物工艺的应用是制造业改造升级和绿色发展的重要突破口；生物制造产品低碳环保，是改善生态环境和健康生活的重要保障。生物制造的产品和技术应用可辐射到化工、能源、新材料、农林、轻工、环保、医药、食品等多个行业，具有很强的行业拉动作用。

（一）生物基化学品

生物基化学品是指利用可再生的生物质（淀粉、葡萄糖、木质纤维素等）为原料生产的大宗化学品和精细化学品等产品。目前，生物基化学品的产品丰富多样，而且应用范围十分广泛，市场价值巨大。美国农业部于 2016 年发布报告称，到 2025 年，生物基化学品将占据全球化学品 22% 的市场份额，其年度产值将超过 5 000 亿美元。

1. 政府出台重磅政策推动生物基化学品产业发展

我国生物基化学品产业已经具备加快发展、实现赶超的良好基础。同时我们还要清楚看到，我国生物基化学品产业发展成果还不能满足人民群众对健康、生态等方面的迫切需要，产业生态系统依然存在制约行业创新发展的政策短板，开拓性、颠覆性的技术创新还不多，我国要成为生物经济强国依然任重道远。因此，国家在近两年出台了一系列重磅政策，推动生物基化学品产业发展。

例如，2017 年 5 月，科学技术部发布《"十三五"生物技术创新专项规划》，在坚持创新发展、着力提高发展质量和效益层面，提出拓展产业发展空间、支持生物技术新兴产业发展和传统产业优化升级的要求。在其支持的 7 个支撑重点领域中，生物化工、生物能源、生物环保 3 个领域与工业生物技术密切相关。

2017 年 10 月，国家工信部发布《关于加快推进环保装备制造业发展的指导意见》，明确提出在大气、水、土壤等污染防治装备领域中，重点发展生物基技术和产品的应用，例如生物阻隔材料及药剂、生物强化先进膜处理技术与组件等。

2017 年 11 月，国家工信部围绕制造业创新发展的重大需求，组织研究了对行业有重要影响和瓶颈制约、短期内亟待解决并能够取得突破的产业关键共性技术，通过研判国内外产业发展现状和趋势，在广泛征求意见基础上，制定了《产业关键共性技术发展指南（2017 年）》，将全生物降解聚丁二酸丁二酯及其共聚物的制备技术作为石油化工关键技术，生物基化学纤维产业化关键技术作为纺织关键技术，生物基原材料工程菌开发及规模化生产工艺技术、食糖绿色加工与副产物高值利用技术、天然产物（食品添加剂与配料）生物制备技术等作为轻工关键技术。

2017 年 11 月，国家发改委发布了《增强制造业核心竞争力三年行动计划（2018—2020 年）》，其中在"新材料关键技术产业化"重点领域建设中提出：提升先进复合材料生产及应用水平，重点发展包括聚乳酸纤维、聚对苯二甲酸丙二醇酯纤维、生物基聚酰胺纤维等在内的生物基化学纤维及其应用，在未来三年（2018—2020 年）内提升中国在生物制造领域的核心竞争力。

随着我国国家创新驱动发展战略深入实施，世界科技强国建设进程加速和绿色发展理念的实践，我国对工业生物技术的重视已提升到空前的战略高度，以生物基化学品为代表的生物工业发展面临重要发展机遇和投资前景。

此外，随着 2018 年 1 月 1 日《环境保护税法》正式实施，环保费改税实施生效后，对高污染、高排放的造纸、纺织、皮革等行业将带来更大的成本压力，严格的环保政策直接使部分生产工艺落后、排放不达标的企业被关停，倒逼传统企业走绿色环保发展路线，因此，利用生物降解或生物催化技术路线的产业将迎来黄金发展期。

2. 生物基化学品技术具备国际竞争力，产业潜力无限

由于生物基化学品摆脱了对化石原料的依赖，同时避免了石油基产品制备

过程的高能耗和高污染，基于资源和环境可持续发展的双重考量，以可再生的生物质资源替代不可再生的化石资源制备化学品是未来发展的主要趋势。我国全生物法生产琥珀酸、D-乳酸、1，3-丙二醇、长链二元酸等大宗化学品的产业化进程正在稳步推进，未来将大幅度推动产业链下游的拓宽与延伸。经过"十二五"期间的发展，中国完成了乙烯、化工醇等传统石油化工产品的生物质合成路线的开发，实现了生物法DL-丙氨酸、L-氨基丁酸、琥珀酸、戊二胺/尼龙5X盐等产品的中试或小规模商业化，针对一批化学原料药与中间体生产开发了清洁高效的生物工艺，在提高产品品质的同时，取得了显著的节能减排效果。在产学研合作的推动下，具备了生物法生产精细化学品的技术能力，在国际市场上有竞争力。

我国的生物基化学品产业发展迅猛，关键技术不断突破，产品种类速增，产品经济性增强。其中，大宗生物发酵产品产量稳居世界第一，2016年，我国主要发酵产品产量达到2 629万吨，比上一年增长8.4%，年总产值首次超过3 000亿元。同时，2016年主要出口产品出口量408万吨，同比增长18.6%。柠檬酸、味精、山梨醇、酵母等产品的生产技术工艺已经达到国际先进水平，产品市场竞争力大大提高，资源综合利用水平逐步提升，节能减排取得显著成效。此外，我国氨基酸产能规模和产值居于世界前列。目前产业规模以上生产厂家已近百家，且产能高度集中，产能排名前三的企业拥有市场份额的75%。谷氨酸是目前全球销量第一的氨基酸品种。2016年，中国赖氨酸总产能已达180万吨，主要分布在内蒙古、新疆、宁夏、山东、东北三省等地区，目前国内生产企业有：梅花集团、宁夏伊品、希杰集团（CJ）、长春大成集团、山东金玉米等10家企业。中国是全球苏氨酸产能最高的国家，2016年产能超过70万吨，占全球产能的70%，预计到2018年底，我国苏氨酸产能将达到110万～120万吨。

整体而言，根据2017年11月发布的《中国工业生物技术白皮书暨中国生物工业投资分析报告2017》，预期到2022年，我国广义生物产业产值有望达到10万亿元，其中生物基材料与化学品替代率逐渐提高，销售收入在全部材料与化学品市场销售收入的占比达10%。

（二）生物基材料

目前，全球生物基材料产能已达 3 000 万吨以上，每年增长速率超过 20%。世界各国纷纷制定相关法律法规促进其发展和使用，生物基材料的应用正在从高端功能性材料和医用材料领域向大宗工业材料和生活消费品领域转移，在日用塑料制品、化纤服装、农用地膜等方面逐渐实现规模化应用。我国的生物基材料产业已经在环渤海、长三角、珠三角等区域初步形成了产业集群。在我国，生物基材料正在成为产业投资的热点，显示出了强劲的发展势头。我国生物基材料近年来发展迅速，保持 20% 左右的年均增长速度，2016 年总产量已达到 600 万吨 / 年，到 2020 年产量有望翻一番。

1. 生物基塑料未来市场空间大

在日用塑料制品方面，生物基塑料（BBP）是一类重要的、迅速发展的新型生物基产品，主要包括生物基合成材料、生物基再生纤维等。其中，可降解生物基塑料的典型产品包括聚乳酸（PLA）、二元酸二元醇共聚酯、聚羟基脂肪酸酯（PHA）、聚乙烯醇（PVA）、聚碳酸亚丙酯（PPC）等，非生物降解生物基塑料的典型产品包括生物聚乙烯（BPE）、聚酰胺（PA）等。欧洲生物塑料协会发布的《2017 年生物基塑料行业市场及预测报告》指出，当前生物基塑料产量约占每年塑料总产量（约 3.2 亿吨）的百分之一。但是，随着需求的不断增长，更复杂的生物聚合物、应用及产品将会出现，市场也将会不断增长。未来，全球生物基塑料产能将从 2017 年的约 205 万吨增长到 2022 年的约 244 万吨（图 4-14）。我国的技术研究及产业化主要侧重于生产生物降解塑料，主要包括PLA、PHA、PPC、聚丁二酸丁二酯（PBS）、聚丁二酸 - 己二酸丁二酯（PBSA）、聚对苯二甲酸 - 己二酸丁二酯（PBAT）、生物基聚酰胺（BPA）等聚合物，以及淀粉基塑料等。

2. 国家政策促进生物基纤维产业发展

生物基纤维是生物基材料重要的应用方向之一。2016 年底发布的《生物基

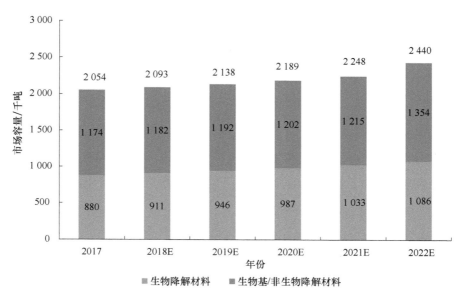

图 4-14 2017～2022 年全球生物基塑料市场容量预测

数据来源：欧洲生物塑料协会，《2017 年生物基塑料行业市场及预测报告》

化学纤维及原料"十三五"发展规划研究》中指出，到 2020 年，我国约实现生物基再生纤维产能 50 万吨 / 年、生物基合成纤维产能 40 万吨 / 年、海洋生物基纤维产能 3.5 万吨 / 年，化学纤维原料替代率 2.1%，比"十二五"提高 1.4 个百分点。"十三五"的主要任务就是以实现生物基化学纤维及其原料国产化为产业突破口，把"三个替代"（原料替代、过程替代、产品替代），"三个结合"（与生物化工产业相结合，与节能环保、废旧利用相结合，与功能改进和推广应用相结合）和"三个重点"（重点攻克 Lyocell 纤维国产化关键技术与装备、重点攻克聚乳酸纤维原料制备及纤维应用技术、重点攻克海洋生物基纤维原料多元化及规模化生产技术）作为当前发展生物基化学纤维的重要任务。

目前，生物基纤维按照原料来源以及纤维加工工艺的不同，可以分为生物基合成纤维、海洋生物基纤维、生物蛋白质纤维以及新型纤维素纤维。生物基合成纤维包括 PLA 纤维、聚羟基丁酸 - 戊酸酯（PHBV）/PLA 共混纤维、聚对苯二甲酸 1，3- 丙二醇酯（PTT）纤维、聚对苯二甲酸混二醇酯（PDT）纤维、聚对苯二甲酸丁二醇酯（PBT）纤维、PBS 纤维、聚酰胺（PA56）纤维等多种类型，其中我国 PLA 纤维产能约 1.5 万吨 / 年。

海洋生物基纤维包括壳聚糖纤维和海藻纤维，目前建成的产业化生产线均是我国拥有自主知识产权且自行设计的，年产能约为 4 500 吨。生物基新型纤维素纤维，可以根据溶剂和原料的差异分为新溶剂法纤维（如 Lyocell 纤维和离子液体纤维素纤维）和新资源纤维素纤维（如竹浆纤维和麻浆纤维）。目前，Lyocell 纤维国内产能达到了 3.2 万吨 / 年，竹浆纤维产能已达到 12 万吨 / 年。2017 年 8 月 29 日，中国纺织科学研究院自主研发 18 年、拥有完全自主知识产权的创新成果——1.5 万吨 Lyocell 纤维产业化成套技术的研究开发项目通过鉴定，标志着我国在 Lyocell 纤维领域实现了重大突破。Lyocell 纤维作为生物基纤维的重要品种，是化纤强国的主要标志之一。

（三）生物质能源

生物质（biomass）是地球上最广泛存在的物质，包括所有的动物、植物和微生物，以及由这些有生命物质派生、排泄和代谢的许多物质。生物质能是重要的可再生能源。开发利用生物质能，是能源生产和消费革命的重要内容，是改善环境质量、发展循环经济的重要任务。"十三五"是实现能源转型升级的重要时期，是新型城镇化建设、生态文明建设、全面建成小康社会的关键时期，生物质能面临产业化发展的重要机遇。

1. 国家顶层设计扶持生物质能源发展

2016 年年底，国家能源局发布了《生物质能发展"十三五"规划》（以下简称《规划》）。根据《规划》，预计到 2020 年，我国生物质能年利用量约 5 800 万吨标准煤；生物质发电总装机容量将达到 1 500 万千瓦，年发电量达到 900 亿千瓦时，其中农林生物质直燃发电 700 万千瓦，城镇生活垃圾焚烧发电 750 万千瓦，沼气发电 60 万千瓦；生物天然气年利用量 80 亿立方米；生物液体燃料年利用量 600 万吨；生物质成型燃料年利用量 3 000 万吨。分布式热电联产将成为主要支持发展方向，基本实现生物质能源的商业化和规模化利用（表 4-7、表 4-8）。

表 4-7　2020 年我国生物质能源计划利用量

利用方式	利用规模	年产量	替代化石能源（万吨/年）
生物质发电	1 500 万千瓦	900 亿千瓦时	2 660
生物天然气		80 亿立方米	960
生物质成型燃料	3 000 万吨		1 500
生物液体燃料	600 万吨		680
总计			5 800

数据来源：《生物质能发展"十三五"规划》

表 4-8　2020 年我国各重点省份（区、市）农林生物质自然发电规划装机规模

重点省份（区、市）	2020 年规划装机规模（万千瓦）
上海、江苏、浙江、安徽、福建、江西、山东	210
河南、湖南、湖北	140
河北、山西、内蒙古等	120
辽宁、吉林、黑龙江	100
广东、海南、广西	65
陕西、甘肃、青海、宁夏等	35
重庆、四川、贵州、云南等	30
总计	700

数据来源：《生物质能发展"十三五"规划》

2. 生物质能源发电占可再生能源的比重不断上升

根据国家能源局发布的《2017 年度全国可再生能源电力发展监测评价报告》显示，截至 2017 年年底，全国可再生能源发电装机容量 6.5 亿千瓦，占全部电力装机的 36.6%。其中，生物质发电装机 1 476 万千瓦。2017 年可再生能源发电量 16 979 亿千瓦时，占全部发电量的 26.5%，其中生物质发电量 795 亿千瓦时，占全部发电量的 1.2%。

截至 2017 年年底，全国共有 30 个省（区、市）投产了 747 个生物质发电项目，并网装机容量 1 476.2 万千瓦（不含自备电厂），年发电量 794.5 亿千瓦时。其中农林生物质发电项目 271 个，累计并网装机 700.9 万千瓦，年发电量 397.3 亿千瓦时。生物质发电累计并网装机排名前四位的省份是山东、浙江、江苏和安徽，分别为 210.7 万、158.0 万、145.9 万和 116.3 万千瓦；年发电量排名前四位的省份

是山东、江苏、浙江和安徽,分别是106.5亿、90.5亿、82.4亿和66.2亿千瓦时。

2018年1月24日,中国国家能源局新能源和可再生能源司副司长梁志鹏在北京出席发布会时表示:2017年,中国可再生能源发电量1.7万亿千瓦时,占全部发电量的26.4%;其中,生物质发电量794亿千瓦时,同比增长22.2%(图4-15)。截至2017年年底,中国可再生能源发电装机达6.5亿千瓦,占全部电力装机的36.6%;其中,生物质发电装机1488万千瓦,同比增长22.6%(图4-16)。

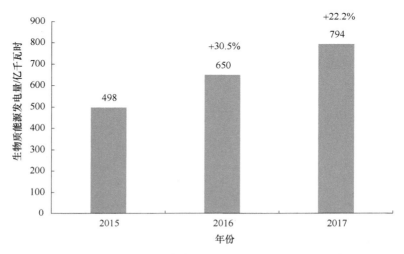

图 4-15 2015～2017 年中国生物质能源发电量变化趋势

数据来源:前瞻产业研究院,《2018—2023 年中国生物质能源行业市场前瞻与投资规划深度分析报告》

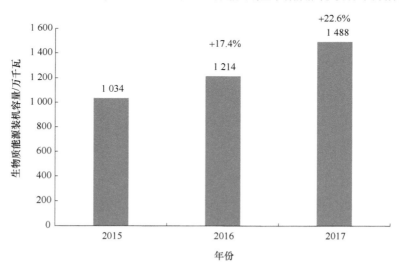

图 4-16 2015～2017 年中国生物质能源装机容量变化趋势

数据来源:前瞻产业研究院,《2018—2023 年中国生物质能源行业市场前瞻与投资规划深度分析报告》

3. 我国生物质能产业仍有待加强

当前，总体来说我国生物质发电的效率普遍较低，特别是年等效负荷小时数平均不足 5 200 小时。全国只有辽宁省的生物质发电年等效负荷小时数超过 7 000 小时，超过 6 000 小时的省份（区）仅有 7 个，除辽宁外，还有宁夏、江苏、陕西、浙江、广西和广东。

从产业整体状况分析，生物质发电及生物质燃料目前仍处在政策引导扶持期。生物质发电行业的标杆企业在技术、成本方面已经具有明显优势，已投产生物质发电项目的盈利能力已逐步显现，直燃生物质开发利用已经初步产业化。

随着《可再生能源法》和相关可再生能源电价补贴政策的出台和实施，我国生物质发电投资热情迅速高涨，启动建设了各类农林废弃物发电项目。生物质能发电行业的产业链比较短，由生物质能发电生产行业加上上游的资源行业和设备行业以及下游的电网行业构成。生物质能发电行业和其他新能源行业面临的唯一下游客户就是电网，电网买电以后再卖给各个不同的用户，由于国家优先上网的政策，使得生物质发电电力产品实现全部销售。

四、生物服务

作为生物产业新兴领域的生物服务有着两层涵义：一方面是依靠生物技术和其他现代科技手段，为社会发展和生活改善提供的新型服务业态；另一方面是针对生物产业自身特点，为生物产业自身的发展提供的专项技术服务。具体而言，生物服务主要包括四个方面。

第一是针对重点创新产品产业化的技术外包服务，例如医疗领域的合同研发外包组织（contract research organization，CRO）和合同生产外包组织（contract manufacture organization，CMO）。随着全球药物市场的竞争日益激烈，制药产业链出现了明显的产业分工，国际医药行业现已呈现出专注自己的核心业务，而把非核心业务外包的大趋势。由研发、生产甚至销售的专业服务厂商提供相关的配套服务，透过利润共享与风险共担的理念，医药产业渐渐形成了一个完整的从疾病目标研究、药物化合物的筛选和研发、人体临床试验、国家食品药品监督管理总局审核、委托生产代加工乃至市场销售的产业价值链。

第二是针对生物技术自身，从技术研究到产品研发各环节的公共技术服务。例如，基因组学研究、实验室设备和试剂供应的配套服务等。

第三是依靠现代生物技术开展的各种延伸服务，例如个体化医疗、远程医疗和远程环境监测等。

第四，生物服务还包括为生物技术和生物产业发展提供的专业中介服务，例如法律、金融、技术孵化等。

由于全球生物服务产业的统计体系尚未完全建立，目前只有技术外包服务形成了相对成熟的产业价值链，本报告中主要以生物研发型服务业以及生产性服务业（即 CRO 和 CMO）的情况来代替说明生物服务业的情况。

（一）合同研发外包

CRO 主要是指通过合同形式为制药企业在药物研发过程中提供专业化外包服务的组织或机构。CRO 的最初原型是数据处理和统计咨询公司，随着研发需求的不断扩大，CRO 服务范围也逐渐扩大，不仅是临床试验和数据处理分析，还包含了药物发现、临床前研究、临床试验各期研究、新药研发注册咨询等业务。发展至今，CRO 覆盖了新药开发流程的各个阶段，主要分为临床前 CRO 与临床 CRO 两种。临床前 CRO 主要从事化合物研究服务和临床前研究服务，其中化合物研究服务包括先导化合物发现、合成，药物的改质、筛选，生物咨询服务等；临床前研究服务包括安全性评价研究、药代动力学、药理毒理学、动物模型等。临床 CRO 主要以临床研究服务为主，包括 I ～ IV 期临床试验技术服务、临床试验数据管理和统计分析、注册申报、上市后药物安全监测及营销服务等（图 4-17）。

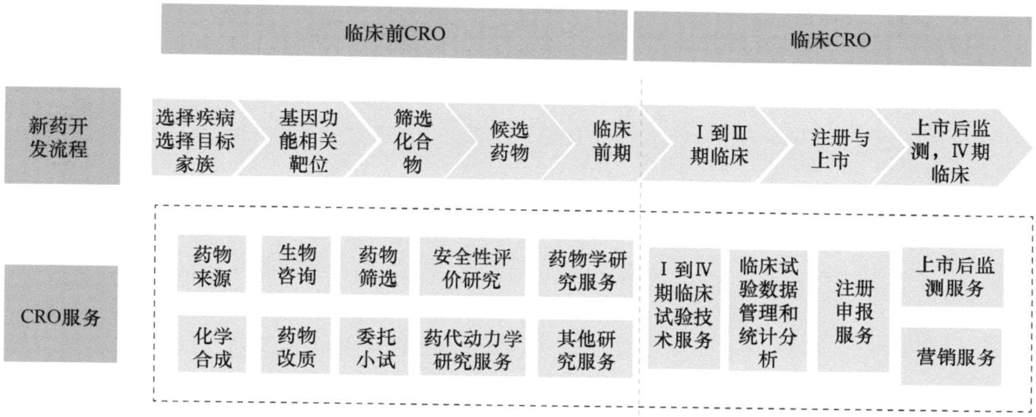

	临床前CRO					临床CRO		
新药开发流程	选择疾病选择目标家族	基因功能相关靶位	筛选化合物	候选药物	临床前期	Ⅰ到Ⅲ期临床	注册与上市	上市后监测，Ⅳ期临床

CRO服务								
	药物来源	生物咨询	药物筛选	安全性评价研究	药物学研究服务	Ⅰ到Ⅳ期临床试验技术服务	临床试验数据管理和统计分析	注册申报服务	上市后监测服务
	化学合成	药物改质	委托小试	药代动力学研究服务	其他研究服务				营销服务

图 4-17　CRO 各环节

数据来源：平安证券研究所

1. 全球 CRO 市场规模持续增长

目前生物产业研发外包已经形成了相对较大的市场规模：随着药品研发技术和风险的提高，越来越多的药企将研发过程的部分环节外包给具有专业能力的研究组织或企业即 CRO，这样既保证了工作质量，又降低了研发成本和企业自身的管理费用，将有限的资金有效地支持企业的研发工作。在这样的背景下，专业的医药研发外包机构应运而生，并逐渐形成可观的市场规模。

根据 Frost & Sullivan 的统计数据，全球 CRO 市场容量已经由 2012 年的 270 亿美元快速增长至 2017 年的约 430 亿美元，复合年均增长率高达 11%（图 4-18），远超同期全球研发费用增速。预计未来几年仍将保持 8%～10% 的增速。

细分来看，CRO 市场主要由临床前 CRO、临床 CRO、独立实验室等几部分组成，其中临床 CRO 所占市场份额最高，占比为 67%，当前细分市场容量约为 290 亿美元；临床前 CRO 和独立实验室分别拥有 13%、12% 的市场份额，对应市场容量分别为 56 亿、52 亿美元（图 4-19）。地域分布上，作为传统的新药研发集中地，欧美地区贡献了绝大部分 CRO 市场份额，合计拥有 90% 左右。此外，以中印为代表的亚太新兴地区由于拥有较大的人口基数、快速成长的医药消费市场和新药研发市场，逐渐在 CRO 市场中占据一定份额。

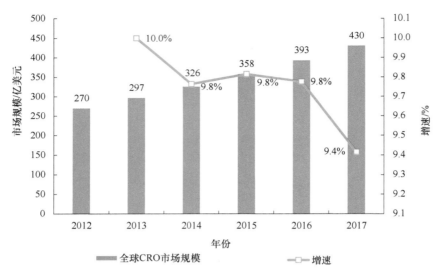

图 4-18　2012～2017 年全球 CRO 市场容量及其增速

数据来源：Frost & Sullivan

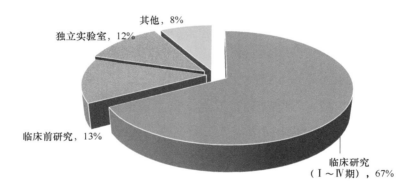

图 4-19　全球 CRO 市场不同业务占比

数据来源：Clinical Leader，万联证券研究所

目前，在全球生物产业链分工精细化程度不断提高的趋势下，全球生物服务产业近些年取得了较快增长，尤其是全球医药外包服务行业。从全球生物服务产业的主要领域的市场规模来看，CRO、CMO 等领域的市场规模较大，而涉及前沿技术的生物合成和生物检测等新兴领域的当前市场规模相对较小。

2. 国内 CRO 发展保持持续增长

近一段时间以来，在全球 CRO 业务逐渐向新兴地区转移、我国医药市场需求持续增长及药物研发支出快速增加等因素影响下，国内 CRO 行业保持了快速发展态势。根据国家食品药品监督管理总局南方医药经济研究所的数据，中国 CRO 行业市场规模已由 2011 年的 140 亿元增长至 2017 年的约 560 亿元，复合年均增长率达 26%（图 4-20）。未来几年，在国内 CRO 企业承接全球业务能力不断提升、国内创新药研发渐入佳境以及仿制药一致性评价工作陆续展开等背景下，国内 CRO 行业仍旧可以保持 20% 以上增速，到 2020 年行业规模有望达到近千亿。

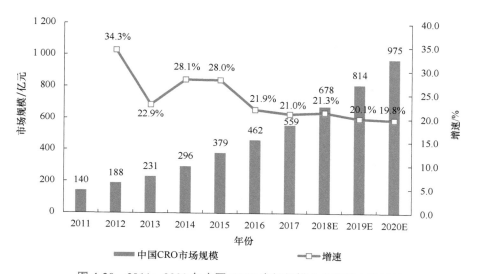

图 4-20　2011～2020 年中国 CRO 市场规模（含预测）及增速

数据来源：国家食品药品监督管理总局南方医药经济研究所，万联证券研究所

注：市场规模为本土企业销售额，包括其海外业务

3. 国际大型 CRO 公司纷纷布局中国市场

CRO 是专业和技术密集型行业，产业的发展对该地区教育发展水平也有一定要求。因此可以看到，近年来中国与印度的 CRO 产业凭借人口与教育的双重优势，增长速度名列前茅。在这些优势的吸引下，国际制药巨头如阿斯利康、罗氏、辉瑞等纷纷在华建立研发中心，我国成为药物研发中心转移的优先选择之一。再加上国际多中心临床研究的需要，20 世纪末开始，国外大型 CRO 企业陆续进入中国市场。它们通过兼并收购或建立合资公司等形式在中国成立研

发中心，凭借资金、技术和管理上的优势，抢占国内高端市场，主要服务内容一度集中在外资企业新药进口相关领域。

随着国际大型 CRO 企业纷纷进入中国，我国新药研发活动增多，也带动了我国本土 CRO 企业的发展，药明康德、尚华医药、泰格医药、博济医药等国内 CRO 企业相继成立。随着药明康德、尚华医药在美股上市（现均已私有化），泰格医药、博济医药在国内上市，我国 CRO 行业在资本市场的支持下得到进一步发展（表 4-9）。

表 4-9　部分大型 CRO 公司在我国开展的业务

公司	在我国从事的业务
Quintiles	临床研究、医疗器械和体外诊断试剂相关服务
Covance	临床研究服务、中心实验室服务和非临床安全评价
PAREXEL	临床研究服务、咨询服务
inventHealth	临床研究、注册申报、商业化服务
ICON	实验室服务、临床前研究服务、临床研究服务、咨询服务
PRA	综合临床服务
PPD	临床研究、药品注册服务

数据来源：公司网站，新闻，平安证券研究所

4. 国内 CRO 集中在东部地区，海外业务比重较大

截至 2017 年年底，国内处于存续状态的 CRO 公司总共有 500 多家，其中临床前 CRO 市场约占 CRO 整体市场的 43%，临床 CRO 市场份额约为 57%（图 4-21）。临床前 CRO 代表企业主要包括康龙化成、睿智化学、昭衍新药、中美冠科等；临床 CRO 代表企业主要有泰格医药、博济医药、方恩医药等。少数几家 CRO 如药明康德等通过自行设立或并购，服务链已延伸至新药开发绝大部分环节，初步形成了综合性、一体化外包服务能力。这些 CRO 企业主要分布在北京、上海、江苏等地区，主要是由于上述地区医药产业相对集中，创新产业相对活跃，人才、技术等资源较集中等原因。

业务对象方面，临床前 CRO 业务的比重较海外市场高（表 4-10）。市场结构差异的主要原因是：第一，之前本土创新药项目少，相应的新药外包尤其是临床 CRO 业务规模较小；第二，海外临床 CRO 和部分临床前 CRO 业务（安全评价等）

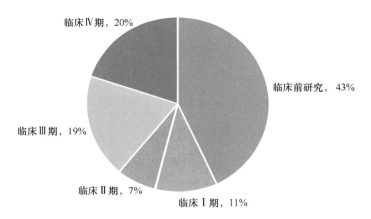

图 4-21 中国 CRO 市场不同业务占比情况

数据来源：Clinical Leader

均需要经过相应的认证资质（GLP、GCP）才能开展，国内 CRO 行业则凭借人力资源成本优势，相关业务起步主要聚集在药物发现等环节。目前，国内大型 CRO 如药明康德、康龙化成、睿智化学等，化合物研究等临床前业务仍占据重要地位。

表 4-10 国内主要 CRO 公司 2017 年公司营收及收入结构情况

CRO 类型	公司	营收（亿）	收入结构
综合 CRO	药明康德	77.65	海外收入占比 78.27%
临床前 CRO	康龙化成	22.94	海外收入占比 90.08%
	睿智化学	8.64*	海外收入占比 82%
	昭衍新药	3.01	国内客户为主（海外收入占比 3.84%）
	中美冠科	22.38	海外收入占比 81%
	美迪西	2.3*	海外收入占比 32.96%
	亚太药业	10.83	国内客户为主
	华威医药	1.8	国内客户为主
临床 CRO	泰格医药	16.87	海外收入占比 57.66%
	博济医药	1.31	国内客户为主（海外收入占比 0.38%）

数据来源：各公司年报等公开资料，wind 数据库，万联证券研究所

* 睿智化学和美迪西的 2017 年数据尚未更新，故取 2016 年公开数据

（二）合同生产外包

CMO 是 20 世纪诞生的一种新兴外包服务模式，与合同研发外包组织（CRO）一样，在创新药与重磅药的研发生产中发挥着日益重要的作用。CMO

企业主要接受制药公司的委托，提供产品生产时所需要的工艺开发、配方开发、临床试验用药、化学或生物合成的原料药生产、中间体制造、制剂生产以及包装等服务。

从药品生命周期看，CMO 服务主要涉及临床前研究、临床试验、上市后的专利药销售及专利到期后的原研药销售 4 个阶段，特别是产品提交新药申请（new drug application，NDA）后，药企备货需求巨大，通常会为 CMO 带来大额订单。而从企业提供的产品性质划分，又可以划归为原料药起始物料（非GMP）、GMP 中间体、原料药和制剂产品。

1. 全球 CMO 市场增速较快

当前，生产性服务业各子领域的产业规模与研发领域的情况大体类似。其中，全球医药费用支出增速趋缓，研发成本升高，新增专利药数量减少，仿制药竞争日趋激烈。在此背景下，制药产业链的重新分工和外包生产成为大势所趋，推动全球 CMO 快速发展：对专利药企业来说，在某些新产品产量无法确定的情况下，外包生产可以节省投资厂房、固定资产和人力成本，避免自身投资过大带来的产能冗余风险；对仿制药企业而言，正在生产的"黄昏药品"面临价格下降压力，生产外包可以缓解利润率不断下降的不利因素。根据Business Insights 数据的统计，2017 年全球医药 CMO 市场容量达到 628 亿美元，CAGR 达到 11.95%（图 4-22）。和整体生物产业市场的增速相比，医药 CMO 行业的增长速度依旧保持较高水平。

目前全球有近 600 家公司从事 CMO，但前五大公司合计的市场份额只有 12% 左右，市场高度分散，行业集中度很低。从地区来看，CMO 的传统客户——大型制药企业大多分布在欧美等发达地区，因此欧美是传统 CMO 的主战场，2011 年，美国占据的市场份额为 43.75%，西欧占据的市场规模为29.06%，合计占到了 72.81%，相比较而言中国和印度的占比分别为 5.94% 和5.63%（图 4-23）。

图 4-22　2013～2020 年全球 CMO 市场容量（含预测）及其增速

数据来源：Business Insights

2. 国内 CMO 市场占比不断提高

目前，中国已经成为很多欧盟的医药巨头或新型的研发公司 CMO 业务的新型基地。根据 Business Insights 数据，我国 2016 年 CMO 市场达到了 43 亿美元，2017 年达到 50 亿美元，近 5 年复合年均增长率达到 18.6%。预计到 2020 年，我国 CMO 市场规模将达到 85 亿美元，占全球的比重也会从目前的 7.64% 上升到 9.74%（图 4-24）。

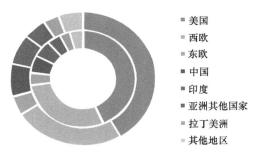

图 4-23　全球不同地区 CMO 市场份额占比

（内圈 2011 年，外圈 2017 年）

数据来源：华金证券研究所

3. 多优势加速国内 CMO 行业发展

相较于欧美地区和印度，国内 CMO 行业发展优势主要源自于较低廉的成本、医药投入生产能力较强、知识产权保护日臻完善等方面。

中国医药研发投入迅速增长。从居民人均卫生支出看，我国居民人均卫生支出额从 2000 年的 361.90 元增长至 2016 年的 3 351.70 元，复合年均增长率达 14.93%（图 4-25）。其中化学药品新产品开发经费支出也在不断攀升，截止到 2016 年年底已达到 179.65 亿元。很多医药厂家也陆陆续续得到美国 FDA 的权威认证，进一步推动中国的科研实力，促进中国 CMO 发展。

图 4-24　2011～2020 年中国 CMO 市场规模（含预测）及增速

数据来源：Business Insights

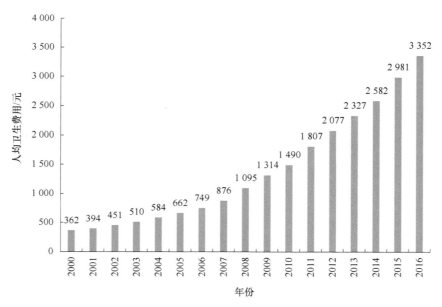

图 4-25　2000～2016 年我国人均卫生费用变化

数据来源：国家卫计委

我国新药研发项目的大量增长直接利好 CMO 行业。2017 年，我国新药研发企业数量跃居全球第三，超过传统制药强国日本、德国等。从新药申请数量上来看，2017 年国家食品药品监督管理总局完成新药临床试验（IND）申请审评 908 件，完成新药上市申请（NDA）审评 294 件，审评通过批准 IND 申请 744 件（涉及 373 个品种），审评通过建议批准 NDA 143 件（涉及 76 个品种）。预计未来我国每年新药进入临床和批准上市数将进入快速增长期。新药研发项目的大量增长将直接利好国内 CMO 行业。

此外，我国化工行业和医药工业体系完善。传统的医药 CMO 以技术转移为主，因此与化工行业和医药工业都具有紧密的联系，目前我国的化工行业部分产能位居世界首位，能够提供大部分医药工业所需要的化工产品。我国目前医药工业规模位居全球第二，拥有完善的从化工到制药的完整产业链供应能力，也具有成熟的医药生产和监管体系，为 CMO 业务提供了肥沃的土壤。

4. 国内 CMO 行业集中度低，尚未出现龙头企业

目前，国内 CMO 整体市场集中度较低，部分发展迅速、具备综合竞争力的 CMO 企业如合全药业、博腾股份、凯莱英等拥有较高的市场份额，前六大公司市场份额占比约 22%，但目前尚未出现龙头企业（图 4-26）。受益于 CMO 业务国际化转移趋势和自身业务水平提升，国内大型 CMO 企业近几年均保持较快

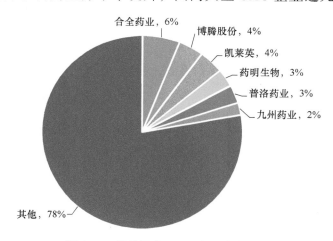

图 4-26　目前国内 CMO 公司竞争格局

数据来源：通过合全药业、凯莱英、博腾股份等公司公告整理，华金证券研究所

的增速，平均增速达两位数以上。

从服务范围来看，目前在小分子药物领域，国内 CMO 企业的业务范围主要集中在创新药的起始原料、规范中间体、仿制药的中间体和原料药生产等领域，部分拥有较强技术创新和工艺优化的 CMO 企业已开始将产业链拓展至下游的创新药、原料药和制剂领域。同时考虑到生物创新药及生物类似药在整个国际药物市场的发展现状，国内部分企业以及海外公司已开始或计划在国内布局生物药 CMO 业务，如药明生物（生物药 CRO＋CMO）、勃林格英格翰上海生物药 CMO 基地等。

五、产业前瞻

（一）干细胞治疗产业

1. 政策春风将至，指导性原则已于 2017 年底出台

对于干细胞治疗这一前沿医疗技术，我国医疗监管也一直跟踪和关注（表 4-11）。2008 年和 2009 年，国家食品药品监督管理总局和卫生部就曾经出台文件对细胞治疗的准入和管理制度进行完善。2015 年取消了临床应用准入审批，由医疗机构承担主体责任。2016 年"魏则西事件"后监管加强，但对临床研究的支持不改。2016 年 12 月发布了《细胞制品研究与评价技术指导原则（征求意见稿）》，对干细胞制品的开发及研究予以规范指导，并提出按药品评审原则进行处理。2017 年 7 月召开专家座谈会讨论修订稿。2017 年 12 月 22 日，国家食品药品监督管理总局发布了《细胞治疗产品研究与评价技术指导原则（试行）》（以下简称《原则》），提出了细胞治疗产品在药学研究、非临床研究和临床研究方面应遵循的一般原则和基本要求。

《原则》第一次在国内权威定义按照药品管理规范研发的细胞治疗产品，并对干细胞治疗产品的风险控制、药学研究、非临床研究和临床研究提出应遵循

的一般原则和基本要求。这一政策的出台，被认为将极大地促进我国干细胞治疗产业、生物技术产业的发展。上述《原则》的发布，为我国细胞治疗产品作为药品属性的规范化、产业化生产拉开序幕。

表 4-11　国内细胞治疗相关政策推进

时间	发布部门	相关事件	主要内容
2008 年 9 月 4 日	国家食品药品监督管理总局药品评审中心	发布《人体细胞治疗研究和制剂质量控制技术指导原则》	对体细胞治疗提出一个共同的原则，具体的申报资料和应用方案应根据本技术指导原则加以准备、申请和实施
2009 年 3 月 2 日	国家卫生部	发布《医疗技术临床应用管理办法》	将免疫细胞治疗列入第三类技术目录，完善其准入和管理制度
2015 年 2 月 26 日	国家科学技术部	发布《国家重点研发计划干细胞与转化医学重点专项实施方案（征求意见稿）》	启动国家重点研发计划"干细胞与转化医学"重点专项试点工作，加强干细胞基础与转化方面的投入与布局
2015 年 7 月 2 日	国家卫生计生委	发布《国家卫生计生委关于取消第三类医疗技术临床应用准入审批有关工作的通知》	规定自体免疫细胞治疗技术等按照临床研究的相关规定执行，医疗机构对本机构医疗技术临床应用和管理承担主体责任
2016 年 5 月 4 日	国家卫生计生委	召开规范医疗机构科室管理和医疗技术管理工作电视电话会议	"魏则西事件"后要进一步加强医疗技术临床应用管理，自体免疫细胞治疗技术按照临床研究的相关规定执行，不允许成为收费运营项目
2016 年 12 月 16 日	国家食品药品监督管理总局药品评审中心	发布《细胞制品研究与评价技术指导原则（征求意见稿）》	对细胞制品的开发及研究予以规范指导，并提出按药品评审原则进行处理
2017 年 7 月 20 日	国家食品药品监督管理总局药品评审中心	召开《细胞治疗产品研究与评价技术指导原则（修订稿）》专家座谈会	从干细胞、基因载体和免疫细胞几个方面对细胞治疗产品的风险管控和特殊关注点作了主题报告，药审中心表示对指导原则进一步修改完善并报总局同意后及时向社会发布
2017 年 12 月 22 日	国家食品药品监督管理总局	发布了《细胞治疗产品研究与评价技术指导原则（试行）》	提出了细胞治疗产品在药学研究、非临床研究和临床研究方面应遵循的一般原则和基本要求

2. 政府进一步加大投入

所有的产业，都将在需求与政策双外力推动下获得进步：以美国的干细胞产业为例，其产业的很多创新获得都是围绕以美国哈佛大学为代表的高水平研发机构进行布局，在加州发展为最成功的干细胞产业集群；而中国也正在以北京、上海、广州、成都、武汉等高水平科研机构聚集地展开集中布局，国家"十三五"期间，干细胞及其转换研究投入 27 亿元人民币。

截至目前，我国已经设立了三大国家级的干细胞研究中心，包括科学技术部国家干细胞工程技术研究中心、国家发改委细胞产品国家工程研究中心，以及人类胚胎干细胞国家工程研究中心（长沙）。此外，我国已建立起多家产业化基地，包括国家干细胞产业化华东基地、国家干细胞产业化天津基地、青岛干细胞产业化基地、无锡国际干细胞联合研究中心、泰州国家生物产业基地干细胞产业化项目基地等。

3. 国内细胞治疗市场空间大

细胞领域是为数不多的中国不落后于西方国家的药品研发领域。以干细胞治疗市场为例，干细胞存储发展已成熟，竞争比较激烈。但由于我国存储渗透率并不高，目前不到 1%，整个市场空间还很巨大。此外，我国的干细胞研究虽然起步较晚，但随着我国政府对科研经费投入力度的不断加大，近几年我国的干细胞研究发展很快。目前，我国在全国范围内已形成了近百家不同规模的干细胞公司从事干细胞产品的研发、干细胞库的建立和干细胞及相关产品的销售，中国的干细胞产业从上游的存储到下游临床应用的完整产业链雏形已经形成，产业规模发展空间巨大。根据智研咨询的报告，2009 年，我国干细胞产业收入约为 20 亿元，2017 年已达 525 亿元，复合年均增长率超过 50%。预测到 2020 年，行业市场规模将达到 800 亿元左右（图 4-27）。

4. 国内技术研究取得多项重大突破，细胞治疗产品上市可期

干细胞治疗方面，自 20 世纪 90 年代后期以来，干细胞研究一直受到政府和科技界的高度关注。科学技术部发布的《干细胞研究国家重大科学研究计划"十二五"专项规划》指出，"以干细胞治疗为核心的再生医学，将成为继药物治疗、手术治疗后的另一种疾病治疗途径，从而将会成为新医学革命的核心"，

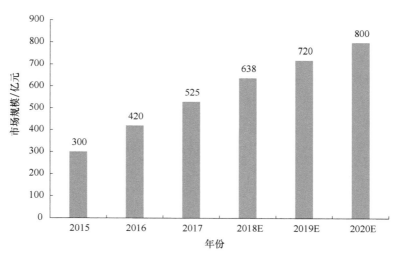

图 4-27　2015～2020 年中国干细胞产业规模走势预测

资料来源：智研咨询

实际上反映了我国政府对干细胞研究和干细胞治疗的基本认识。科学技术部 973 计划、国家重大科学研究计划、863 计划、国家自然科学基金重大专项基 金等皆相应给予干细胞研究大力支持。辅以我国人口资源丰富、干细胞研究政 策相对宽松等优势，这些为在细胞重编程、成体干细胞技术、特色性动物资源 等领域的研究工作打下了良好的基础。我国干细胞领域的论文数量排名国际第 2 位，少数研究机构进入了国际研究机构前 20 位，其中中国科学院排名国际研 究机构的第 4 位；申请并获得了一批国家专利和国际专利，专利数量排名已达 第 3 位，国际专利授权排名第 6 位。国内主流医学院校多成立了专业的干细胞 与再生医学研究机构，中国科学院、军事医学科学院、北京大学、同济大学、 上海交通大学、浙江大学等机构，在 iPS 和成体干细胞方面的基础及应用基础 研究方面接近或达到国际先进水平，取得了一系列重要成果（表 4-12）。

表 4-12　近年来我国在干细胞疗法研究领域取得的研究成果

时间	完成单位	事件
2009 年	中国科学院的周琪等	利用 iPS 细胞通过四倍体囊胚注射技术成功培养了一只存活并具有繁殖能力的小鼠，从而在世界上首次证实了 iPS 细胞的全能性
2010 年	中国科学院广州生物医药与健康研究院院长裴端卿课题组	研究人员发现了利用维生素 C 可提高体细胞重编程效率，随后又报告用病人尿液细胞在体外获得具有增殖能力和体内外分化能力的神经干细胞，在 iPS 领域产生重要影响

时间	完成单位	事件
2011 年	中国科学院上海生命科学研究院徐国良	提出 Tet 蛋白在细胞重编程及胚胎干细胞的 DNA 脱甲基过程发挥关键作用，之后连续在 *Science*、*Nat Genetics*、*Cell Stem Cell* 等杂志发表其揭示胚胎与成体干细胞分化的 DNA 甲基化及组蛋白修饰在基因表达调控中的作用及其分子机理
2014 年	中国科学院遗传与发育生物学研究所戴建武团队与南京鼓楼医院	在世界上首例应用干细胞结合再生材料修复子宫内膜技术成功诞生婴儿；该团队再与中国武警医院成功合作了世界第一例神经再生胶原支架结合间充质干细胞治疗脊髓损伤手术，更靠近器官再生的梦想
2015 年	解放军 307 医院基础医学研究所、放射与辐射医学研究所以及中国医学科学院相关课题组	联合开展了"成体干细胞救治放射损伤新技术的建立与应用"项目，获该领域首个国家科技进步奖一等奖
2016 年	中国中山大学和美国加州大学圣地亚哥分校科学家	利用干细胞再生技术使病患在眼内长出新的晶状体，在中国成功地为儿童进行白内障治疗
2016 年	军事医学科学院全军干细胞与再生医学重点实验室裴雪涛团队	通过干细胞技术成功制备出"人工红细胞"。经权威机构检测，该"人工红细胞"扩增率可达 10 万倍以上，使我国干细胞制备"人工血液"的研发水平进入国际一流行列
2016 年	南京鼓楼医院胡娅莉团队与中国科学院遗传发育所戴建武团队	通过提取患者自身干细胞并附着在可降解的生物支架材料上，用支架材料的孔隙和干细胞的分化功能完成血管组织再生，结合传统宫腔镜的改进，实现了受损子宫内膜的功能性修复
2017 年	北京大学血液病研究所、北京大学人民医院黄晓军课题组	通过对 1199 例连续病例建立以供者和受者年龄、性别、血型相合为核心的积分体系，证明了单倍型供者可部分取代经典的全合同胞供者，成为移植首选
2017 年	北京大学生命科学学院邓宏魁研究组	在国际上首次建立了具有全能性特征的多潜能干细胞系，获得的细胞同时具有胚内和胚外组织发育潜能。研究涉及诱导多能干细胞及细胞重编程的分子机理、人多潜能干细胞的定向诱导分化以及建立人源化小鼠疾病模型等方面
2018 年	上海交通大学医学院的郑俊克和陈国强院士	在白血病干细胞上发现了一个高表达的基因，并揭示了该基因参与白血病发生的重要机制

目前，中国注册干细胞临床研究的数目在过去 10 年间上升到 10 年前的近 16 倍。据 ClinicalTrial 数据显示，截至 2018 年 4 月，中国共有 402 项注册临床研究（其中中国大陆 342 项，香港 7 项，台湾 53 项）；较多展开的城市为广州、北京、上海。机构方面，南方医院、307 医院、中国科学院、301 医院等名列前茅。而随着干细胞技术的飞速进展，我们在中国境内展开试验的申请人中

也看到了世界药企巨头的身影，其中拜耳、新基、葛兰素史克、辉瑞等各有一项在册，纳斯达克上市的唯一中国本土细胞治疗企业西比曼有4项临床展开。

（二）CT/PET-CT产业

1. 产业链日趋完善

目前，CT、PET-CT行业产业链相对简单。上游包括CT、PET-CT设备和配套试剂，其中配套试剂按照自备和外购分为两种，如果自备需要回旋加速器；中游是影像服务市场，包括三级医院和独立影像中心；下游的主要应用人群是病人（图4-28）。

图 4-28　CT 及 PET-CT 产业链

数据来源：中信建投证券研究发展部

同时，在鼓励社会办医的政策浪潮下，独立医学影像中心作为潜在的处女地，资本的投入也有望带动整个行业的快速发展。以江西、浙江为代表的省市已出台相关的行业标准，更是给行业的规范发展带来了新的方向，线下品牌连锁的独立医学影像中心逐渐在形成。

对于线下独立的医学影像中心而言，其潜在的合作方可以是供不应求的公立医院，也可以是未来患者的首次入口——基层医疗卫生机构，当然其也可以作为专业的医疗服务机构单独满足病人的诊断需求，考虑非公立医疗服务价格放开的背景，线下独立的医学影像中心是可以享受一定的品牌溢价的。但考虑到医学影像中心潜在客户与医学体检的差异性，后者更多满足的是大众定期的需求，前者针对的是存在各种疾病隐患的诊断需求，因而在缺乏前端病源获取的背景下，与基层、公立医院合作不失为初期的明智之举。未来可能的产业链将涉及设备厂商、独立医学影像中心、医院、基层以及最终的消费人群（图4-29）。

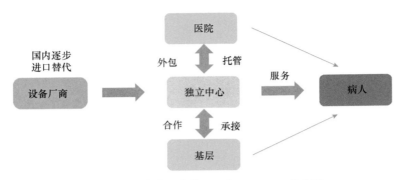

图 4-29　未来可能的 CT 和 PET-CT 产业链

数据来源：中信建投证券研究发展部

2. 中国 CT/PET-CT 市场发展空间大

尽管现阶段从市场规模上来看，我国的 CT 和 PET-CT 市场与美国仍存在较大差距，但随着中国老龄化的加剧，患有慢性病的老年人持续增多，老年人口内部变动将进一步加剧对医护、医疗等生活养老之外的健康需求，对 CT 和 PET-CT 设备的需求更加旺盛。根据全国老龄办公布的数据，截至 2017 年年底，我国 60 岁及以上老年人口达 2.41 亿人，占总人口 17.3%。人口统计数据显示，我国从 1999 年进入人口老龄化社会到 2017 年的 18 年间，老年人口净增 1.1 亿，其中 2017 年新增老年人口首次超过 1 000 万。预计到 2050 年前后，我国老年人口数将达到峰值 4.87 亿，占总人口的 34.9%，成为超老年型国家。

另外，癌症、心脑血管等慢性疾病患病率和死亡率也正在进一步增加，不断提升的发病率将给相关疾病诊疗带来巨大的成长机会。根据 2018 年 2 月国家癌症中心发布的我国最新癌症数据，2014 年，中国恶性肿瘤估计新发病例 380.4 万例（男性 211.4 万例，女性 169.0 万例），平均每天超过 1 万人被确诊为癌症，每分钟有 7 个人被确诊为癌症。此外，2014 年我国癌症死亡人数约 229.6 万例，总体呈现逐年递增的态势。

除了上述两大原因之外，民众医疗支付意愿的加强以及健康管理需求的逐步提高，产业发展速度仍处于高速发展阶段，也是未来 CT 以及 PET-CT 产业市场空间有望进一步打开的重要原因。

3. 国家政策利好国内市场发展

国内影像诊断设备市场上，进口设备占比达 75%，设备垄断高价导致终端检查费用居高不下。为了打破这种局面，国家针对医疗器械行业推出一系列利好政策，鼓励高端医疗设备国产化。近两年来，国家针对医疗影像产业发展的相关政策层出不穷，可谓是政策红利释放的集中阶段（表 4-13）。2015 年，《中国制造 2025》中提出将高端医疗设备列为重点发展目标，具体而言，要重点发展影像、医用机器人等高性能诊疗设备以及远程医疗等移动医疗产品；在《关于推进分级诊疗制度的指导意见》中提出，探索设置独立的区域医学影像检查机构，实现区域资源共享等等。2016 年，国务院出台了《关于促进和规范健康医疗大数据应用发展的指导意见》，强调要深化健康医疗大数据应用，全面建立远程医疗应用体系。"十三五"规划纲要指出未来 5 年重点研制核医学影像设备、超导磁共振成像系统等医疗器械；国家发改委把医疗器械领域的医学影像设备与服务作为四大方向之一列入《战略性新兴产品重点产品和服务指导目录》（2016 版）。而考虑到进口设备占比达 75%，随着设备国产化的确实推进，国内医疗影像设备市场还将保持高速增长。

表 4-13 医疗影像产业部分相关政策梳理

年份	部门	政策	内容
2013	国务院	《国务院关于促进健康服务业发展的若干意见》	形成以非营利性医疗机构为主体、营利性医疗机构为补充、公立医疗机构为主导、非公立医疗机构共同发展的多元办医格局
2014	国务院	《关于印发推进和规范医师多点执业的若干意见的通知》	推进医师合理流动。加快转变政府职能，放宽条件、简化程序，优化医师多点执业政策环境
2015	国务院	《中国制造 2025》	重点发展影像、医用机器人等高性能诊疗设备以及远程医疗等移动医疗产品
2015	国务院	《全国医疗卫生服务体系规划纲要（2015—2020）》	开展"健康中国云服务计划"，到 2020 年实现人口信息、电子健康档案和电子病历三大数据基本覆盖全国人口，并信息动态更新

续表

年份	部门	政策	内容
2015	国务院	《关于积极推进"互联网+"行动的指导意见》	支持第三方机构构建医学影像、健康档案、检验报告和电子病历等医疗信息共享服务平台,逐步建立跨医院的医疗数据共享交换标准体系
2015	国务院	《关于推进分级诊疗制度的指导意见》	探索设置独立的区域医学影像检查机构,实现区域资源共享;推进医疗机构间或与独立检查机构间结果互认
2015	国务院	《关于促进社会办医加快发展的若干政策措施》	鼓励社会办医疗机构配置医用设备;探索以公建民营或者民办公助等形式,建立区域检查中心
2016	国务院	《关于促进和规范健康医疗大数据应用发展的指导意见》	深化健康医疗大数据应用,全面建立远程医疗应用体系
2016	卫计委	《2015年工作总结和2016年工作重点及要求》	加快推进卫生信息化建设。加快建设公共卫生、计划生育、医疗服务、医疗保障、药品管理、综合管理等业务应用信息系统。积极发展远程医疗、疾病管理等网络业务应用,整合健康管理及医疗信息资源。开展健康医疗大数据应用发展试点示范工作,积极实施"互联网+健康医疗"服务

从政策来看,医疗影像设备的中下游领域均会明显受益于政策的积极影响,有利于整个行业的快速发展。对于具有核心竞争力的医疗影像设备企业,以及下游拥有优质客户资源及诊断能力的服务及平台,有望受政策红利的驱动,迎来业绩的爆发期。

4. 国产设备出口数量和出口额稳步上升

近年来,我国 CT 机出口数量呈稳步上升趋势,从 2006 年的 531 台到最高峰的 2015 年的 3 097 台,2017 年略有下降,但也有 2 554 台(图 4-30),复合年均增长率高达 99.78%。与之相对应的,出口金额也呈现稳步上升的趋势,从 2006 年的 6 282.59 万美元到 2017 年的 3.7 亿美元,复合年均增长率高达 181.19%,其中 2015 年的出口额最高,高达 5.07 亿美元(图 4-31)。这说明我国国产 CT 机技术日益成熟,CT 机获得更多国家的认可,进而销往世界各地。

2017 年，我国 CT 机出口数量和出口金额持续下滑，同比分别下降 4% 和 11%，但下滑趋势好于 2016 年情况（同比分别下降 14% 和 17%），其中原因可能包括国际市场需求降低，以及国内市场竞争进一步激烈。

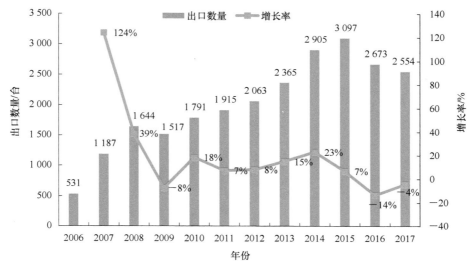

图 4-30　2006～2017 年中国 CT 机出口数量变化

数据来源：海关总署

图 4-31　2006～2017 年中国 CT 机出口金额变化

数据来源：海关总署

从单一市场来看，美国是我国 CT 机的主要出口市场，近几年的出口额呈现明显上升的趋势，2016 年出口额高达 1.4 亿美元，约占该年中国 CT 机出口总额的 34%，但 2017 年略有下降，出口额约为 1.1 亿美元（图 4-32）。出口前几位的市场中，2015 年以前，美国、荷兰、印度市场略有上升，日本、法国市场略有下滑，德国和巴西市场基本保持不变；但 2016 年除了美国市场持续保持微弱增长外，其余国家市场均呈现明显的下滑趋势。

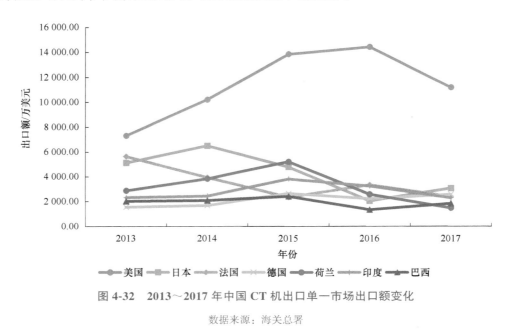

图 4-32　2013～2017 年中国 CT 机出口单一市场出口额变化

数据来源：海关总署

5. 国产 CT 设备替代进口设备趋势明显

根据中国医学装备协会发布的《2017 年中国 CT 设备市场研究报告》数据，截至 2017 年年底，CT 机全国拥有量达到 19 027 台（不含军队），相比 2016 年增长了 18%。近五年一直保持高速增长，复合年均增长率达 16.1%（图 4-33）。2017 年整个 CT 市场快速增长，同比增长 18%。近几年国家大力发展基层医疗建设，尤其是 2016 年医疗政策密集出台（包括分级诊疗、公立医院去行政化、医保支付等政策），促进了基层医疗对 CT 需求增加，预计未来该增速有望持续。

此外，随着我国 CT 设备保有量的增加，我国百万人口 CT 设备拥有量由 2013 年的 7.8 台，增长到了 2017 年的 14.3 台。据经济合作与发展组织

（OECD）统计，日本每百万人口拥有 CT 设备 92.6 台，美国为 32.2 台，我国目前和发达国家尚存在一定差距，还有很大的发展空间（图 4-34）。

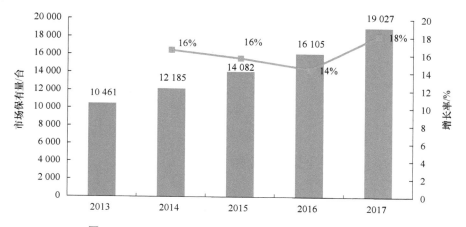

图 4-33　2013～2017 年 CT 设备市场保有量及销量变化

数据来源：中国医学装备协会，2018，《2017 年中国 CT 设备市场研究报告》

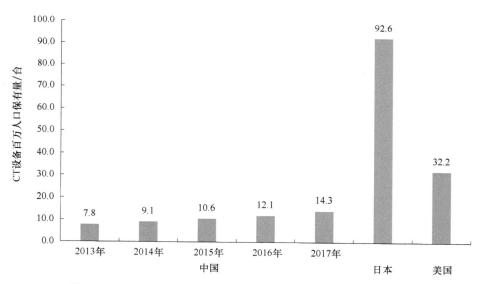

图 4-34　2013～2017 年我国 CT 设备百万人口保有量与国外对比

数据来源：中国医学装备协会，2018，《2017 年中国 CT 设备市场研究报告》

第五章 投 融 资

一、全球投融资发展态势

（一）投融资创历史新高

2017 年，全球生命健康行业领域融资规模较 2016 年增长 57%，达到 1 571 亿人民币，再创历史新高（图 5-1）。生物技术、医疗信息化、医疗器械 三大领域的创新能力与应用需求提高，带动了全球生命健康行业的投资增长，

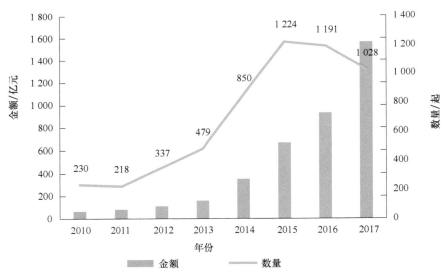

图 5-1　2010～2017 年全球生命健康行业投融资交易金额和数量年度趋势

数据来源：动脉网，2018，《医疗健康行业 2017 投融资报告》

注：本报告中生命健康行业包括生物技术、医药、医疗器械、医疗健康服务等领域，下同

2013～2015年，全球生命健康行业领域融资总额增长超过三倍，其中41%的融资增量都来源于上述三大领域。2016年，随着医疗信息化与医疗器械领域的投资放缓，行业整体融资规模的增长出现了逐步下降。然而在2017年，生物技术、医药领域的大笔融资涌现，使得全球医疗健康行业融资规模又一次出现大幅上升。相比于2016年的1 191起融资事件，2017年仅发生1 028起，下降10%。

（二）单笔投资规模大幅上升

在整体投资规模快速增长的背景下，投资事件的下降使得单笔投资规模大幅上升（图5-2）。2017年全球生命健康行业单笔融资规模达到15 282万人民币，相比于2016年的7 880万人民币上升了94%，资本集中趋势明显。

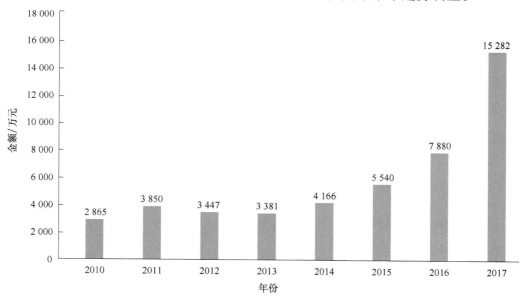

图5-2　2010～2017年全球生命健康行业单笔融资均额年度趋势

数据来源：动脉网，2018，《医疗健康行业2017投融资报告》

行业成熟度的提高，使得2017年超过一半的细分领域的融资规模达到了1亿人民币。融资均额最高的医药领域，单笔融资均额达33 092亿人民币，较2016年同期增长一倍（表5-1）。

表 5-1 2017 年全球生命健康行业各细分领域的单笔融资均额情况

领域	融资金额（万元）	事件（起）	单笔融资均额（万元）
医药	2 680 448	81	33 092
生物工程	24 700	1	24 700
生物技术	5 015 496	224	24 391
药械销售	577 931	28	20 640
基层医疗	1 092 774	59	18 522
医疗金融	282 205	17	16 600
医疗信息化	1 892 823	161	11 757
医疗设备	1 845 129	167	11 049
科技医疗	1 087 257	100	10 873
寻医问药	114 520	13	8 809
消费医疗	254 927	29	8 791
康复护理	156 815	18	8 712
流通渠道	7 000	1	7 000
大健康	502 093	79	6 356
医护工具	53 753	11	4 887
寻医问诊	42 842	9	4 760
医疗支撑	45 050	11	4 095
母婴孕产	40 228	19	2 117

数据来源：动脉网，2018，《医疗健康行业 2017 投融资报告》

（三）技术驱动型投融资占比较大

2017 年生命健康行业融资事件主要集中在以技术为驱动的生物技术、医疗设备、信息化、科技医疗四大领域，合计发生 652 起，占总比的 63.4%（表 5-2）。而以消费需求为驱动的服务创新领域，如寻医问诊、康复护理、母婴孕产等，因为行业格局的逐渐明晰，其融资情况则并不理想。

表 5-2 2017 年全球生命健康细分领域融资热度分布 （事件：起）

细分领域	天使及种子轮	A 轮	B 轮	C 轮	D 轮及以上	战略投资	其他	总计
生物技术	23	92	62	16	15	13	3	224
医疗设备	25	51	25	22	18	20	6	167
医疗信息化	33	70	28	7	8	8	7	161
医药	6	26	16	16	6	7	4	81

细分领域	天使及种子轮	A轮	B轮	C轮	D轮及以上	战略投资	其他	总计
大健康	28	28	14	5	1	2	1	79
基层医疗	7	23	6	8	3	9	3	59
消费医疗	10	7	5	2	2	3	0	29
药械销售	5	9	4	4	0	5	1	28
母婴孕产	3	11	4	0	1	0	0	19
康复护理	6	5	5	1	0	0	1	18
医疗金融	3	9	2	1	1	0	1	17
寻医问药	2	6	4	0	1	0	0	13
医护工具	5	5	0	1	0	0	0	11
医疗支撑	2	6	3	0	0	0	0	11
寻医问诊	4	1	2	2	0	0	0	9
流通渠道	0	0	1	0	0	0	0	1
生物工程	0	1	0	0	0	0	0	1
总计	194	391	189	88	58	71	37	1 028

数据来源：动脉网，2018，《医疗健康行业2017投融资报告》

（四）生命科学仪器并购高歌猛进

近两年生命科学市场大热，巨头们忙着兼并整合，拥有核心技术的创新型企业更成为资本方眼中的优质标的。2017年生命科学领域共发生12起仪器企业并购案，其中交易额超过1亿美元的并购案有5个（表5-3）。赛默飞以每股35美元的价格收购Patheon N.V.，收购总价为72亿美元，其中包含20亿美元的净债务。知名试剂耗材生产商Avantor于2017年5月5日以64亿美元的现金收购生命科学产品代理商VWR，这是近年来在生命科学行业最大一宗生产商收购代理商的案例。此外，珀金埃尔默于2017年6月19日签订了收购欧蒙医学实验诊断（EUROIMMUN Medical Laboratory Diagnostics）股份公司的最终协议。根据协议内容，珀金埃尔默将获得欧蒙100%的股权。基于所有已发行股份，交易的总购买价格约为13亿美元现金。通过此次收购，珀金埃尔默得以扩展其产品线，进军自身免疫和过敏性疾病诊断市场，不仅促进其收入增长，同时更加强在体外诊断市场的领导地位。

表 5-3　2017 年交易额在 1 亿美元以上的生命科学仪器企业并购整合案

收购方	被收购方	交易规模
赛默飞	荷兰药企 Patheon	72 亿美元
Avantor	生命科学产品代理商 VWR	64 亿美元
珀金埃尔默（PerkinElmer）	医学实验诊断试剂及自动化仪器制造商 EUROIMMUN	13 亿美元
柯尼卡美能达	美国癌症基因检测公司 Ambry Genetics	10 亿美元
赛多利斯	细胞分析技术与仪器供应商 Essen BioScience	3.2 亿美元

 二、中国投融资发展态势

（一）投融资金额保持稳定增长

1．投融资增速放缓

2017 年，我国生命健康行业共发生 455 起投资事件，合计 474 亿人民币。相比于过去，2017 年融资规模的增长明显降低，仅比 2016 年增加了 17 亿人民币（图 5-3）。其中主要原因来自于大健康领域的融资能力下降，以健康管理、

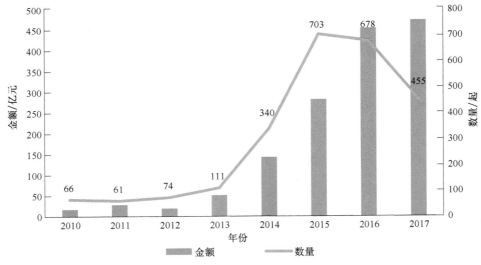

图 5-3　2010～2017 年中国生命健康行业投融资交易金额和数量年度趋势

数据来源：动脉网，2018，《医疗健康行业 2017 投融资报告》

运动管理为主要细分服务的大健康领域2017年融资总额仅18亿人民币，而2016年融资规模超过60亿人民币。此外，经历了2013～2016年的疯狂增长，生命健康行业拥有了足够的参与者，且存量市场的产品模式大同小异。因此，新进的与缺乏竞争力的项目，将难以吸引投资者。未来，在没有服务模式革新的前提下，投资热度的降低将会随着行业格局的逐渐清晰进一步加剧。另一方面，2017年我国生命健康行业融资事件数仅为455起，医疗健康服务创新领域的趋于成熟，也是行业整体融资事件数下降的主要原因。

2. 技术创新领域融资能力较强

从生命健康细分领域融资能力来看，技术创新所建立的融资优势已经显现，有一定技术壁垒的细分领域，如生物技术、医疗信息化、医药等领域的投资热度明显高于其他领域；而服务模式创新的领域，如母婴孕产、寻医问药的投资热度在降低（图5-4、图5-5）。以寻医问药为例，2016年融资事件达47起，2017年仅发生8起投资。

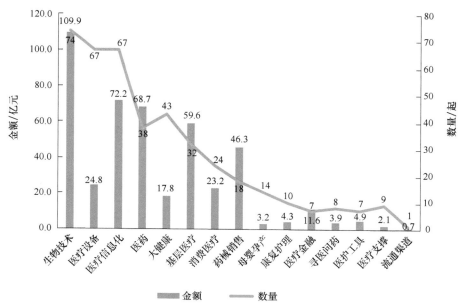

图 5-4　2017 年中国生命健康行业细分领域融资能力

数据来源：动脉网，2018，《医疗健康行业 2017 投融资报告》

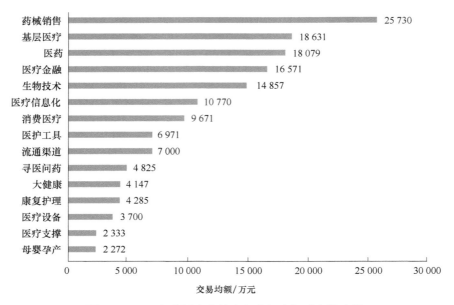

图 5-5　2017 年中国生命健康行业细分领域交易均额

数据来源：动脉网，2018，《医疗健康行业 2017 投融资报告》

3. 医疗服务领域融资热度下降

服务创新领域的行业成熟度相对较高，企业之间产品同质化现象较为严重，复制能力强。该领域可以通过资金注入快速生长，一旦产生了行业巨头，同质化的竞争环境会使规模较小的参与者难以生存。因为目前服务创新领域行业版图日渐清晰，不具备先发优势的早期项目，已经无法吸引投资者的注意。如果无法突破现有的服务范式，随着行业格局的成形，服务创新领域的投资热可能将持续降温下去。

在发生融资的 16 个细分领域中，除四个细分领域出现了融资事件数的小幅增长外，行业的快速成熟使得其他细分领域出现了融资热度的下降，其中医疗设备、大健康、寻医问药等三个领域的下降最多。在投资轮次方面，A 轮交易最多，共发生 207 起，占总事件数的 46%，其占比相对于 2016 年有小幅增加（表 5-4）。

表 5-4　2017 年中国生命健康行业细分领域融资热度分布　（事件：起）

细分领域	天使及种子轮	A 轮	B 轮	C 轮	D 轮及以上	战略投资	总计	与 2016 年比较
生物技术	7	37	19	4	2	5	74	−21
医疗信息化	16	38	8	2	0	3	67	3
医疗设备	14	27	9	5	1	10	66	−38
大健康	16	15	8	4	0	0	43	−49
医药	2	15	10	5	1	5	38	−13
科技医疗	12	18	3	1	0	2	36	14
消费医疗	8	6	4	2	2	2	24	−18
药械销售	2	7	2	3	0	4	18	2
母婴孕产	1	9	3	0	1	0	14	−5
康复护理	4	4	2	0	0	0	10	−16
医疗支撑	2	6	1	0	0	0	9	−9
寻医问药	2	4	2	0	0	0	8	−39
医护工具	2	4	0	1	0	0	7	−14
医疗金融	1	5	1	0	0	0	7	−3
流通渠道	0	0	1	0	0	0	1	1
总计	94	207	78	29	9	37	454	223

数据来源：动脉网，2018，《医疗健康行业 2017 投融资报告》

4. 医药企业融资金额较大

从项目单笔融资金额排名来看，TOP15 企业均来自于 2015 年之后，并且以医药企业融资为主，这与国内生命健康行业整体融资情况相符（表 5-5）。

表 5-5　2013～2017 年生命健康行业融资案例 TOP15

企业	行业	融资时间	投资机构	融资金额（百万美元）
药明康德	医药	2016 年	汇桥资本、博裕资本、中国平安、淡马锡	3 300.00
中国中药	医药	2015 年	GIC	1 290.00
柏盛国际	器械	2016 年	中信产业基金	1 050.00
Grail	医药	2017 年	Arch Venture、百时美施贵宝、腾讯	900.00
新奥股份	医药	2017 年	新奥投资基金、平安创新资本等	661.80
赛生药业	医药	2017 年	德福资本、中银投资、鼎晖投资、上达资本	605.00
联影医疗	器械	2017 年	人寿资产、国投创新投资等	481.35
信邦制药	医药	2017 年	誉曦创投	436.78
圣泰生物	医药	2015 年	中合盛、晋商联盟、胜德盈润	354.84

续表

企业	行业	融资时间	投资机构	融资金额（百万美元）
白云山	医药	2016年	云锋新创、广州国寿	338.56
华大基因	医药	2015年	高林资本	288.84
康龙化成	医药	2015年	中信并购基金、君联资本	280.00
嘉林药业	医药	2015年	行圣投资	276.93
信达生物制药	医药	2016年	国投创新投资、君联资本、淡马锡、高瓴资本、理成资产	260.00
珂信健康	服务	2016年	同系资本	258.00

数据来源：CVSource

（二）IPO数量创历史新高

2013～2017年中国生命健康行业首次公开募股（initial public offerings，简称IPO）企业数量总体呈上升趋势，其中2017年中国医疗产业IPO企业39家（图5-6），同比增长143.75%；IPO账面回报金额（以IPO价格计算投资机构所获回报）约18.47亿美元，同比下降11.61%；IPO平均账面回报金额为4 854万美元，同比下降63.03%。尽管2017年医疗产业创下了IPO数量新高，但账面回报金额的下降不容忽视。

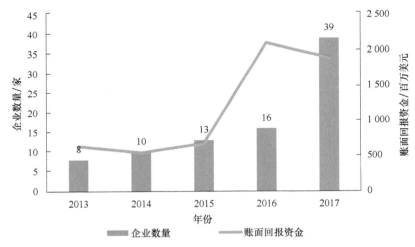

图5-6　2013～2017年中国生命健康行业IPO企业数量和账面回报资金情况

数据来源：CVSource

1. 医药企业以生物药行业回报最高

2013～2017 年中国医药行业 IPO 企业数量呈上升趋势，其中 2017 年医药行业 IPO 企业数量为 30 家，同比上涨 200%，账面回报金额 11.99 亿美元（图 5-7），同比下降 34.69%。从企业 IPO 资金回报来看，仅再鼎医药账面回报金额超过 1 亿美元。从细分行业来看，生物药类企业整体回报最高，其以 13% 的数量份额占据 37% 的账面回报份额。

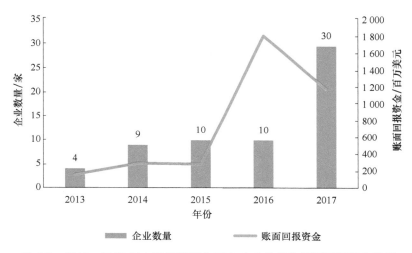

图 5-7　2013～2017 年中国医药行业 IPO 企业数量和账面回报资金情况

数据来源：CVSource

2. 大型 IPO 以耗材生产企业为主

2015～2017 年中国医疗器械行业 IPO 企业数量呈上升趋势，其中 2017 年医疗器械行业 IPO 企业数量为 7 家（图 5-8），同比上涨 40%，账面回报金额 4.98 亿美元，同比上涨 181.36%，其中 IPO 账面回报超过 1 亿美元的企业来自华大基因。需要关注的是，近年来大型 IPO 以中低端耗材生产企业为主，反映出我国医疗器械行业进口替代的迫切性。

3. 医疗服务企业 IPO 数量较少

2013～2017 年中国医疗服务行业 IPO 企业数量总体较少，其中 2017 年医疗服务行业 IPO 企业数量为 2 家（图 5-9），同比上涨 100.00%，账面回报金额 1.96 亿美元，同比上升 121.72%。医疗服务行业 IPO 企业数量较少有两方面原因：一是医院等机构在医保控费、收入及支出合规性等方面往往存在问题；二是医疗服务机构受限于服务半径，往往需要连锁经营模式完成业务扩张，而连锁模式中资源充分性、服务一致性等问题往往无法解决。

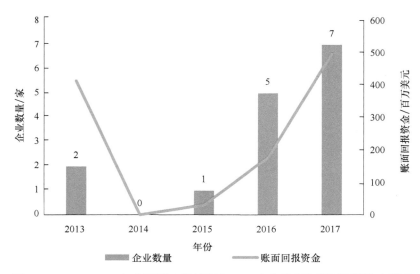

图 5-8　2013～2017 年中国医疗器械行业 IPO 企业数量和账面回报资金情况

数据来源：CVSource

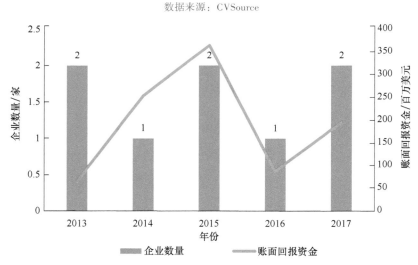

图 5-9　2013～2017 年中国医疗服务行业 IPO 企业数量和账面回报资金情况

数据来源：CVSource

从细分行业来看，能够IPO的医疗服务企业多集中在私立医院及第三方诊断行业。私立医院多服务于高端人群，服务质量便于掌控，盈利能力较好；而第三方诊断则源自于医院业务外包，受分级诊疗等政策影响，具备一定市场空间。

（三）行业呈现并购放缓趋势

2015～2017年中国生命健康行业并购数量呈现下降趋势，其中2017年生命健康行业宣布并购案例数量483起，同比下降33.56%，宣布并购金额245.87亿美元，同比下降8.72%（图5-10）。其中完成交易252起，同比下降31.89%，完成并购交易金额135.54亿美元，同比下降3.74%。综合来看，相比2016年，2017年的并购案例数量和金额均略有下滑。事实上，从2016年起，国内生命健康行业并购市场就表现出放缓趋势。

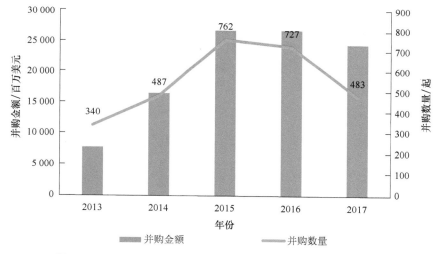

图 5-10 2013～2017年中国生命健康行业并购数量和并购金额

数据来源：CVSource

1. 医药行业战略投资并购显著

2015～2017年中国医药行业并购数量总体呈现下降趋势，其中2017年医药行业并购项目数为272件，同比下滑38.6%；交易金额195.13亿美元（图5-11），同比增长0.22%。单笔交易金额明显增大，且数据显示战略投资占比达到90%以上，多为实体企业在主营业务基础上进行的相关多元化产业投资。同时由于新药研发难度大、研发成本高，国内实力雄厚的药企已开始加大对国际上知名原研药企的投资，如三胞集团收购全球生物医药界知名企业Dendreon，开创了中国企业在美收购生物类原研药企业的先河，以及平安人寿投资全球最大的汉方药制药公司日本津村等。

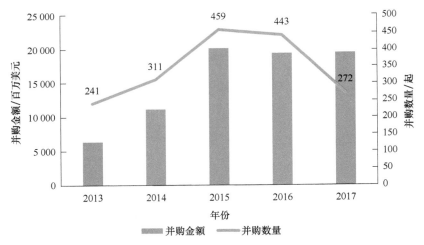

图 5-11　2013～2017 年中国医药行业并购数量和并购金额

数据来源：CVSource

2. 医疗器械行业并购数量和金额呈现下降趋势

2016～2017 年中国医疗器械行业并购数量总体呈现下降趋势，其中 2017 年医疗器械行业并购项目数为 91 件，同比下滑 34.53%；交易金额 22.32 亿美元（图 5-12），同比下滑 26.88%。并购数量和金额总额较 2016 年均呈现明显的下降趋势，但平均单笔交易金额略有上升。与医药行业并购现象一致的表现在于两者均呈现明显的战略投资属性，多为主体企业对于自身业务的相关多元化战略投资。

3. 医疗服务行业整体市场并购情况低迷

2015～2017 年中国医疗服务行业并购数量总体呈现下降趋势，其中 2017 年医疗服务行业并购项目数为 120 件，同比下滑 17.24%；交易金额 28.42 亿美元（图 5-13），同比下滑 35.63%；单笔交易金额较 2016 年下降 11.45%，但同样体现战略投资的属性。

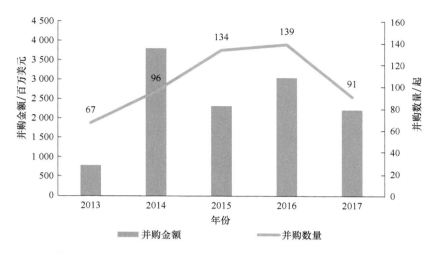

图 5-12　2013～2017 年中国医疗器械行业并购数量和并购金额

数据来源：CVSource

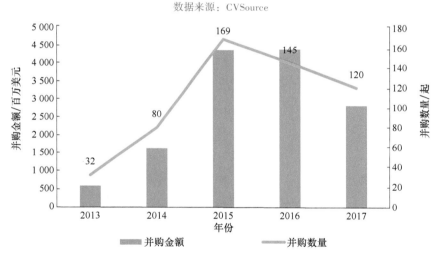

图 5-13　2013～2017 年中国医疗服务行业并购数量和并购金额

数据来源：CVSource

（四）AI 医疗影像融资受到热捧

人工智能（artificial intelligence，AI）是研究、开发用于模拟、延伸和扩展人的智能的理论、方法、技术及应用系统的一门新的技术科学。AI 应用于医疗健康领域主要有医疗健康的监测诊断、辅助诊断系统和智能医疗设备等。

进入 21 世纪以后，随着深度学习的兴起，医疗 AI 的发展也由此上了一个新的台阶。佛罗里达州立大学用 AI 预测 2 年的自杀倾向，准确率高达

80%～90%。IBM"沃森"医生可根据大量的病例、指南等找出最符合一个病人的诊断和治疗方案，供医生做辅助决策参考。达·芬奇机器人辅助医生的微创手术，拥有切口小、下刀准等优点，对于微创手术能减少手术风险，还可以减轻手术对外科医生的体力消耗，提高手术效率与稳定性。

近年来医学影像人工智能辅助诊断受到了创业者、资本方的热捧。2017 年 AI 医疗的投资轮次以 A 轮和 B 轮为主，投资金额 50% 以上为千万级的融资（图 5-14）。

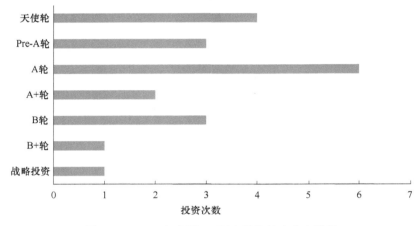

图 5-14　2017 年中国 AI 医疗投资轮次分布情况

数据来源：鲸准 APP

从 2013 年到 2017 年上半年，AI 医疗应用层方面的细分领域共发生融资事件 86 起。国内资本对于 AI 医疗多布局虚拟助手、医疗影像、医用机器人、智能健康管理四个领域，其中医疗影像成为资本密集的阵地，占比最高达到 31%（图 5-15）。

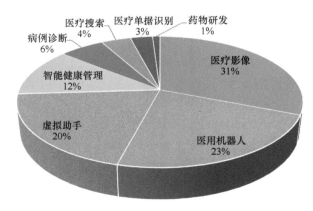

图 5-15　2013～2017 年我国 AI 医疗细分领域投资数量占比图

数据来源：36Kr

2017 年，AI 医疗影像是资本市场的明星，根据海松医疗基金的初步统计，AI 医疗影像企业 2017 年融资企业数量网络披露数高达 19 家，总规模 10 亿元以上（表 5-6）。

表 5-6 2017 年我国 AI 医疗影像企业融资情况

企业名称	融资时间	融资规模（人民币）	融资轮次
肽积木	2017 年 1 月	数百万	天使轮
推想科技	2017 年 1 月	5 000 万	A 轮
	2017 年 9 月	1.2 亿	B 轮
视见医疗	2017 年 2 月	数百万	天使轮
	2017 年 7 月	2 000 万	A 轮
图玛深维	2017 年 4 月	数百万（美元）	Pre-A 轮
	2017 年 12 月	2 亿元	B 轮
体素科技	2017 年 5 月	数千万（美元）	A 轮
	2017 年 9 月	1 亿	A＋轮
微瞰医疗	2017 年 5 月	250 万	天使轮
依图科技	2017 年 5 月	3.8 亿	C 轮
上工医信	2017 年 6 月	千万级	Pre-A
迪英加科技	2017 年 6 月	1 500 万	天使轮
健培科技	2017 年 6 月	数千万	A 轮
雅森科技	2017 年 7 月	数千万	A＋轮
智成科技	2017 年 7 月	200 万（美元）	天使轮
医拍智能	2017 年 8 月	数千万	A＋轮
柏视医疗	2017 年 10 月	数千万	天使轮
汇医慧影	2017 年 10 月	2 亿	B 轮
深睿医疗	2017 年 11 月	1.5 亿	A 轮
杰杰科技	2017 年 12 月	数千万	A＋轮
Pere Doc	2017 年 12 月	3 000 万	天使轮

第六章 文献专利

 ## 一、论文情况

（一）年度趋势

2008～2017 年，全球和中国生命科学论文数量均呈现显著增长的态势。2017 年，全球共发表生命科学论文 635 512 篇，相比 2016 年增长了 0.47%，10 年的复合年均增长率达到 2.98%[428]。

中国生命科学论文数量在 2008～2017 年的增速高于全球增速。2017 年中国发表论文 107 181 篇，比 2016 年增长了 10.56%，10 年的复合年均增长率达16.33%，显著高于国际水平。同时，中国生命科学论文数量占全球的比例也从2008 年的 5.63% 提高到 2017 年的 16.87%（图 6-1）。

（二）国际比较

1. 国家排名

2017 年，美国、中国、英国、德国、日本、意大利、法国、加拿大、澳大利亚和西班牙发表的生命科学论文数量位居全球前 10 位，同时，这 10 个国家在近 10 年（2008～2017 年）及近 5 年（2013～2017 年）发表论文总数的排名

---

428 数据源为 ISI 科学引文数据库扩展版（ISI Science Citation Expanded），检索论文类型限定为研究型论文（article）和综述（review）。

图 6-1 2008～2017 年国际及中国生命科学论文数量

中也均位居前 10 位。其中，美国始终以显著优势位居全球首位。中国在 2008年位居全球第 5 位，2010 年升至第 4 位，2011 年则进一步升至第 2 位，此后一直保持全球第 2 位。中国在 2008～2017 年 10 年间共发表生命科学论文 632 398篇，其中 2013～2017 年和 2017 年分别发表 432 840 篇和 107 181 篇，占 10 年总论文量的 68.44% 和 16.95%，表明近年来我国生命科学研究发展明显加速（表 6-1、图 6-2）。

表 6-1 2008～2017 年、2013～2017 年及 2017 年生命科学论文数量前 10 位国家

排名	2008～2017 年		2013～2017 年		2017 年	
	国家	论文数量 / 篇	国家	论文数量 / 篇	国家	论文数量 / 篇
1	美国	1 809 276	美国	948 372	美国	192 605
2	中国	632 398	中国	432 840	中国	107 181
3	英国	466 209	英国	247 513	英国	51 684
4	德国	433 906	德国	228 083	德国	46 661
5	日本	357 067	日本	178 198	日本	35 946
6	意大利	286 944	意大利	156 810	意大利	32 312
7	法国	283 782	加拿大	150 928	加拿大	31 277
8	加拿大	281 741	法国	148 047	法国	30 533
9	澳大利亚	226 754	澳大利亚	130 543	澳大利亚	27 607
10	西班牙	208 208	西班牙	113 139	西班牙	23 314

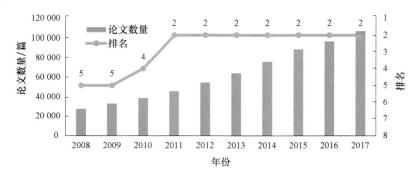

图 6-2　2008～2017 年中国生命科学论文数量的国际排名

2. 国家论文增速

2008～2017 年，我国生命科学论文的复合年均增长率[429]达到 16.33%，显著高于其他国家，位居第 2 位的澳大利亚复合年均增长率仅为 5.66%，其他国家的复合年均增长率大多处于 1%～5%。2013～2017 年，各国论文数量的增长速度均略有下降，中国的复合年均增长率为 13.75%，相比其他国家下降幅度较小，显示中国生命科学领域在近年来保持了较快的发展速度（图 6-3）。

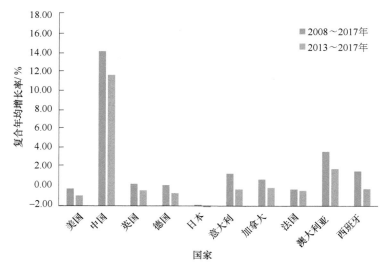

图 6-3　2008～2017 年及 2013～2017 年生命科学论文数量前 10 位国家论文增速

---

429 n 年的复合年均增长率 $= \left[\left(C_n / C_1 \right)^{1/(n-1)} - 1 \right] \times 100\%$，式中，$C_n$ 是第 n 年的论文数量，C_1 是第 1 年的论文数量。

3. 论文引用

对生命科学论文数量前 10 位国家的论文引用率[430]进行排名，可以看到，英国在 2008～2017 年及 2013～2017 年，其论文引用率分别达到 90.22% 和 84.41%，均位居首位，我国的论文引用率排第 10 位，两个时间段的引用率分别为 80.71% 和 73.74%（表 6-2）。

表 6-2　2008～2017 年及 2013～2017 年生命科学论文数量前 10 位国家的论文引用率

2008～2017 年			2013～2017 年		
排名	国家	论文引用率 /%	排名	国家	论文引用率 /%
1	英国	90.22	1	英国	84.41
2	加拿大	89.93	2	美国	83.12
3	美国	89.87	3	澳大利亚	83.08
4	意大利	89.28	4	加拿大	83.08
5	澳大利亚	89.28	5	意大利	83.03
6	德国	88.14	6	德国	81.75
7	西班牙	87.91	7	西班牙	80.99
8	日本	87.01	8	法国	80.32
9	法国	86.66	9	日本	77.59
10	中国	80.71	10	中国	73.74

（三）学科布局

利用 Incites 数据库对 2008～2017 年生物与生物化学、临床医学、环境与生态学、免疫学、微生物学、分子生物学与遗传学、神经科学与行为学、病理与毒理学、植物与动物学 9 个学科领域中论文数量排名前 10 位的国家进行了分析，比较了论文数量、篇均被引频次和论文引用率三个指标，以了解各学科领域内各国的表现（表 6-3）。

分析显示，在 9 个学科领域中，美国的论文数量均显著高于其他国家，在篇均被引频次和论文引用率方面，也均位居领先行列。中国的论文数量方面，在生物与生物化学、临床医学、环境与生态学、微生物学、分子生物学与遗传学、病理与毒理学、植物与动物学 7 个领域均位居第 2 位，在免疫学、神经科

---

430 论文引用率＝被引论文数量 / 论文总量 ×100%

表 6-3　2008~2017 年 9 个学科领域排名前 10 位国家的论文数量

生物与生物化学		临床医学		环境与生态学		免疫学		微生物		分子生物学与遗传学		神经科学与行为学		病理与药理学		植物与动物学	
国家	论文数量/篇	国家	论文数量/篇	国家	论文数量/篇	国家	论文数量/篇	国家	论文数量/篇	国家	论文数量/篇	国家	论文数量/篇	国家	论文数量/篇	国家	论文数量/篇
美国	208 878	美国	807 382	美国	119 305	美国	91 800	美国	57 289	美国	171 820	美国	187 349	美国	91 788	美国	165 986
中国	98 101	中国	216 953	中国	64 230	中国	24 558	中国	23 463	中国	68 314	德国	49 508	中国	54 887	中国	69 060
日本	53 613	英国	212 693	英国	33 279	德国	19 191	德国	15 490	英国	40 806	英国	44 277	日本	26 091	巴西	47 859
德国	53 009	德国	188 385	加拿大	28 558	英国	17 729	英国	15 337	德国	38 810	中国	38 237	英国	22 835	英国	47 450
英国	50 554	日本	162 168	德国	27 971	法国	16 225	法国	12 583	日本	28 889	加拿大	32 344	印度	22 455	德国	45 189
法国	32 614	意大利	135 956	澳大利亚	25 818	日本	12 262	日本	11 380	法国	24 939	日本	29 712	意大利	20 587	日本	37 976
印度	32 081	加拿大	123 024	西班牙	22 175	印度	12 208	印度	8 581	加拿大	22 968	意大利	28 837	德国	20 199	加拿大	36 387
加拿大	30 192	法国	117 422	法国	21 581	韩国	11 246	韩国	8 145	意大利	20 349	法国	25 429	韩国	15 662	澳大利亚	35 421
意大利	28 906	澳大利亚	104 084	意大利	16 846	巴西	10 383	巴西	7 868	西班牙	15 261	澳大利亚	19 923	法国	13 941	西班牙	32 574
韩国	24 790	荷兰	92 970	印度	15 146	加拿大	10 325	加拿大	7 856	澳大利亚	15 039	荷兰	19 707	巴西	12 147	法国	32 430

学与行为学两个领域也进入前 5 位。然而，在论文影响力方面，中国则相对落后，仅在生物与生物化学、环境与生态学、微生物学领域略优于印度，在病理与毒理学、植物与动物学领域略优于巴西（图 6-4）。

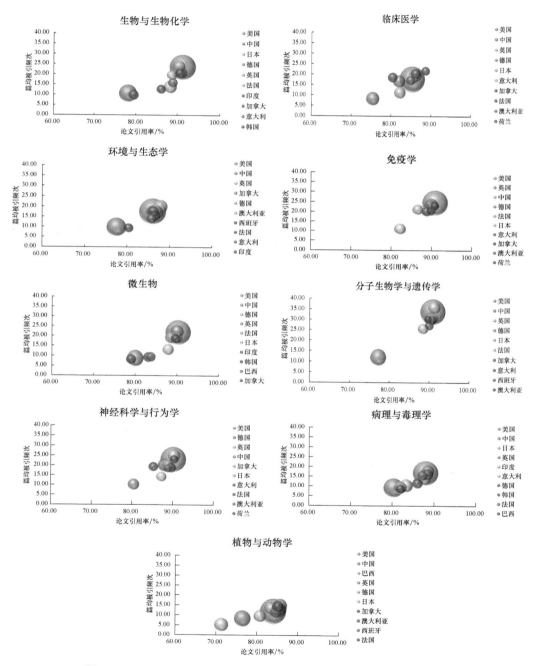

图 6-4　2008～2017 年 9 个学科领域论文数量前 10 位国家的综合表现

（四）机构分析

1. 机构排名

2017 年，全球发表生命科学论文数量排名前十的机构中，有 4 个美国机构、2 个法国机构。2008～2017 年、2013～2017 年及 2017 年的国际机构排名中，美国哈佛大学的论文数量均以显著的优势位居首位（表 6-4）。中国科学院是中国唯一进入论文数量前 10 位的机构，三个时间段分别发表论文 62 157、37 918 和 8 234 篇，其全球排名在近 10 年来显著提升，2008 年位居第 8 位，2012 年跃升至第 6 位，2015 年进一步提升至第 4 位，至 2017 年维持在第 4 位（图 6-5）。

表 6-4　2008～2017 年、2013～2017 年及 2017 年国际生命科学论文数量前 10 位机构

排名	2008～2017 年		2013～2017 年		2017 年	
	国际机构	论文数量 / 篇	国际机构	论文数量 / 篇	国际机构	论文数量 / 篇
1	美国哈佛大学	134 898	美国哈佛大学	74 978	美国哈佛大学	15 639
2	法国国家科学研究中心	83 400	法国国家科学研究中心	44 183	法国国家科学研究中心	9 335
3	法国国家健康与医学研究院	78 586	法国国家健康与医学研究院	42 540	法国国家健康与医学研究院	8 884
4	美国国立卫生研究院	71 369	中国科学院	37 918	中国科学院	8 234
5	加拿大多伦多大学	66 707	加拿大多伦多大学	36 848	加拿大多伦多大学	7 672
6	中国科学院	62 157	美国国立卫生研究院	35 132	美国约翰霍普金斯大学	6 979
7	美国约翰霍普金斯大学	58 015	美国约翰霍普金斯大学	32 679	美国国立卫生研究院	6 845
8	英国伦敦大学学院	51 986	英国伦敦大学学院	29 169	英国伦敦大学学院	6 141
9	美国宾夕法尼亚大学	47 932	美国宾夕法尼亚大学	26 565	美国宾夕法尼亚大学	5 652
10	巴西圣保罗大学	46 639	美国北卡罗纳大学	25 340	巴西圣保罗大学	5 441

在中国机构排名中，除中国科学院外，上海交通大学、复旦大学、浙江大

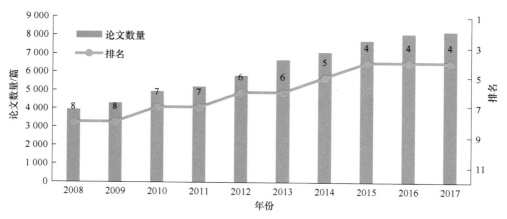

图 6-5 2008～2017 年中国科学院生命科学论文数量的国际排名

学、中山大学和北京大学也发表了较多论文，2008～2017 年间始终位居前列（表 6-5）。

表 6-5 2008～2017 年、2013～2017 年及 2017 年中国生命科学论文数量前 10 位机构

排名	2008～2017 年		2013～2017 年		2017 年	
	中国机构	论文数量/篇	中国机构	论文数量/篇	中国机构	论文数量/篇
1	中国科学院	62 157	中国科学院	37 918	中国科学院	8 234
2	上海交通大学	30 185	上海交通大学	20 355	上海交通大学	4 751
3	复旦大学	24 072	复旦大学	16 097	复旦大学	3 885
4	浙江大学	24 045	浙江大学	15 437	浙江大学	3 707
5	中山大学	22 559	中山大学	15 121	中山大学	3 698
6	北京大学	22 031	北京大学	14 060	北京大学	3 234
7	中国医学科学院 / 北京协和医学院	17 818	首都医科大学	11 844	首都医科大学	3 087
8	四川大学	17 794	中国医学科学院 / 北京协和医学院	11 730	中国医学科学院 / 北京协和医学院	2 910
9	首都医科大学	16 752	四川大学	11 619	四川大学	2 826
10	山东大学	16 034	山东大学	11 267	山东大学	2 583

2. 机构论文增速

2017 年国际生命科学论文数量位居前 10 位机构的论文增速来看，中国科学院是增长速度最快的机构，2008～2017 年及 2013～2017 年，论文的复合年均增长率分别达到 8.53% 和 5.30%（图 6-6）。

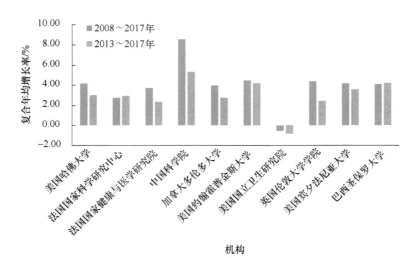

图 6-6　2017 年论文数量前 10 位国际机构在 2008～2017 年及 2013～2017 年的论文复合年均增长率

我国 2017 年论文数量前 10 位的机构中，首都医科大学的增长速度最快，2008～2017 年及 2013～2017 年的复合年均增长率分别为 19.58 和 17.33%。其次为中山大学（16.77% 和 12.11%）、复旦大学（16.04% 和 11.62%）、上海交通大学（15.52% 和 10.55%）、四川大学（15.23% 和 12.70%）等（图 6-7）。

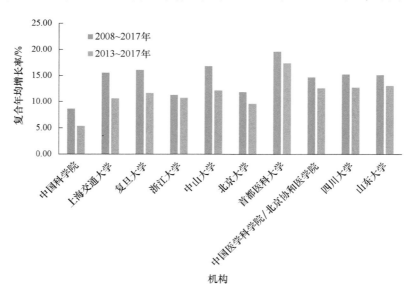

图 6-7　2017 年论文数量前 10 位中国机构在 2008～2017 年及 2013～2017 年的论文复合年均增长率

3. 机构论文引用

对 2017 年论文数量前 10 位国际机构在 2008～2017 年及 2013～2017 年

的论文引用率进行排名，可以看到美国国立卫生研究院的引用率位居首位，两个时间段的引用率分别为 93.96% 和 88.65%。中国科学院的论文引用率分别为 86.79% 和 80.24%，位居第 9 位（表 6-6）。

我国前 10 位的机构在 2008～2017 年的论文引用率差异较小，大都在 80%～85% 范围内，2013～2017 年则大都在 70%～80% 范围内。中国科学院和北京大学在两个时间段内的引用率均位居前两位（表 6-7）。

表 6-6　2017 年论文数量前 10 位国际机构在 2008～2017 年及 2013～2017 年的论文引用率

2008～2017 年			2013～2017 年		
排名	国际机构	引用率 /%	排名	国际机构	引用率 /%
1	美国国立卫生研究院	93.96	1	美国国立卫生研究院	88.65
2	美国哈佛大学	91.83	2	美国哈佛大学	86.48
3	美国宾夕法尼亚大学	91.33	3	英国伦敦大学学院	85.83
4	英国伦敦大学学院	91.21	4	美国宾夕法尼亚大学	85.77
5	美国约翰霍普金斯大学	91.18	5	美国约翰霍普金斯大学	85.59
6	加拿大多伦多大学	90.88	6	加拿大多伦多大学	84.83
7	法国国家科学研究中心	90.56	7	法国国家健康与医学研究院	84.54
8	法国国家健康与医学研究院	90.02	8	法国国家科学研究中心	84.09
9	中国科学院	86.79	9	中国科学院	80.24
10	巴西圣保罗大学	85.03	10	巴西圣保罗大学	75.99

表 6-7　2017 年论文数量前 10 位中国机构在 2008～2017 年及 2013～2017 年的论文引用率

2008～2017 年			2013～2017 年		
排名	中国机构	引用率 /%	排名	中国机构	引用率 /%
1	中国科学院	86.79	1	中国科学院	80.24
2	北京大学	84.72	2	北京大学	77.67
3	复旦大学	83.66	3	上海交通大学	76.78
4	上海交通大学	83.41	4	复旦大学	76.77
5	中山大学	83.39	5	中山大学	76.62
6	浙江大学	82.83	6	浙江大学	75.21
7	中国医学科学院 / 北京协和医学院	82.58	7	中国医学科学院 / 北京协和医学院	75.17
8	四川大学	81.20	8	山东大学	73.94
9	山东大学	80.72	9	四川大学	73.48
10	首都医科大学	78.08	10	首都医科大学	71.10

二、专利情况

（一）年度趋势[431]

2017 年，全球生命科学和生物技术领域专利申请数量和授权数量分别为 106 454 件和 46 918 件，申请数量比 2016 年增长了 6.40%，授权数量比 2016 年下降了 1.78%。2017 年，中国专利申请数量和授权数量分别为 32 879 件 和 11 212 件，申请数量比 2016 年增长了 24.17%，授权数量比 2016 年下降了 2.73%，占全球数量比值分别为 30.89% 和 23.90%。2008 年以来，中国专利申请数量和授权数量呈总体上升趋势（图 6-8）。

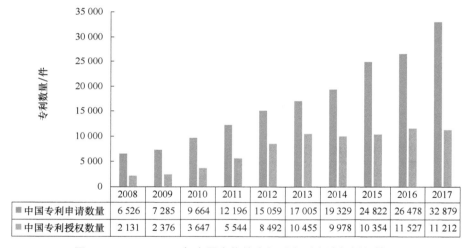

	2008	2009	2010	2011	2012	2013	2014	2015	2016	2017
中国专利申请数量	6 526	7 285	9 664	12 196	15 059	17 005	19 329	24 822	26 478	32 879
中国专利授权数量	2 131	2 376	3 647	5 544	8 492	10 455	9 978	10 354	11 527	11 212

图 6-8 2008～2017 年中国生物技术领域专利申请与授权情况

在 PCT 专利申请方面，自 2008 年以来，中国申请数量逐渐攀升，2009～ 2012 年和 2015～2017 年迅速增长。2017 年，中国 PCT 专利申请数量达到 885

---

431 专利数据以 Innography 数据库中收录的发明专利（以下简称"专利"）为数据源，以世界经济合作组织（OECD）定义生物技术所属的国际专利分类号（international patent classification，IPC）为检索依据，基本专利年（Innography 数据库首次收录专利的公开年）为年度划分依据，检索日期：2018 年 5 月 20 日（由于专利申请审批周期以及专利数据库录入迟滞等原因，2016～2017 年数据可能尚未完全收录，仅供参考）。

件，较 2016 年增长了 32.29%（图 6-9）。

从我国申请/授权专利数量全球占比情况的年度趋势（图 6-10、图 6-11）可以看出，我国在生物技术领域对全球的贡献和影响越来越大。我国的申请/授权专利数量全球占比分别从 2008 年的 9.52% 和 8.85% 逐步攀升至 2017 年的 30.89% 和 23.90%。其中，申请专利全球占比稳步增长，授权专利全球占比在 2009～2013 年迅速增加。

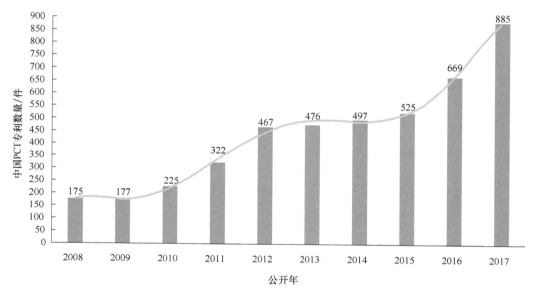

图 6-9 2008～2017 年中国生物技术领域申请 PCT 专利年度趋势

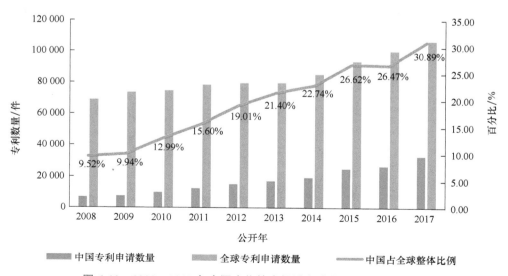

图 6-10 2008～2017 年中国生物技术领域申请专利全球占比情况

图 6-11　2008～2017 年中国生物技术领域授权专利全球占比情况

（二）国际比较

2017 年，全球生物技术专利申请数量和授权数量位居前 5 名的国家分别是美国、中国、日本、韩国和德国。同时这 5 个国家在 2008～2017 年及 2013～2017 年的排名中也均位居前 5 位（表 6-8）。自 2010 年以来，我国专利申请数量维持在全球第 2 位；自 2011 年以来，我国专利授权数量牢牢占据全球第 2 名。

表 6-8　专利申请 / 授权数量国家排名 Top 10　　　　　　（单位：件）

排名	2008～2017 年专利申请情况		2008～2017 年专利授权情况		2013～2017 年专利申请情况		2013～2017 年专利授权情况		2017 年专利申请情况		2017 年专利授权情况	
1	美国	309 921	美国	130 804	美国	162 158	美国	76 288	美国	34 773	美国	16 878
2	中国	171 243	中国	75 716	中国	120 513	中国	53 526	中国	32 879	中国	11 212
3	日本	75 003	日本	41 831	日本	35 329	日本	21 432	日本	8 252	韩国	3 718
4	德国	35 856	韩国	21 845	韩国	21 295	韩国	14 820	韩国	4 801	日本	3 684
5	韩国	35 117	德国	13 991	德国	16 137	德国	7 197	德国	3 182	德国	1 486
6	英国	25 075	英国	10 405	英国	12 310	法国	5 786	英国	2 777	法国	1 212
7	法国	23 791	法国	10 355	法国	11 718	英国	5 347	法国	2 295	英国	1 095
8	澳大利亚	13 244	澳大利亚	6 140	澳大利亚	6 761	澳大利亚	3 739	荷兰	1 090	澳大利亚	618
9	加拿大	12 949	加拿大	5 376	加拿大	5 770	加拿大	2 809	澳大利亚	1 073	加拿大	565
10	荷兰	10 144	丹麦	4 081	荷兰	4 952	荷兰	2 233	加拿大	1 063	荷兰	519

2017 年，从数量来看，PCT 专利数量排名前 5 位分别为美国、日本、中国、韩国和德国。2008～2017 年，美国、日本、德国、中国和韩国位居 PCT 专利申请数量的前 5 位（表6-9）。通过近 5 年与近 10 年的数据对比发现，中国的专利质量有所上升。

表 6-9　PCT 专利申请数量全球排名 Top10 国家　　　　　　（单位：件）

排名	国家	2008～2017 年 PCT 专利申请数量	国家	2013～2017 年 PCT 专利申请数量	国家	2017 年 PCT 专利申请数量
1	美国	40 126	美国	21 274	美国	5 007
2	日本	10 878	日本	5 701	日本	1 291
3	德国	5 917	中国	3 052	中国	885
4	中国	4 418	德国	2 744	韩国	644
5	韩国	4 259	韩国	2 617	德国	577
6	法国	4 209	法国	2 223	英国	472
7	英国	3 620	英国	1 952	法国	468
8	加拿大	2 428	加拿大	1 131	加拿大	219
9	荷兰	1 944	荷兰	941	荷兰	192
10	丹麦	1 587	丹麦	802	瑞士	190

（三）专利布局

2017 年，全球生物技术申请专利 IPC 分类号主要集中在 C12Q01（包含酶或微生物的测定或检验方法）和 C12N15（突变或遗传工程；遗传工程涉及的 DNA 或 RNA，载体），这是生物技术领域中的两个通用技术（图 6-12）。此外 C07K16（免疫球蛋白，如单克隆或多克隆抗体）也是全球生物技术专利申请的一个重要领域。从我国专利申请 IPC 分布情况来看，在 C12Q01（包含酶或微生物的测定或检验方法）和 C12M01（酶学或微生物学装置）两个大类占比重较大，说明酶和微生物检测方法及研究装置是中国生物技术关注的重点。

对近 10 年（2008～2017 年）的专利 IPC 分类号进行统计分析，我国在包含酶或微生物的测定或检验方法（C12Q01）领域的分类下的专利申请数量最多。排名前 5 位中其他的 IPC 分类号分别是 C12N15（突变或遗传工程；遗传工程涉及的 DNA 或 RNA，载体）、C12M01（酶学或微生物学装置）、C12N01（微生物本身，如原生动物；及其组合物）和 C07K14（具有多于 20 个氨基酸

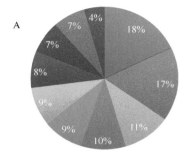

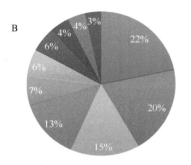

图6-12　全球（A）与我国（B）生物技术专利申请技术布局情况

的肽；促胃液素；生长激素释放抑制因子；促黑激素；其衍生物）。申请和授权专利数量前5位的国家，即美国、中国、日本、德国和韩国，其排名前10位的IPC分类号大体相同，顺序有所差异，说明各国在生物技术领域的专利布局上主体结构类似，而又各有侧重（图6-13）。

通过近10年数据（图6-13）与近5年数据（图6-14）的对比发现，我国在C12M01（酶学或微生物学装置）方面的专利申请比重有所增加；美国增

图6-13　2008～2017年我国专利申请技术布局情况及与其他国家的比较

A. 美国；B. 中国；C. 日本；D. 德国；E. 韩国

加了在 C07K16（免疫球蛋白，如单克隆或多克隆抗体）领域的投入；日本在 C12N01（微生物本身，如原生动物；及其组合物）和 C07K16（免疫球蛋白，如单克隆或多克隆抗体）方面的研发有所加强；德国对 C07K16（免疫球蛋白，如单克隆或多克隆抗体）和 C07K14（具有多于 20 个氨基酸的肽；促胃液素；生长激素释放抑制因子；促黑激素；其衍生物）方面的投入有所增长；韩国侧重了 C12Q01（包含酶或微生物的测定或检验方法）方向的研究（表 6-10）。

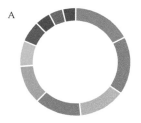

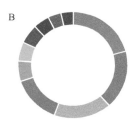

图 6-14　2013～2017 年我国专利申请技术布局情况及与其他国家的比较

A. 美国；B. 中国；C. 日本；D. 德国；E. 韩国

表 6-10　上文出现的 IPC 分类号及其对应含义

IPC 分类号	含义
A01H01	改良基因型的方法
A01H04	通过组织培养技术的植物再生
A61K31	含有机有效成分的医药配制品
A61K38	含肽的医药配制品
A61K39	含有抗原或抗体的医药配制品
C07K14	具有多于 20 个氨基酸的肽；促胃液素；生长激素释放抑制因子；促黑激素；其衍生物
C07K16	免疫球蛋白，如单克隆或多克隆抗体

IPC 分类号	含义
C12M01	酶学或微生物学装置
C12N01	微生物本身，如原生动物；及其组合物
C12N05	未分化的人类、动物或植物细胞，如细胞系；组织；它们的培养或维持；其培养基
C12N09	酶，如连接酶
C12N15	突变或遗传工程；遗传工程涉及的 DNA 或 RNA，载体
C12P07	含氧有机化合物的制备
C12Q01	包含酶或微生物的测定或检验方法
G01N33	利用不包括在 G01N 1/00 至 G01N 31/00 组中的特殊方法来研究或分析材料

（四）竞争格局

1. 中国专利布局情况

由我国生物技术专利申请 / 授权的国家、地区或组织分布情况（表 6-11、表 6-12）可以看出，我国申请并获得授权的专利主要集中在大陆地区。此外，我国也向世界知识产权组织（WIPO）、美国、欧洲、日本和韩国等国家、地区或组织提交了生物技术专利申请，但获得授权的专利数量较少，这说明我国还需要进一步加强专利国际化布局。

表 6-11　2008～2017 年我国生物技术专利申请的国家、地区或组织[432]　（单位：件）

国家 / 地区 / 组织	数量	国家 / 地区 / 组织	数量	国家 / 地区 / 组织	数量	国家 / 地区 / 组织	数量
中国	160 225	韩国	592	墨西哥	123	新西兰	33
世界知识产权组织	4 418	加拿大	415	俄罗斯	111	中国香港	29
美国	2 267	澳大利亚	321	印度	101	乌拉圭	26
欧洲专利局	1 168	中国台湾	245	新加坡	67	欧亚专利组织	23
日本	716	巴西	167	阿根廷	53	菲律宾	23

432 表中所列为排名前 20 的国家、地区或组织，"中国"数据不包括港澳台，中国台湾地区、香港特别行政区在数据统计中单独列出，表 6-12 至表 6-15 不再赘述。

表 6-12 2008～2017 年我国生物技术专利授权的国家、地区或组织 （单位：件）

国家 / 地区 / 组织	数量	国家 / 地区 / 组织	数量	国家 / 地区 / 组织	数量	国家 / 地区 / 组织	数量
中国	73 130	韩国	138	英国	9	挪威	4
美国	1 142	加拿大	134	南非	6	摩洛哥	3
欧洲专利局	469	中国台湾	104	欧亚专利组织	6	匈牙利	2
日本	349	墨西哥	17	西班牙	4	瑞士	2
澳大利亚	176	巴西	10	波兰	4	沙特阿拉伯	2

2. 在华专利竞争格局

从近十年来中国受理 / 授权的生物技术专利所属国家、地区或组织分布情况可以看出（表 6-13、表 6-14），我国生物技术专利的受理对象仍以本国申请为主，美国、日本、英国、韩国等国家或地区紧随其后；而我国生物技术专利的授权对象集中于中国大陆，美国、日本、英国和韩国分别位列第 2～5 位，上述国家的专利权人在我国获得授权的专利数量分别达到了中国授权专利总量的 9.14%、3.34%、0.84% 和 0.81%。这说明，美国、日本和欧洲等科技强国或地区对我国市场十分重视，因此在中国展开技术布局。

表 6-13 2008～2017 年中国受理的生物技术专利所属国家、地区或组织 （单位：件）

国家 / 地区 / 组织	数量	国家 / 地区 / 组织	数量	国家 / 地区 / 组织	数量	国家 / 地区 / 组织	数量
中国	160 225	德国	848	瑞士	291	中国台湾	184
美国	20 550	法国	763	瑞典	260	比利时	152
日本	4 763	澳大利亚	469	意大利	257	新加坡	143
英国	1 525	丹麦	453	印度	254	加拿大	125
韩国	1 439	荷兰	308	西班牙	185	芬兰	108

表 6-14 2008～2017 年中国授权的生物技术专利所属国家、地区或组织 （单位：件）

国家 / 地区 / 组织	数量	国家 / 地区 / 组织	数量	国家 / 地区 / 组织	数量	国家 / 地区 / 组织	数量
中国	73 130	德国	470	印度	133	中国台湾	78
美国	8 305	法国	434	瑞典	131	芬兰	63
日本	3 030	丹麦	326	荷兰	129	加拿大	60
英国	761	澳大利亚	224	瑞士	91	古巴	59
韩国	739	意大利	137	西班牙	89	俄罗斯	46

三、知识产权案例分析——PD-1/PD-L1 单克隆抗体药物

（一）PD-1/PD-L1 单克隆抗体是全球专利布局的重点领域

1. PD-1/PD-L1 单抗专利申请数量持续增长

PD-1（programmed cell death protein，程序性死亡受体 -1）是人类免疫 T 细胞表面的一种受体蛋白。PD-1 蛋白在人体内主要在 T 细胞、B 细胞前体和巨噬细胞等表面分布，同时与两种配体结合，分别名为 PD-L1 和 PD-L2。PD-L1 在 20%～50% 人群的肿瘤细胞中有所表达，通过激活 PD-1 通路，最终导致相关免疫细胞程序性凋亡，抵抗免疫细胞对肿瘤细胞的清除作用。抗 PD-1 和 PD-L1 单克隆抗体特异性地结合 PD-1 或者 PD-L1，占据两者的相互作用位点，从而阻断癌细胞通过其表面 PD-L1 对 T 细胞的免疫抑制，进而使 T 细胞发挥正常水平的免疫反应并清除癌细胞，肿瘤免疫疗法正是基于这一原理。2013 年美国 *Science* 杂志将以靶向 PD-1 及其配体 PD-L1 的单抗药物为代表的肿瘤免疫疗法评为全球十大科学突破性技术的榜首。与常规化疗相比，免疫疗法对正常细胞毒性较低，不易产生耐药性，而且客观缓解率也较高。该类药物还可以同其他肿瘤疗法包括化疗、放疗、靶向治疗药物、治疗性疫苗联合使用，具有巨大的应用潜力。

目前，全球共有 5 个 PD-1/PD-L1 类药物上市，分别是 Opdivo（BMS，2014/12/22）、Keytruda（默沙东，2014/9/4）、Tecentriq（罗氏，2016/5/18）、Imfinzi（阿斯利康，2017/5/1）、Bavencio（默克 / 辉瑞，2017/5/9）。据花旗银行预测，2020 年 PD-1/PD-L1 抗体全球市场规模将达到 350 亿美元。

专利能够在某些方面反映目前研究的重点领域和发展方向。因此，本书的知识产权案例分析部分以 PD-1 单克隆抗体药物为突破口，研究以 PD-1/PD-L1 为靶点的单克隆抗体药物的专利申请的现状及转让、诉讼情况，反映知识产权在生物技术的发展和布局中的重要性，以及对生物产业的影响。

利用 Incopat 数据库对全球关于 PD-1/PD-L1 单克隆抗体的专利申请进行检索，截止日期为 2018 年 5 月 4 日，共检索到 2 265 篇全球专利文献，共 699 个 inpadoc 专利族。

从专利趋势来看，PD-1 单抗研究领域从 2000 年开始出现专利申请，在 2005～2010 年申请量维持稳定，自 2010 年开始，专利申请量增长速度显著加快，目前正处于技术上升期，2015 年专利量达到最高值，为 551 件（图 6-15）。考虑到专利申请到专利公开的 18 个月以及专利数据录入的延迟，2016 年与 2017 年的数据参考意义不大。值得注意的是，虽然第一件 PD-1/PD-L1 的专利申请于 2000 年，但第一件与 PD-1 相关的专利申请于 1992 年，该年日本京都大学教授本庶佑应用削减杂交技术于小鼠凋亡的细胞杂交瘤中首次发现了存在于 T 细胞表面的 PD-1 蛋白，开启了对 PD-1 靶点研究的先河。同年，日本的本庶佑和小野制药合作申请了专利 JP04169991 和 JP2001357749，至此，PD-1 的相关研究拉开了序幕，而对于 PD-1 用于肿瘤药物的开发尚在探索阶段。1999 年，中国科学家陈列平教授发现了存在于肿瘤细胞表面的 B7-H1（也叫 PD-L1）蛋白，发现肿瘤表面大量表达该蛋白后会导致淋巴细胞对肿瘤的杀伤力减弱，这个关键的发现奠定了 PD-1 抑制剂用于肿瘤免疫治疗的基础，直接推动了 PD-1 和 PD-L1 抗体这些划时代药物的研发进程，促使了 1999 年后 PD-1/

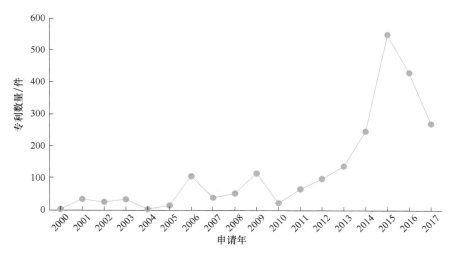

图 6-15　全球 PD-1/PD-L1 单抗领域专利申请年分布

数据来源：Incopat 专利数据库

PD-L1 单抗领域专利的发展。2010 年后，PD-1/PD-L1 抗体药物的研发渐入佳境，多项临床研究结果证明靶向作用于 PD-1 和 PD-L1 的 T 细胞检查点抑制剂，对多种癌症具有治疗效果。随着 Opdivo、Keytruda 等单抗药物的陆续上市，该领域的前景看好，更多的机构与研究人员加入到 PD-1/PD-L1 单抗药物的研究中，推动 2010 年后该领域专利的飞速发展。

2. 日本、美国和中国是 PD-1/PD-L1 单抗专利最主要的布局国家

日本、美国、中国是 PD-1/PD-L1 单抗专利最主要的布局国家（表 6-15）。日本可以说是该技术的起源国，PD-1 是由日本京都大学教授本庶佑发现。2005年，日本小野药品工业株式会社（Ono）和美国 Medarex 制药共同合作开发 Nivolumab，后又被美国百时美施贵宝（BMS）公司收购，因此日本在该领域有着技术先发优势。美国在 PD-1/PD-L1 领域已有多个药物上市或进入临床，美国的机构与企业在生物制药领域一直领跑全球，在 PD-1/PD-L1 领域同样有着较多的成果产出。中国是第三大 PD-1/PD-L1 单抗专利申请国，其原因除了我国研发能力与技术水平的不断提升，还源于我国是全球生物医药最大也是最重要的市场之一，因此，在我国的专利布局对于专利权人技术商业价值的保护非常重要。

表 6-15　全球 TOP10 PD-1/PD-L1 单抗专利申请国家、地区或组织分布情况

排名	申请国家、地区或组织	专利数量 / 件	排名	申请国家、地区或组织	专利数量 / 件
1	日本	402	6	澳大利亚	151
2	世界知识产权组织	354	7	韩国	136
3	美国	317	8	加拿大	112
4	中国	283	9	中国台湾	51
5	欧洲专利局	252	10	印度	50

数据来源：Incopat 专利数据库

3. 企业是 PD-1/PD-L1 单抗专利申请的主体

从以 PD-1/PD-L1 为靶点的单抗药物专利申请人的分布情况看，申请量较多的几个机构或企业分别为：美国基因泰克公司 129 件（罗氏收购），百时美施贵宝公司 105 件，奥瑞基尼探索技术有限公司 98 件，Dana-Farber 癌症研究所

86 件，美国默沙东公司 81 件，美国生物技术公司 Amplimmune 68 件（阿斯利康收购），埃默里大学 57 件，霍夫曼罗氏有限公司 11 件，小野药品工业株式会社 49 件，哈佛大学 46 件。从这个排名可以看出，排名靠前的申请人均为国外的申请人，除了一家日本公司外，其余都是美国的公司。这也验证了在新药研发领域，美国具有极为显著的优势；同时也可以看出，针对 PD-1/PD-L1 单抗药物的研发与专利申请是以企业为主体，以保护市场为目的。基因泰克、百时美施贵宝、默沙东以及小野药品工业株式会社等拥有上市或在研产品的公司均位列申请量的前十名（图 6-16）。

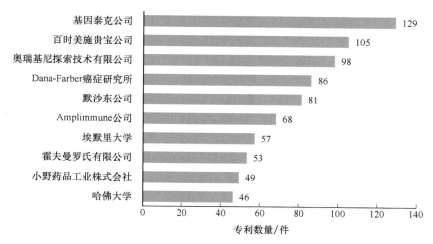

图 6-16 全球 TOP10 PD-1/PD-L1 单抗专利申请人排名

数据来源：Incopat 专利数据库

4. 国外申请人对我国 PD-1/PD-L1 单抗领域进行重点布局

截至 2017 年 12 月 31 日，共有 257 件 PD-1/PD-L1 单抗领域的专利在我国申请，且我国该领域的专利申请呈现持续上升的趋势，2016 年申请数量达到了 73 件，为专利申请数最高的年份（图 6-17）。我国是一个"癌症大国"，癌症发病人数居世界首位，据我国国家癌症中心发布的《2017 中国癌症报告》，我国癌症患者总数占全球四成，每天确诊的新癌症患者高达 1 万人。PD-1/PD-L1 单抗首先针对的就是癌症的患者，因此我国作为全球最大的癌症药物市场是 PD-1/PD-L1 单抗最重要的布局地区之一。

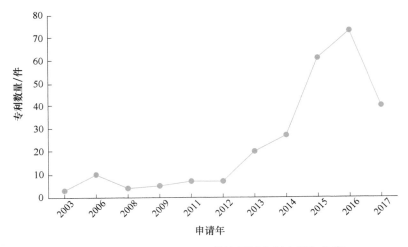

图 6-17　我国 PD-1/PD-L1 单抗领域专利申请年分布

数据来源：Incopat 专利数据库

　　分析对我国 PD-1/PD-L1 单抗领域进行专利布局的企业，发现除了恒瑞医药外，前 10 位的专利权人全部是国外的机构与企业，一方面再次验证我国在该领域专利布局中的重要地位，另一方面说明我国机构与企业在该领域的专利保护与国外相比还有较大差距（图 6-18）。由此可见，我国机构与企业除了加强研究能力，对于知识产权的布局和保护意识也有待进一步提升，才可避免在自主研究成果商业化后受到国外专利的限制。

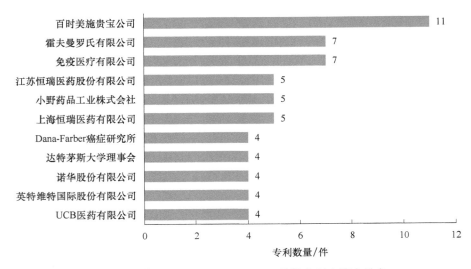

图 6-18　我国 TOP10 PD-1/PD-L1 单抗专利申请人排名

（二）PD-1/PD-L1 单抗领域专利诉讼与专利交易高度活跃

1. PD-1/PD-L1 单抗领域专利之战方兴未艾

对 PD-1/PD-L1 单抗领域的专利诉讼情况进行调研，Incopat 数据库显示共有 5 件专利涉及诉讼（因为 USPTO 的专利诉讼情况可获取，所以数据库主要针对美国专利的诉讼情况进行统计），申请号为 US10519925、US12959307、US14245692、US14550585 与 US14638985（表 6-16）。而这五件专利归属于同一个专利族，这个专利族的基本专利申请于 2005 年 1 月 3 日，名称为"一种通过抑制产生免疫抑制信号的 PD-1 治疗癌症的方法"。该专利由全球最早开展 PD-1/PD-L1 单抗研究的小野药品工业株式会社申请，从内容来看该专利要求保护一种癌症的治疗方法。该方法通过对 PD-L1 或 PD-L2 过表达的癌症患者体内注射 PD-1 抗体进行治疗，保护范围很广，是该领域重要的核心专利，很多进行 PD-1 抗体研发的企业很难绕过该专利，因此，该专利族的相关技术是该领域企业争夺的焦点。从涉案企业来看，除了专利权人小野药品工业株式会社，还包括百时美施贵宝、Dana-Farber 癌症研究所、默沙东、阿斯利康与基因泰克，这些企业均是该领域的佼佼者。百时美施贵宝因获得小野药品工业株式会社 PD-1 抗体技术独占许可而率先上市的 PD-1 免疫疗法 Opdivo 在领域内的竞争中遥遥领先，在这场专利之战中也始终与小野药品工业株式会社"荣辱与共"，守护自己在该领域的霸主地位。默克、阿斯利康与基因泰克在该领域均有相关的产品上市，是否能够绕开相关的核心专利或将该专利无效意味着自己是否可以免于支付高额的许可费用，从而使上市产品的利益最大化。从案件时间上来看，相关诉讼起始于 2014 年 9 月 5 日，直至 2017 年 7 月 26 日各方仍为相关技术的权利争夺不休，可见知识产权保护在生物医药产品研发中的重要地位。

表 6-16　全球 PD-1/PD-L1 单抗专利诉讼情况

申请号	申请日	专利名称	专利权人	专利诉讼信息
US10519925	2005 年 1 月 3 日	一种通过抑制产生免疫抑制信号的 PD-1 治疗癌症的方法	小野药品工业株式会社	2015 年 9 月 25 日，该专利作为被告百时美施贵宝、小野药品工业株式会社的涉案专利进入专利诉讼，原告为 Dana-Farber 癌症研究所
				2017 年 7 月 26 日，该专利作为原告百时美施贵宝、小野药品工业株式的涉案专利进入专利诉讼，被告为默沙东、阿斯利康与基因泰克
US12959307	2010 年 12 月 2 日	具有免疫增强效果的组合物	小野药品工业株式会社	2014 年 9 月 5 日，该专利作为原告百时美施贵宝、小野药品工业株式的涉案专利进入专利诉讼，被告为默沙东
				2015 年 6 月 30 日，该专利作为原告百时美施贵宝、小野药品工业株式的涉案专利进入专利诉讼，被告为默沙东
				2015 年 7 月 7 日，该专利作为原告百时美施贵宝、小野药品工业株式会社的涉案专利进入专利诉讼，被告为默沙东
				2015 年 9 月 25 日，该专利作为被告百时美施贵宝、小野药品工业株式会社的涉案专利进入专利诉讼，原告为 Dana-Farber 癌症研究所
				2016 年 4 月 15 日，该专利作为被告百时美施贵宝、小野药品工业株式会社的涉案专利进入专利诉讼，原告为默沙东
				2017 年 7 月 26 日，该专利作为原告百时美施贵宝、小野药品工业株式会社的涉案专利进入专利诉讼，被告为默沙东、阿斯利康与基因泰克
US14245692	2014 年 4 月 4 日	具有免疫增强效果的组合物	小野药品工业株式会社	1.2017 年 7 月 26 日，该专利作为原告百时美施贵宝、小野药品工业株式会社的涉案专利进入专利诉讼，被告为默沙东、阿斯利康与基因泰克
US14550585	2014 年 11 月 21 日	具有免疫增强效果的组合物	小野药品工业株式会社	2015 年 7 月 7 日，该专利作为原告百时美施贵宝、小野药品工业株式会社的涉案专利进入专利诉讼，被告为默沙东
				2015 年 9 月 25 日，该专利作为被告百时美施贵宝、小野药品工业株式会社的涉案专利进入专利诉讼，原告为 Dana-Farber 癌症研究所
				2016 年 4 月 15 日，该专利作为被告百时美施贵宝、小野药品工业株式会社的涉案专利进入专利诉讼，原告为默沙东
US14638985	2015 年 6 月 30 日	具有免疫增强效果的组合物	小野药品工业株式会社	2015 年 6 月 30 日，该专利作为原告百时美施贵宝、小野药品工业株式会社的涉案专利进入专利诉讼，被告为默沙东
				2015 年 9 月 25 日，该专利作为被告百时美施贵宝、小野药品工业株式会社的涉案专利进入专利诉讼，原告为 Dana-Farber 癌症研究所
				2016 年 4 月 15 日，该专利作为被告百时美施贵宝、小野药品工业株式会社的涉案专利进入专利诉讼，原告为默沙东

2. PD-1/PD-L1 重磅药物引发专利交易热潮

对 PD-1/PD-L1 单抗领域的专利交易情况进行分析，Incopat 数据库显示共有 274 件专利涉及专利交易，包括专利转让与专利许可（因为 USPTO 与 SIPO 的专利转让与专利许可情况可获取，因此数据库主要针对美国和中国专利的转让与许可情况进行统计），其中美国专利 249 件，中国专利 25 件。PD-1/PD-L1 单抗领域的专利交易起始于 2000 年，第一件转让来自于 2000 年 12 月 7 日与 12 月 13 日，由该专利的原始专利权人 Wood Clive 与 Freeman Gordon J. 将其专利 "采用 PD-1 多价抗体进行免疫应答负调节的方法"（申请号为 US09645069）分别转让给基因泰克公司和 Dana-Farber 癌症研究所。2000 年之后，该领域的专利交易如火如荼地展开，特别是 2016 年，发生专利交易的专利数量达到 72 件，是迄今为止数量最高的年份（图 6-19）。可见虽然 PD-1/PD-L1 单抗的治疗尚处于起步阶段，但已成为企业纷纷抢占的技术高地，企业与机构纷纷在该领域提前布局，争得先机。

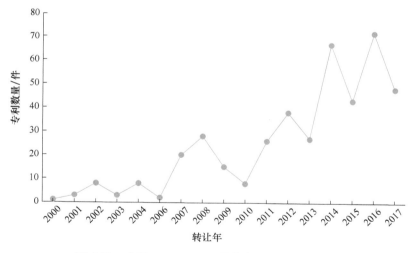

图 6-19　全球 PD-1/PD-L1 单抗专利交易年度分布

数据来源：Incopat 专利数据库

对涉及 PD-1/PD-L1 单抗领域专利交易的企业、机构与个人进行分析，发现 PD-1/PD-L1 单抗领域专利交易的权利授予方一般是该领域药物的原研企业与个人。从形式来看，个人会选择把专利完全地转让给公司所有，而企业则会选择让权力接受方成为共同专利权人或者只是将专利的使用权许可给对方，而仍然保留自己对专利的所有权。以 Medarex 公司为例，Medarex 公司排在权利授予方第一位，其原因一方面在于其公司名称发生了更改（从 Medarex Inc. 到 Medarex L.L.C.），后又被 E. R. Squibb & Sons 公司收购，而该公司为百时美施贵宝的子公司，因此在专利所有权上因为公司结构的调整发生了多项变更；另一方面 Medarex 是最早研发 PD-1/PD-L1 单抗药物的企业，拥有该领域的核心专利，该公司的 35 项专利中，有 15 项转让给小野药品工业株式会社，但仅仅转让给其 50% 的专利权，由此可见原研企业对于其有价值的核心专利的保护程度。从权利接受方来看，相关的企业与机构包括因收购而获得 Medarex 相关核心专利的百时美施贵宝子公司 E. R. Squibb & Sons，通过获得专利许可用于疾病治疗研究的美国国立卫生研究院（NIH）、美国健康与人类服务部（HHS），在该领域进行广泛布局的百时美施贵宝、小野药品工业株式会社以及默克、默沙东等医药巨头（表 6-17）。

表 6-17　全球 TOP15 PD-1/PD-L1 单抗专利交易权利授予方和权利接受方

排名	权利授予方	专利数量 / 件	权利接受方	专利数量 / 件
1	Medarex Inc.	35	E. R. Squibb & Sons L.L.C.	35
2	Medarex L.L.C.	35	Medarex L.L.C.	35
3	Korman Alan J.	25	Medarex Inc.	32
4	Huang Haichun	24	National Institutes Of Health，U.S. Department of Health and Human Services	22
5	Srinivasan Mohan	24	Bristol-Myers Squibb Company	20
6	Wang Changyu	24	Ono Pharmaceutical Co. Ltd.	18
7	Selby Mark J.	18	Dana-Farber Cancer Institute Inc.	15
8	Cardarelli Josephine M.	15	Wyeth	11
9	Chen Bingliang	15	Medimmune Limited	10
10	Chen Bing	12	Merck Sharp & Dohme B.V.	8
11	Noelle Randolph J.	10	Msd Oss B.V.	8
12	Carreno Beatriz M.	9	N.V. Organon	8
13	Van Eenennaam，Hans	9	Organon Biosciences Nederland B.V.	8
14	Carven Gregory John	8	The Trustees Of Dartmouth College	8
15	Dana-Farber Cancer Inst	8	Cambridge Antibody Technology Limited	7

数据来源：Incopat 专利数据库

3. 国内 PD-1/PD-L1 单抗专利交易积极展开

我国 PD-1/PD-L1 单抗领域的专利交易起始于 2006 年，至 2017 年年底共有 25 项专利发生专利交易，可见 PD-1/PD-L1 单抗领域的专利布局在我国也备受重视（图 6-20）。

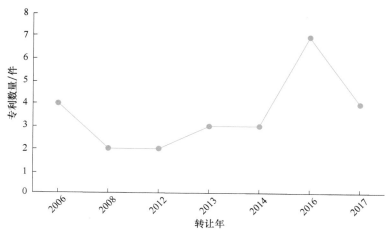

图 6-20　我国 PD-1/PD-L1 单抗专利交易年度分布

数据来源：Incopat 专利数据库

对我国 25 件发生专利交易的专利按申请号进行合并，共获得 19 件专利（表 6-18）。对这 19 件专利涉及的专利交易进行分析可以看出，部分专利交易源于公司名称调整后的专利权转移或处于技术实施目的的母公司专利权向子公司的转移，这些专利权转移后的专利权人与转移前实质上并未发生变化；而真正出现技术流动的专利交易为 13 件，相关的中国专利权人包括北京普纳生物科技有限公司、基石药业、天境生物科技（上海）有限公司、鲁南制药集团股份有限公司等，这些公司正积极地在 PD-1/PD-L1 单抗领域进行专利布局，为其在肿瘤免疫药物的研发做准备。

表 6-18　我国 PD-1/PD-L1 单抗领域发生专利交易的专利及交易情况

专利申请号	专利名称	专利交易情况
CN200680023860.0	程序性死亡受体 -1（PD-1）的人单克隆抗体及单独使用或与其他免疫治疗剂联合使用抗 PD-1 抗体来治疗癌症的方法	2014 年专利权由小野药品工业株式会社、梅达雷克斯股份有限公司（公司名称变更）向小野药品工业株式会社、梅达雷克斯有限责任公司进行转让

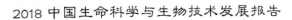

专利申请号	专利名称	专利交易情况
CN200680028238.9	抗程序性死亡配体 1（PD-L1）的人单克隆抗体	2013 年由米德列斯公司转让给梅达雷克斯有限责任公司，2015 年因公司收购由梅达雷克斯有限责任公司转让给百时美施贵宝子公司 E. R. Squibb & Sons
CN201410639719.X	抗程序性死亡配体 1（PD-L1）的人单克隆抗体	2015 年因公司收购由梅达雷克斯有限责任公司转让给百时美施贵宝子公司 E. R. Squibb & Sons
CN200880103544.3	针对人程序性死亡受体 PD-1 的抗体	2012 年由奥根农股份公司转让给 MSD 欧斯股份有限公司，2013 年 MSD 欧斯股份有限公司将其转回给奥根农生物科学荷兰有限公司后，该公司将其转让给默沙东有限责任公司
CN201280030691.9	结合 B7-H1 和 PD-1 的抗体和其他分子	2016 年由安普利穆尼股份有限公司转让给米迪缪尼有限公司
CN201310258289.2	抗 PD-1 抗体及其应用	2017 年由上海君实生物医药科技股份有限公司、苏州君盟生物医药科技有限公司转让给上海君实生物医药科技股份有限公司、苏州君盟生物医药科技有限公司、上海君实生物工程有限公司
CN201380052053.1	抗 PD-L1 和 PD-L2 双结合抗体单一试剂及其使用方法	2017 年由 Dana-Farber 癌症研究所转让给 Dana-Farber 癌症研究所、哈佛大学校长及研究员协会
CN201410369300.7	抗 PD-1 抗体及其应用	2016 年由刘劼转让给珠海市丽珠单抗生物技术有限公司
CN201480011008.6	PD-1 抗体、其抗原结合片段及其医药用途	2017 年由上海恒瑞医药有限公司、江苏恒瑞医药股份有限公司转让给上海恒瑞医药有限公司、苏州盛迪亚生物医药有限公司、江苏恒瑞医药股份有限公司
CN201610067928.0	一种 PD-1/CTLA-4 双特异性抗体的制备方法及其应用	2016 年由深圳精准医疗科技有限公司转让给杨晶
CN201610222454.2	抗免疫检查点 PD-L1 和 PD-L2 肿瘤疫苗	2018 年由生命序有限公司转让给北京普纳生物科技有限公司
CN201610222458.0	PD-L1 和 PD-L2 重组蛋白及其用途	2018 年由生命序有限公司转让给北京普纳生物科技有限公司
CN201610414226.5	PD-L1 抗体及其用途	2018 年由臧敬五转让给天境生物科技（上海）有限公司
CN201610638134.5	新型抗 PD-L1 抗体	2017 年由上海药明生物技术有限公司转让给基石药业，再由基石药业转让给基石药业（苏州）有限公司、拓石药业（上海）有限公司
CN201680003949.4	一种抗 PD-1 抗体制剂及其在医药上的应用	2017 年由江苏恒瑞医药股份有限公司、上海恒瑞医药有限公司转让给苏州盛迪亚生物医药有限公司、江苏恒瑞医药股份有限公司、上海恒瑞医药有限公司

续表

专利申请号	专利名称	专利交易情况
CN201611198440.8	抗 PD-1 抗体及其用途	2017 年由安源医药科技（上海）有限公司转让给鲁南制药集团股份有限公司
CN201710050114.0	一种药物组合物及其应用	2018 年由河南省华隆生物技术有限公司转让给河南省华隆生物技术有限公司、河南省肿瘤医院
CN201710458315.4	植物作为宿主在表达 PD-1 抗体和 / 或 PD-L1 抗体中的应用	2017 年由深圳惠升生物科技有限公司转让给北京睿诚海汇健康科技有限公司
CN201710539385.2	PD-1 敲除 CD19 CAR-T 细胞的制备	2017 年由王小平转让给苏州茂行生物科技有限公司

（三）百时美施贵宝与默沙东 PD-1 专利之争及带来的启示

1. 百时美施贵宝在 Keytruda 专利侵权案中获得胜利

百时美施贵宝对默沙东的专利侵权案是该领域最具代表性的专利案。百时美施贵宝的 Opdivo 和默沙东的 Keytruda 都是针对 PD-1 的单抗，用于治疗肿瘤相关的疾病。Opdivo 与 Keytruda 都已获得美国食品与药品监督管理总局（FDA）的批准，在某些限定条件下可用于治疗多种肿瘤相关的疾病，其中包括转移性非小细胞肺癌，不能手术切除或转移性黑色素瘤，或转移性鳞状非小细胞肺癌。

百时美施贵宝与默沙东的 PD-1 抗体药在美国的专利诉讼始于 2014 年。百时美施贵宝在 2014 到 2015 年间陆续向特拉华州联邦地区法院提交了三份起诉书，分别控告默沙东的药物侵权三个专利，专利号为 US8728474（申请号为 US12959307）、US9067999（申请号为 US14638985）、US9073994（申请号为 US14550585）。这三份专利其实来源于同一份国际专利申请 PCT/JP2003/008420。由于三个案件涉及的双方一样，且事实大多重合，地区法院的斯利特法官原定于 2017 年 4 月 3 日将三个案件交由同一陪审团进行为期 8 天的庭审。

百时美施贵宝与默沙东的诉讼从 2014 年进行到 2017 年 1 月和解前，已进入最终的庭审准备阶段。双方在宣布和解前三天向法院提交了共同起草的庭审前决议。此决议作为庭审大纲的第一稿，列出了庭审的各方面细节，包括双方都同意的事实、双方有争议的事实、双方将在法庭上出示的证据、传唤的证人等等。在此阶段，案件中的事实取证已经完成，双方已经掌握了所有与案件有关的材料和所有证人包括专家证人可能提供的证词。对于双方来说，在此阶段对案件的可能结果会有相对准确的判断，因为可以出示的证据、证人以及证人的大概证词都已经明了。此时，双方可以更好地估算各方面成本，并做出最合理的商业决定。对于此案，随着双方的和解，案件于 2017 年 1 月 23 日终结。

双方和解决定由百时美施贵宝和日本小野药品株式会社在 2017 年 1 月 20 日宣布，其和默沙东签署了全球专利许可协议，以和解所有针对 Merck 的 PD-1 抗体 Keytruda 的专利诉讼。作为协议的一部分，默沙东将首先向百时美施贵宝和日本小野药品株式会社支付 6.25 亿美元的授权费。根据协议，默沙东还要向百时美施贵宝和日本小野药品株式会社支付在 2017 年 1 月 1 日至 2023 年 12 月 31 日期间的 Keytruda 全球销售额的 6.5% 和在 2024 年 1 月 1 日至 2026 年 12 月 31 日期间 Keytruda 全球销售额的 2.5% 作为专利授权费。百时美施贵宝还宣布双方在协议下已互相授权各自与 PD-1 相关的专利集。此声明标志着百时美施贵宝与默沙东在 PD-1 抗体药领域达成全球和解，结束双方在 PD-1 抗体方向旷日持久的专利之争。在美国，百时美施贵宝与默沙东将在和解协议的条款下继续销售并研发各自的 PD-1 抗体药。

2. 百时美施贵宝通过专利对 PD-1 单抗技术展开了严密布局

Keytruda 专利侵权案以百时美施贵宝与默沙东的和解告终，BMS 和 Ono 的三个专利依然有效。这 3 个专利通过不同的权利要求分别从不同角度覆盖了 PD-1 抗体的使用。

美国专利 US8728474 的第一项权利要求为一种通过对病人施用有效剂量 PD-1 单克隆抗体治疗肿瘤的方法；美国专利 US9067999 的第一项权利要求为一种通过对病人施用含人源化 PD-1 单克隆抗体的药物组合物治疗肺癌的方法；美国专利 US9073994 第一项权利要求为通过对病人静脉注射含有效剂量的人源化 PD-1 单克隆抗体的药物组合物治疗转移性黑色素瘤的方法。从权利要求可以看出，US8728474 专利的权利要求最广，任何用 PD-1 抗体来治疗肿瘤的行为，都将被视为侵权行为；US9067999 专利主要针对肺癌；US9073994 专利主要针对恶性黑色素瘤。

虽然诉讼集中于这三个专利，但是百时美施贵宝和小野药品工业株式会社拥有的 PD-1 专利远多于三个。从最早的国际专利申请（PCT/JP2003/008420）出发，百时美施贵宝和小野药品工业株式会社在美国通过继续申请和分案申请获得了大量其他专利，如 US8168179、US7595048、US9393301、US9402899、US9439962；并且在 PCT/JP2003/008420 国际专利的说明部分列出了各种各样的肿瘤和癌，如前列腺癌、小肠癌、大肠癌、肺癌、胰腺癌、食管癌、直肠癌、子宫癌、胃癌、乳腺癌、肌原性肉瘤、白血病、神经瘤、黑色素瘤和淋巴瘤。基于专利说明中复杂的内容，百时美施贵宝也许会申请更多专利，来覆盖用 PD-1 抗体治疗不同的肿瘤和癌症。

3. 我国企业在 PD-1 单抗研发的专利布局中需"攻守兼备"

目前，已有多款 PD-1 单克隆抗体产品上市或处于临床阶段，PD-1 单抗为癌症的治疗提供了新的途径，其科技含量高、附加值大且普适性强。国外医药巨头已对该款产品进行了广泛的专利布局，而中国作为最大的市场，更是专利保护的重中之重，故此，我国医药生物企业进行研发时已经面临严峻的专利垄断局面。

目前我国生产 PD-1 单抗药物或类似药物的医药生物企业在专利战略上需要同时完成两个主要任务：既要防止外国生物制药巨头发起侵权诉讼，又要阻止国内的后来者轻易进行仿制。

首先，我国医药生物企业应增强自主研发创新意识，积极研发并拓展现有 PD-1 单抗的适应证范围，并将自主研发的单抗药物通过 PCT 途径进行专利申请，并尽可能地推迟专利公布的时间，以争取在其产品上市前 1～2 年才让公众知晓其专利技术信息，从而尽可能地降低被侵权的风险，同时还可以充分运用各国对药品专利的延长制度，最大限度地延长专利保护时间。

其次，医药生物企业在开拓美国、欧洲等国外市场时，要时刻关注相关专利的申请情况。由于外国生物制药巨头申请文件的权利要求中常常采用功能性

限定、生物来源限定等各种方式,因此合理界定该单抗药物在世界各地的保护范围就显得尤为重要。在进行充分调研后再进行申请可以最大限度地确保专利权的稳定性。

最后,虽然国外企业在 PD-1 单抗领域申请了较多的核心专利,但我国医药生物企业的知识产权部门仍可以通过对检测方法、联合用药、医药用途等外围专利的申请进行专利布局,建造牢固的专利保护体系,提高技术门槛,为自身产品争取最大的保护强度。同时可以利用"专利权无效宣告"途径来破解竞争对手的专利圈地。

附　录

2017 年度国家重点研发计划生物和医药相关重点专项立项项目清单 [433]

附表 1　国家重点研发计划"数字诊疗装备研发"重点专项拟立项的 2017 年度定向项目公示清单

序号	项目编号	项目名称	项目牵头承担单位	项目负责人	中央财政经费 / 万元	项目实施周期 / 年
1	2017YFC0113900	基于国产诊疗装备支撑的主动健康型医联体跨区域规模化应用示范	电子科技大学附属医院，四川省人民医院	邓绍平	1 845	3
2	2017YFC0114000	国产创新骨科机器人等高端诊疗装备区域应用示范	中国人民解放军总医院	何昆仑	1 967	3
3	2017YFC0114100	基于医疗"互联网＋"的国产创新医疗设备应用示范	浙江大学医学院附属第一医院	冯靖祎	1 869	3
4	2017YFC0114200	辽宁省创新诊疗装备区域应用示范	辽宁省疾病预防控制中心	潘国伟	1 274	3
5	2017YFC0114300	江苏数字创新诊疗装备应用示范研究	苏州大学附属第一医院	胡春洪	1 878	3

附表 2　国家重点研发计划"重大慢性非传染性疾病防控研究"重点专项拟立项的 2017 年度定向项目公示清单

序号	项目编号	项目名称	项目牵头承担单位	项目负责人	中央财政经费 / 万元	项目实施周期 / 年
1	2017YFC1310800	心血管病临床研究大数据与生物样本库平台	中国医学科学院阜外医院	蒋立新	1 837	4
2	2017YFC1310900	脑血管病临床研究大数据与生物样本库平台构建和关键技术研究	首都医科大学附属北京天坛医院	李子孝	1 736	4
3	2017YFC1311000	恶性肿瘤临床大数据平台及生物样本库建设研究	中国医学科学院肿瘤医院	惠周光	1 785	4
4	2017YFC1311100	精神心理疾病临床研究大数据与生物样本库平台建设	北京大学第六医院	王华丽	998	4

---

433 数据来源：国家科技管理信息系统平台。

附表 3　国家重点研发计划"生物安全关键技术研发"重点专项拟立项的 2017 年度定向项目公示清单

序号	项目编号	项目名称	项目牵头承担单位	项目负责人	中央财政经费/万元	项目实施周期/年
1	2017YFC1201200	国家生物信息平台支撑技术	国家计算机网络与信息安全管理中心	熊四皓	2 569	3
2	2017YFC1201300	青藏高原人类遗传资源样本库建设	青海大学	周琪	2 736	3

附表 4　"中医药现代化研究"重点专项 2017 年度拟立项项目公示清单

序号	项目编号	项目名称	项目牵头承担单位	项目负责人	中央财政经费/万元	项目实施周期/年
1	2017YFC1700100	气虚证辨证标准的系统研究	北京中医药大学	王伟	1 186	5
2	2017YFC1700200	基于系统生物学的中药复方配伍理论及应用研究	中国人民解放军海军军医大学	张卫东	1 946	5
3	2017YFC1700300	面向名老中医学术经验传承的关键技术和应用平台的系统化研究	中国中医科学院西苑医院	徐凤芹	922	5
4	2017YFC1700400	冠心病（心绞痛-心肌梗死-心衰）中医药防治方案的循证优化及疗效机制	北京中医药大学东直门医院	商洪才	1 984	5
5	2017YFC1700500	脉络学说营卫理论指导系统干预心血管事件链研究	河北以岭医院	贾振华	1 953	5
6	2017YFC1700600	胃肠恶性肿瘤二级预防、协同化疗与抗转移复发的中医药方案循证评价研究	中国中医科学院西苑医院	杨宇飞	1 966	5
7	2017YFC1700700	中药材生态种植技术研究及应用	中国中医科学院中药研究所	郭兰萍	1 943	5
8	2017YFC1700800	中药材外源性有毒有害物质检测及控制标准研究	上海市食品药品检验所	季申	959	5
9	2017YFC1700900	栀子等三种高品质江西道地中药材规模化种植及精准扶贫示范研究	江西中医药大学	刘红宁	667	5
10	2017YFC1701000	黄连等三种鄂产高品质道地中药材规模化种植及精准扶贫示范研究	武汉爱民制药股份有限公司	陈家春	745	5
11	2017YFC1701100	南药（阳春砂、广陈皮与巴戟天）规模化生态种植及其精准扶贫示范研究	中山大学	杨得坡	767	5
12	2017YFC1701200	辽宁高品质道地中药材五味子、石柱参和苦参规模化种植及精准扶贫示范研究	沈阳药科大学	贾景明	643	5

续表

序号	项目编号	项目名称	项目牵头承担单位	项目负责人	中央财政经费/万元	项目实施周期/年
13	2017YFC1701300	山茱萸、黄芩、白及高品质道地中药材规模化种植及精准扶贫示范研究	陕西师范大学	王喆之	800	5
14	2017YFC1701400	高品质道地中药材甘草、黄芩、金荞麦规模化种植及精准扶贫示范研究	中国中药公司	王继永	800	5
15	2017YFC1701500	高品质道地金银花、黄芩、西洋参规模化种植及精准扶贫示范研究	山东省中医药研究院	赵渤年	786	5
16	2017YFC1701600	安徽省高品质道地中药材规模化种植及精准扶贫示范研究	安徽中医药大学	彭代银	795	5
17	2017YFC1701700	太行山高品质道地药材连翘、酸枣、黄芩规模化种植及精准扶贫示范研究	石家庄以岭药业股份有限公司	高秀强	800	5
18	2017YFC1701800	道地药材川贝母、川芎、附子规模化种植及精准扶贫示范研究	四川省中医药科学院	方清茂	800	5
19	2017YFC1701900	苦参等大宗中药材的综合利用技术研究	山西振东制药股份有限公司	高慧敏	1 977	5
20	2017YFC1702000	基于器官芯片技术的中药安全性有效性评价体系	上海中医药大学	杨凌	1 898	5
21	2017YFC1702100	人参产业关键技术研究及大健康产品开发	长春中医药大学	赵大庆	1 750	5
22	2017YFC1702200	铁皮石斛大健康产品研发	浙江森宇有限公司	陈素红	1 694	5
23	2017YFC1702300	以林下山参为核心的人参中药材大品种开发	辽宁上药好护士药业（集团）有限公司	路金才	1 700	5
24	2017YFC1702400	中药肉苁蓉大品种开发与产业化	内蒙古曼德拉沙产业开发有限公司	姜勇	1 788	5
25	2017YFC1702500	三七生态种植技术与大健康产品研发及产业化	云南农业大学	杨生超	1 770	5
26	2017YFC1702600	黄连大品种开发	西南大学	李学刚	1 783	5
27	2017YFC1702700	丹参深度开发、产业升级关键技术研究和科技示范	山东沃华医药科技股份有限公司	王振国	1 000	5
28	2017YFC1702800	地黄特色中药材产业链关键技术研究	河南中医药大学	冯卫生	866	5
29	2017YFC1702900	中药材大品种——葛（葛根、粉葛）的开发	江西江中制药（集团）有限责任公司	朱卫丰	1 656	5

续表

序号	项目编号	项目名称	项目牵头承担单位	项目负责人	中央财政经费/万元	项目实施周期/年
30	2017YFC1703000	茯苓全产业链标准体系构建及产品研发	湖北省中医院	涂远超	1 464	5
31	2017YFC1703100	中药高效节能提取分离成套技术及装备研究与产业化示范	广州泽力医药科技有限公司	宋力飞	2 469	5
32	2017YFC1703200	中医药减少儿童细菌感染性疾病抗生素应用的示范研究	长春中医药大学	孙丽平	986	5
33	2017YFC1703300	中医智能舌诊系统研发	上海中医药大学	许家佗	1 759	5
34	2017YFC1703400	中药饮片智能调剂与煎煮设备关键技术研究	郑州众生实业集团有限公司	李学林	780	5
35	2017YFC1703500	中医药大数据中心与健康云平台构建	中国中医科学院	李国正	3 879	5
36	2017YFC1703600	针灸优势病种疗效评价国际合作研究	中国中医科学院中医临床基础医学研究所	何丽云	982	5
37	2017YFC1703700	面向"一带一路"国家的中医药国际合作示范研究	中国中医科学院中医临床基础医学研究所	杨龙会	915	5
38	2017YFC1703800	厄瓜多尔亚马孙地区药用植物国际合作开发研究	暨南大学	叶文才	982	5
39	2017YFC1703900	民族医药发掘整理与学术传承研究	成都中医药大学	张艺	1 938	5
40	2017YFC1704000	民族医药防治重大疾病诊疗方案及经典方剂安全性有效性评价研究	中央民族大学	再帕尔·阿不力孜	1 796	5

附表 5 "食品安全关键技术研发"重点专项 2017 年度拟立项项目公示清单

序号	项目编号	项目名称	项目牵头承担单位	项目负责人	中央财政经费/万元	项目实施周期/年
1	2017YFC1600100	重要食源性致病菌耐药机制及传播规律研究	上海交通大学	施春雷	2 980	5
2	2017YFC1600200	食品典型污染物及潜在风险物质危害识别与毒性作用模式研究	复旦大学	屈卫东	2 075	5
3	2017YFC1600300	主要畜禽产品中关键危害物迁移转化机制及安全控制机理研究	中国农业科学院农业质量标准与检测技术研究所	苏晓鸥	2 141	5
4	2017YFC1600400	食品加工与食品安全的互作关系与调控基础研究	江南大学	陈坚	2 239	5

序号	项目编号	项目名称	项目牵头承担单位	项目负责人	中央财政经费/万元	项目实施周期/年
5	2017YFC1600500	食品污染物暴露组解析和总膳食研究	国家食品安全风险评估中心	李敬光	2 679	5
6	2017YFC1600600	粮油食品供应链危害物识别与防控技术研究	合肥工业大学	郑磊	2 510	5
7	2017YFC1600700	水产品全链条关键危害物的迁移转化规律与安全防控技术研究	中国水产科学研究院	翟毓秀	2 042	5
8	2017YFC1600800	食品腐败变质以及霉变环境影响因素的智能化实时监测预警技术研究	江苏大学	王殿轩	2 202	5
9	2017YFC1600900	食品中生物源危害物阻控技术及其安全性评价	中国农业科学院农产品加工研究所	刘阳	2 416	5
10	2017YFC1601000	食品生产经营质量安全智能化应用技术研究	江南大学	金征宇	2 136	5
11	2017YFC1601100	食品中全谱致癌物内源代谢规律及监测技术研究	中国人民解放军军事医学科学院生物医学分析中心	李爱玲	2 415	5
12	2017YFC1601200	基于组学的食源性致病微生物快速高通量检测技术与装备研发	广东省微生物研究所	吴清平	2 248	5
13	2017YFC1601300	食品中化学污染物监测检测及风险评估数据一致性评价的参考物质共性技术研究	国家食品安全风险评估中心	赵云峰	2 584	5
14	2017YFC1601400	食品微生物检验相关参考物质体系研究及评价	中国食品药品检定研究院	崔生辉	2 050	5
15	2017YFC1601500	食源性疾病监测、溯源与预警技术研究	国家食品安全风险评估中心	郭云昌	2 065	5
16	2017YFC1601600	应对国际贸易食品安全法规精准检测关键技术研究	中国检验检疫科学研究院	张峰	2 446	5
17	2017YFC1601700	重要食品真实性检测关键技术研究与应用	华南农业大学	雷红涛	2 957	5
18	2017YFC1601800	食品安全社会共治信息技术应用示范	贵州省分析测试研究院	李丹宁	991	5
19	2017YFC1601900	食品安全社会共治信息技术研究与应用示范	哈尔滨工业大学	卢卫红	978	5
20	2017YFC1602000	食品安全社会共治信息技术研究与应用示范	重庆市食品药品检验检测研究院	杨小珊	1 000	5

2017 年中国新药药证批准情况 [434]

附表 6　2017 年国家食品药品监督管理总局药品评审中心在重要治疗领域的药品审批情况

类型	名称	药品信息
抗肿瘤药物	甲磺酸奥希替尼片	为全球首个第三代晚期肺癌靶向药，适用于既往经表皮生长因子受体（EGFR）酪氨酸激酶抑制剂（TKI）治疗时或治疗后出现疾病进展，并且经检测确认存在 EGFR T790M 突变阳性的局部晚期或转移性非小细胞性肺癌（NSCLC）成人患者的治疗。肺癌是我国发病率和死亡率最高的恶性肿瘤，对于上述患者目前尚无有效的治疗药物，存在明确的临床急需。该药品针对上述患者具有较好的治疗效果，安全性可以耐受，为上述特定的患者人群提供了新的治疗选择
	伊布替尼胶囊	为 Bruton 酪氨酸激酶（BTK）抑制剂，适用于治疗既往至少接受过一种治疗的套细胞淋巴瘤和慢性淋巴细胞白血病患者。该药品是全球首个全新作用机制的治疗慢性淋巴细胞白血病药物，为慢性淋巴细胞白血病患者带来更多的治疗选择
	维莫非尼片	为一种小分子 BRAF 丝氨酸 - 苏氨酸激酶抑制剂，适用于治疗 BRAF V600 突变阳性的不能切除或转移性黑色素瘤。该药品是全球首个治疗恶性黑色素瘤的靶向药物，可有效提高患者用药的可及性
	磷酸芦可替尼片	为小分子 JAK1/JAK2 激酶（Janus 相关激酶）抑制剂，适用于治疗中危或高危的骨髓纤维化。骨髓纤维化是罕见的骨髓增殖性肿瘤疾病，目前国内尚无明确有效治疗手段，该药品为全球首个用于治疗骨髓纤维化药物，可有效提高患者用药的可及性
抗感染药物	盐酸达拉他韦片、阿舒瑞韦软胶囊、西美瑞韦胶囊、索磷布韦片、奥比帕利片、达塞布韦片	为直接抗丙型肝炎病毒（HCV）药物，适用于治疗成人慢性丙型肝炎（CHC）。我国约有 1 000 万丙型肝炎患者，上述药物批准上市有效解决了我国没有直接抗病毒药物的局面，为我国慢性丙肝患者提供了有效的突破性治疗手段
	多替阿巴拉米片	为含有多替拉韦、阿巴卡韦和拉米夫定 3 种成分的新型抗人类免疫缺陷病毒（HIV）感染的固定剂量复方制剂，适用于治疗成人和 12 岁及以上的青少年的 HIV 感染。目前治疗艾滋病药物有不良反应发生率高、耐受性差、药物相互作用多等缺点，且长期服药存在耐药可能，该药品较已上市的治疗方案有一定的临床优势，为临床增加新的治疗选择
风湿性疾病及免疫药物	枸橼酸托法替布片	为 Janus 激酶（包括 JAK3）选择性抑制剂，适用于治疗对甲氨蝶呤疗效不足或对其无法耐受的中度至重度活动性类风湿关节炎（RA）成年患者，可作为单药治疗，或者与甲氨蝶呤或其他非生物改善病情抗风湿药（DMARD）联合使用。该药品是全球首个口服治疗类风湿关节炎的靶向药物，将为风湿关节炎患者带来更多的治疗选择
内分泌系统药物	达格列净片	为高选择性的人体肾脏钠葡萄糖共转运体（SGLT2）抑制剂，适用于 II 型糖尿病患者单药治疗。该药品是全球首个全新作用机制的口服降糖药物，可有效提高患者用药的可及性

---

434 数据来源：国家食品药品监督管理总局药品审评中心. 2018.《2017 年度药品审评报告》. http://www.cde.org.cn/news.do?method=viewInfoCommon&id=314402。

续表

类型	名称	药品信息
呼吸系统药物	丹龙口服液	为新的中药复方制剂，适用于治疗中医热哮证、支气管哮喘患者。该药品为我国上市许可持有人制度试点实施以来首个获批的中药新药品种，为哮喘病患者提供一种全新的安全有效的治疗方案，对提高患者的生存质量具有重要意义
预防用生物制品（疫苗）	重组埃博拉病毒病疫苗（腺病毒载体）	为我国自主研发的重组埃博拉疫苗，也是全球首个 2014 基因突变型埃博拉疫苗。药审中心按照有条件批准程序完成了该疫苗上市申请的审评，该药品对于应对埃博拉疫情的公共卫生需求和完成国家战略储备具有重大意义
循环系统药物	沙库巴曲缬沙坦钠片	为血管紧张素受体脑啡肽酶抑制剂，适用于治疗伴有射血分数降低的慢性心脏衰竭患者（心功能 II～IV级），以降低心血管死亡和心力衰竭住院的风险。该药品是近二十年来全球慢性心衰治疗领域的突破性创新药物，在减少心血管死亡、全因死亡、心衰住院（包括首次住院和全部住院），以及改善症状和患者报告结局方面，超过目前指南推荐的循证治疗，可为临床增加新的治疗选择
皮肤五官药物	康柏西普眼用注射液	为国内首个适用于治疗继发于病理性近视的脉络膜新生血管引起的视力损伤的生物制品药物。由于城市化进程加快，用眼过度现象普遍存在，病理性近视引起的视力损伤并导致失明的发病人数呈上升趋势，该药品批准上市对有效提高此类病症患者的临床用药可及性具有积极意义
	阿达木单抗注射液	为重组人免疫球蛋白（IgG1）单克隆抗体，新增适应证适用于需要进行系统治疗或光疗，并且对其他系统治疗（包括环孢素、甲氨蝶呤或光化学疗法）不敏感，或具有禁忌证，或不能耐受的成年中重度慢性斑块状银屑病患者。该药品为国内首个全人源的 TNFα 单抗，在抗药抗体产生及安全性方面具有一定优势，为临床带来一种更安全且有效的治疗选择
神经系统药物	甲磺酸雷沙吉兰片	为选择性不可逆单胺氧化酶-B（MAO-B）抑制剂，适用于治疗原发性帕金森病。该药品在国外用于帕金森病早期的一线单药治疗，或与左旋多巴联用治疗中、重度帕金森病，可有效提高患者用药的可及性
消化系统药物	艾普拉唑肠溶片	为首个国产质子泵抑制剂创新药，新增适应证适用于治疗反流性食管炎，为临床提供更多有效治疗选择，增加了临床可及性

2017 年中国农用生物制品审批情况

附表 7　2017 年中国农业部正式登记的微生物肥料产品[435]

企业名称	产品通用名	产品商品名	产品形态	有效菌种名称	技术指标（有效成分及含量）	适用作物/区域	登记证号
广州申昌雅农业科技有限公司	微生物菌剂	微生物菌剂	粉剂	枯草芽孢杆菌	有效活菌数≥2.0亿/g	菜心、番茄、豆角、青瓜	微生物肥（2017）准字（1986）号
鞍山兴宇生物农业技术有限公司	微生物菌剂	微生物菌剂	颗粒	枯草芽孢杆菌	有效活菌数≥1.0亿/g	番茄、正米、黄瓜	微生物肥（2017）准字（1989）号
陕西时代生态科技有限公司	微生物菌剂	微生物菌剂	液体	解淀粉芽孢杆菌、酿酒酵母	有效活菌数≥2.0亿/mL	白菜	微生物肥（2017）准字（1996）号
河北益微生物技术有限公司	根瘤菌剂	花生根瘤菌菌剂	液体	花生根瘤菌	有效活菌数≥2.0亿/mL	花生	微生物肥（2017）准字（2000）号
湖北沃欣生物科技有限公司	生物有机肥	生物有机肥	粉剂	枯草芽孢杆菌、侧孢短芽孢杆菌	有效活菌数≥0.20亿/g 有机质≥40.0%	辣椒、葡萄、黄瓜	微生物肥（2017）准字（2002）号
鄂西卷烟材料厂	生物有机肥	生物有机肥	粉剂	解淀粉芽孢杆菌、巨大芽孢杆菌	有效活菌数≥0.20亿/g 有机质≥40.0%	烟草、马铃薯、茶叶、正米	微生物肥（2017）准字（2005）号
陕西时代生态科技有限公司	生物有机肥	生物有机肥	粉剂	解淀粉芽孢杆菌、酿酒酵母	有效活菌数≥0.20亿/g 有机质≥40.0%	白菜	微生物肥（2017）准字（2006）号
河北瑞普达生物科技有限公司	生物有机肥	生物有机肥	粉剂	洒红土褐链霉菌	有效活菌数≥0.20亿/g 有机质≥40.0%	黄瓜、苹果、梨树、番茄、正米	微生物肥（2017）准字（2007）号
青海恩泽农业技术有限公司	生物有机肥	生物有机肥	颗粒	委内瑞拉链霉菌、细黄链霉菌	有效活菌数≥0.20亿/g 有机质≥40.0%	油菜、辣椒、胡萝卜、番茄、黄瓜	微生物肥（2017）准字（2018）号
渭南德龙生物科技有限公司	生物有机肥	生物有机肥	颗粒	枯草芽孢杆菌、侧孢芽孢杆菌	有效活菌数≥0.20亿/g 有机质≥40.0%	白菜、苹果、葡萄、柑橘	微生物肥（2017）准字（2020）号

435 数据来源：农业部微生物肥料和食用菌菌种质量监督检验测试中心。

续表

企业名称	产品通用名	产品商品名	产品形态	有效菌种名称	技术指标（有效成分及含量）	适用作物/区域	登记证号
湖北沃欣生物科技有限公司	生物有机肥	生物有机肥	颗粒	枯草芽孢杆菌、侧孢短芽孢杆菌	有效活菌数≥0.20亿/g 有机质≥40.0%	辣椒、葡萄、黄瓜	微生物肥（2017）准字（2021）号
苏州宝连生物肥料有限公司	生物有机肥	生物有机肥	颗粒	枯草芽孢杆菌、胶冻样类芽孢杆菌	有效活菌数≥0.20亿/g 有机质≥40.0%	小麦、玉米、马铃薯、青椒	微生物肥（2017）准字（2022）号
霍州市溢丰肥业有限公司	生物有机肥	生物有机肥	颗粒	枯草芽孢杆菌、地衣芽孢杆菌	有效活菌数≥0.20亿/g 有机质≥40.0%	苹果、番茄、葡萄、小麦	微生物肥（2017）准字（2023）号
乌鲁木齐市瑞呈伍怡农业科技有限责任公司	生物有机肥	生物有机肥	颗粒	枯草芽孢杆菌	有效活菌数≥0.20亿/g 有机质≥40.0%	番茄、棉花、葡萄	微生物肥（2017）准字（2026）号
黑龙江瑞苗肥料制造有限责任公司	复合微生物肥料	复合微生物肥料	颗粒	枯草芽孢杆菌、胶冻样类芽孢杆菌	有效活菌数≥0.20亿/g N+P$_2$O$_5$+K$_2$O=25.0% 有机质≥20.0%	番茄、水稻、玉米、西瓜、大豆、花生、马铃薯、烤烟	微生物肥（2017）准字（2030）号
苏州宝连生物肥料有限公司	复合微生物肥料	复合微生物肥	颗粒	枯草芽孢杆菌、胶冻样类芽孢杆菌	有效活菌数≥0.20亿/g N+P$_2$O$_5$+K$_2$O=10.0% 有机质≥20.0%	茄子、小麦、番茄、马铃薯	微生物肥（2017）准字（2035）号
霍州市溢丰肥业有限公司	复合微生物肥料	复合微生物肥料	颗粒	枯草芽孢杆菌、地衣芽孢杆菌	有效活菌数≥0.20亿/g N+P$_2$O$_5$+K$_2$O=25.0% 有机质≥20.0%	苹果、黄瓜、葡萄、小麦	微生物肥（2017）准字（2036）号
福建三炬生物科技股份有限公司	微生物菌剂	三炬微生物菌剂	粉剂	枯草芽孢杆菌、地衣芽孢杆菌	有效活菌数≥2.0亿/g	苹果、番茄、葡萄、茄子、大姜	微生物肥（2017）准字（2044）号
广州农巧施肥料有限公司	微生物菌剂	微生物菌剂	粉剂	枯草芽孢杆菌	有效活菌数≥2.0亿/g	菜心、黄瓜、番茄、葡萄	微生物肥（2017）准字（2045）号
河南省汇山红肥业有限公司	微生物菌剂	微生物菌剂	粉剂	枯草芽孢杆菌	有效活菌数≥2.0亿/g	花生、苹果、小麦、甘蔗	微生物肥（2017）准字（2046）号

续表

企业名称	产品通用名称	产品商品名	产品形态	有效菌种名称	技术指标 （有效成分及含量）	适用作物／区域	登记证号
西部集团哈尔滨兴安金属制品有限公司	微生物菌剂	微生物菌剂	粉剂	解淀粉芽孢杆菌	有效活菌数≥2.0亿/g	水稻、番茄、大豆、马铃薯、玉米	微生物肥（2017）准字（2047）号
聊城五福生物技术有限公司	微生物菌剂	微生物菌剂	粉剂	解淀粉芽孢杆菌	有效活菌数≥2.0亿/g	油菜、黄瓜、苹果	微生物肥（2017）准字（2048）号
聊城五福生物技术有限公司	微生物菌剂	微生物菌剂	粉剂	解淀粉芽孢杆菌	有效活菌数≥10.0亿/g	油菜、黄瓜、苹果	微生物肥（2017）准字（2049）号
山东丰本生物科技股份有限公司	微生物菌剂	微生物菌剂	粉剂	解淀粉芽孢杆菌	有效活菌数≥2.0亿/g	辣椒、苹果、西瓜、大姜	微生物肥（2017）准字（2050）号
阜新市鑫鹏生物工程有限公司	微生物菌剂	微生物菌剂	颗粒	枯草芽孢杆菌	有效活菌数≥1.0亿/g	花生、苹果、韭菜、茄子	微生物肥（2017）准字（2051）号
北票市辰泰生物科技有限公司	微生物菌剂	微生物菌剂	颗粒	枯草芽孢杆菌	有效活菌数≥1.0亿/g	花生、草莓、韭菜、桃树	微生物肥（2017）准字（2052）号
焦作市农神生物肥业有限公司	微生物菌剂	微生物菌剂	颗粒	枯草芽孢杆菌、胶冻样类芽孢杆菌	有效活菌数≥1.0亿/g	油菜、花生、西瓜、苹果	微生物肥（2017）准字（2053）号
黑龙江省牡丹江农垦龙疆肥业有限公司	微生物菌剂	微生物菌剂	颗粒	胶冻样类芽孢杆菌	有效活菌数≥1.0亿/g	水稻、玉米、黄瓜、番茄	微生物肥（2017）准字（2054）号
西部集团哈尔滨兴安金属制品有限公司	微生物菌剂	微生物菌剂	颗粒	解淀粉芽孢杆菌	有效活菌数≥1.0亿/g	水稻、番茄、大豆、马铃薯、玉米	微生物肥（2017）准字（2055）号
黑龙江省大地丰农业科技开发有限公司	微生物菌剂	微生物菌剂	液体	枯草芽孢杆菌	有效活菌数≥2.0亿/mL	水稻、玉米、小麦、大豆	微生物肥（2017）准字（2056）号

续表

企业名称	产品通用名	产品商品名	产品形态	有效菌种名称	技术指标（有效成分及含量）	适用作物/区域	登记证号
陕西美邦农药有限公司	微生物菌剂	微生物菌剂	液体	侧孢短芽孢杆菌	有效活菌数≥2.0亿/mL	白菜、芒果、辣椒、番茄	微生物肥（2017）准字（2058）号
运城市贝海化工有限公司	微生物菌剂	复合微生物菌剂	液体	解淀粉芽孢杆菌、地衣芽孢杆菌	有效活菌数≥2.0亿/mL	苹果、番茄、黄瓜、芹菜	微生物肥（2017）准字（2059）号
东莞市辉阳生物科技有限公司	微生物菌剂	微生物菌剂	液体	枯草芽孢杆菌、酿酒酵母	有效活菌数≥2.0亿/mL	白菜、番茄、茄子、草莓	微生物肥（2017）准字（2060）号
陕西韦东奇作物保护有限公司	微生物菌剂	微生物菌剂	液体	侧孢短芽孢杆菌	有效活菌数≥2.0亿/mL	白菜、葡萄、苹果、花生	微生物肥（2017）准字（2061）号
山东丰本生物科技股份有限公司	微生物菌剂	微生物菌剂	液体	解淀粉芽孢杆菌	有效活菌数≥2.0亿/mL	棉花、苹果、辣椒、西瓜	微生物肥（2017）准字（2062）号
聊城五福生物技术有限公司	微生物菌剂	微生物菌剂	液体	解淀粉芽孢杆菌	有效活菌数≥20.0亿/mL	油菜、黄瓜、苹果、大姜	微生物肥（2017）准字（2063）号
河北益微生物技术有限公司	根瘤菌菌剂	花生根瘤菌菌剂	粉剂	花生根瘤菌	有效活菌数≥2.0亿/g	花生	微生物肥（2017）准字（2064）号
东莞市保得生物工程有限公司	根瘤菌菌剂	大豆根瘤菌	液体	大豆根瘤菌	有效活菌数≥20.0亿/mL	大豆	微生物肥（2017）准字（2065）号
东莞市保得生物工程有限公司	根瘤菌菌剂	紫云英根瘤菌	液体	紫云英根瘤菌	有效活菌数≥20.0亿/mL	紫云英	微生物肥（2017）准字（2066）号
襄阳三色源生物工程股份有限公司	生物有机肥	生物有机肥	粉剂	地衣芽孢杆菌	有效活菌数≥0.20亿/g 有机质≥40.0%	黄瓜	微生物肥（2017）准字（2067）号
杜蒙县京源酵素菌生物有机肥有限公司	生物有机肥	生物有机肥	粉剂	解淀粉芽孢杆菌	有效活菌数≥0.20亿/g 有机质≥40.0%	白菜、梨树、烟草、番茄	微生物肥（2017）准字（2068）号

续表

企业名称	产品通用名	产品商品名	产品形态	有效菌种名称	技术指标（有效成分及含量）	适用作物/区域	登记证号
山东泰安绿九洲生物科技有限公司	生物有机肥	绿九洲生物有机肥	粉剂	枯草芽孢杆菌	有效活菌数≥0.20亿/g 有机质≥40.0%	菠菜、苹果、马铃薯、番茄	微生物肥（2017）准字（2069）号
咸阳润源生物科技有限公司	生物有机肥	生物有机肥	粉剂	枯草芽孢杆菌	有效活菌数≥0.20亿/g 有机质≥40.0%	白菜、苹果、葡萄	微生物肥（2017）准字（2070）号
青岛地恩地生物科技有限公司	生物有机肥	地恩地生物有机肥	粉剂	硅链霉菌	有效活菌数≥0.20亿/g 有机质≥40.0%	辣椒、花生、大姜、番茄、黄瓜	微生物肥（2017）准字（2071）号
咸阳佳源肥业有限公司	生物有机肥	生物有机肥	粉剂	枯草芽孢杆菌	有效活菌数≥0.20亿/g 有机质≥40.0%	白菜、苹果、猕猴桃	微生物肥（2017）准字（2072）号
南京宁粮生物工程有限公司	生物有机肥	生物有机肥	粉剂	枯草芽孢杆菌、地衣芽孢杆菌、娄彻氏链霉菌	有效活菌数≥0.20亿/g 有机质≥55.0%	白菜、生姜、苹果、脐橙	微生物肥（2017）准字（2073）号
海南金雨丰生物工程有限公司	生物有机肥	生物有机肥	粉剂	枯草芽孢杆菌、解淀粉芽孢杆菌	有效活菌数≥0.50亿/g 有机质≥40.0%	菜心、香蕉、西瓜、辣椒	微生物肥（2017）准字（2074）号
根力多生物科技股份有限公司	生物有机肥	生物有机肥	颗粒	枯草芽孢杆菌、解淀粉芽孢杆菌	有效活菌数≥0.20亿/g 有机质≥40.0%	玉米、苹果、棉花、葡萄	微生物肥（2017）准字（2076）号
江苏金喜绿生物科技有限公司	生物有机肥	生物有机肥	颗粒	解淀粉芽孢杆菌	有效活菌数≥0.20亿/g 有机质≥40.0%	白菜、桃树、青椒、茶叶	微生物肥（2017）准字（2077）号
黑龙江省牡丹江农垦龙疆肥业有限公司	生物有机肥	生物有机肥	颗粒	枯草芽孢杆菌	有效活菌数≥0.20亿/g 有机质≥40.0%	玉米、水稻、黄瓜、番茄、茄子、辣椒、白菜	微生物肥（2017）准字（2078）号
佳木斯金田农业技术开发有限责任公司	生物有机肥	生物有机肥	颗粒	解淀粉芽孢杆菌、地衣芽孢杆菌	有效活菌数≥0.20亿/g 有机质≥40.0%	玉米、水稻、大豆、花生、番茄	微生物肥（2017）准字（2080）号
安徽莱姆佳生物科技股份有限公司	生物有机肥	生物有机肥	颗粒	解淀粉芽孢杆菌、地衣芽孢杆菌	有效活菌数≥0.20亿/g 有机质≥40.0%	辣椒、番茄、小麦、玉米	微生物肥（2017）准字（2081）号

续表

企业名称	产品通用名	产品商品名	产品形态	有效菌种名称	技术指标（有效成分及含量）	适用作物/区域	登记证号
宜昌绿宝肥业有限公司	生物有机肥	生物有机肥	颗粒	解淀粉芽孢杆菌、侧孢短芽孢杆菌	有效活菌数≥0.20亿/g 有机质≥40.0%	柑橘	微生物肥（2017）准字（2084）号
咸阳润源生物科技有限公司	复合微生物肥料	复合微生物肥料	颗粒	枯草芽孢杆菌	有效活菌数≥0.20亿/g N+P$_2$O$_5$+K$_2$O=25.0% 有机质≥20.0%	白菜、玉米、小麦、苹果	微生物肥（2017）准字（2088）号
秦皇岛市金农业科技有限公司	复合微生物肥料	复合微生物肥料	颗粒	解淀粉芽孢杆菌	有效活菌数≥0.20亿/g N+P$_2$O$_5$+K$_2$O=8.0% 有机质≥20.0%	番茄、水稻、葡萄、草莓	微生物肥（2017）准字（2089）号
山西凯盛肥业集团有限公司	复合微生物肥料	复合微生物肥料	颗粒	解淀粉芽孢杆菌	有效活菌数≥0.20亿/g N+P$_2$O$_5$+K$_2$O=8.0% 有机质≥20.0%	苹果、小麦、水稻、西红柿	微生物肥（2017）准字（2090）号
南阳市金大地肥业有限公司	复合微生物肥料	复合微生物肥料	颗粒	解淀粉芽孢杆菌、地衣芽孢杆菌	有效活菌数≥0.20亿/g N+P$_2$O$_5$+K$_2$O=25.0% 有机质≥20.0%	小麦、水稻、花生、西瓜	微生物肥（2017）准字（2091）号
哈尔滨欧联美达生物科技有限公司	复合微生物肥料	复合微生物肥料	颗粒	解淀粉芽孢杆菌、地衣芽孢杆菌	有效活菌数≥0.20亿/g N+P$_2$O$_5$+K$_2$O=10.0% 有机质≥20.0%	玉米、花生、水稻、苹果	微生物肥（2017）准字（2092）号
焦作市农神生物肥业有限公司	复合微生物肥料	复合微生物肥料	颗粒	枯草芽孢杆菌、胶冻样类芽孢杆菌	有效活菌数≥0.20亿/g N+P$_2$O$_5$+K$_2$O=25.0% 有机质≥20.0%	油菜、小麦、玉米、水稻	微生物肥（2017）准字（2093）号
新疆汇蓬阜地龙腐植酸有限责任公司	复合微生物肥料	复合微生物肥料	液体	枯草芽孢杆菌	有效活菌数≥0.50亿/mL N+P$_2$O$_5$+K$_2$O=6.0%	小麦、棉花、葡萄、白菜、番茄	微生物肥（2017）准字（2096）号
哈尔滨市利地微生物应用技术有限公司	复合微生物肥料	复合微生物肥料	液体	侧孢短芽孢杆菌	有效活菌数≥0.50亿/mL N+P$_2$O$_5$+K$_2$O=6.0%	番茄、玉米、水稻、茄子、黄瓜、豆角	微生物肥（2017）准字（2097）号

续表

企业名称	产品通用名	产品商品名	产品形态	有效菌种名称	技术指标（有效成分及含量）	适用作物/区域	登记证号
江门市杰士植物营养有限公司	微生物菌剂	微生物菌剂	粉剂	解淀粉芽孢杆菌、地衣芽孢杆菌	有效活菌数≥2.0亿/g	菜心、香蕉、柑橘、辣椒	微生物肥（2017）准字（2098）号
沧州华雨生物科技有限公司	微生物菌剂	华雨生物菌剂	粉剂	解淀粉芽孢杆菌、地衣芽孢杆菌	有效活菌数≥2.0亿/g	油菜、玉米、花生、黄瓜	微生物肥（2017）准字（2100）号
山东和田旺生物科技有限公司	微生物菌剂	微生物菌剂	粉剂	枯草芽孢杆菌	有效活菌数≥2.0亿/g	番茄、苹果、黄瓜、辣椒	微生物肥（2017）准字（2101）号
扬凌绿都生物科技有限公司	微生物菌剂	绿都菌剂3号	粉剂	解淀粉芽孢杆菌	有效活菌数≥100.0亿/g	番茄、葡萄、香蕉、柑橘	微生物肥（2017）准字（2103）号
黑龙江黑土加速度生物科技有限公司	微生物菌剂	微生物菌剂	颗粒	解淀粉芽孢杆菌	有效活菌数≥1.0亿/g	大豆、玉米	微生物肥（2017）准字（2105）号
山西凯盛肥业集团有限公司	微生物菌剂	奥瑞根微生物菌剂	液体	地衣芽孢杆菌	有效活菌数≥2.0亿/mL	小麦、番茄、葡萄、西瓜	微生物肥（2017）准字（2107）号
沧州华雨生物科技有限公司	微生物菌剂	华雨微生物菌剂	液体	解淀粉芽孢杆菌、地衣芽孢杆菌	有效活菌数≥2.0亿/mL	油菜、玉米、花生、黄瓜	微生物肥（2017）准字（2108）号
衡水华旭生物科技有限公司	微生物菌剂	微生物菌剂	液体	枯草芽孢杆菌	有效活菌数≥2.0亿/mL	辣椒、韭菜、白菜、黄瓜	微生物肥（2017）准字（2109）号
郑州沙隆达植物保护技术有限公司	微生物菌剂	微生物菌剂	液体	枯草芽孢杆菌	有效活菌数≥2.0亿/mL	花生、小麦、棉花、甘蓝	微生物肥（2017）准字（2110）号
兴邦（武汉）生物科技有限公司	根瘤菌剂	根瘤菌剂	液体	大豆根瘤菌	有效活菌数≥5.0亿/mL	大豆	微生物肥（2017）准字（2112）号
成都绿金生物科技有限责任公司	生物有机肥	生物有机肥	粉剂	枯草芽孢杆菌	有效活菌数≥0.20亿/g 有机质≥40.0%	茶叶、柑橘、烟草、苹果、猕猴桃、辣椒	微生物肥（2017）准字（2113）号

续表

企业名称	产品通用名	产品商品名	产品形态	有效菌种名称	技术指标（有效成分及含量）	适用作物/区域	登记证号
河北丹路生物工程有限公司	生物有机肥	生物有机肥	粉剂	地衣芽孢杆菌	有效活菌数≥0.20亿/g 有机质≥40.0%	油菜	微生物肥（2017）准字（2114）号
四川华智生物工程有限公司	生物有机肥	生物有机肥	粉剂	解淀粉芽孢杆菌	有效活菌数≥0.20亿/g 有机质≥40.0%	莴苣、小麦、葡萄、柑橘	微生物肥（2017）准字（2115）号
北京美施美生物科技有限公司	生物有机肥	生物有机肥	粉剂	解淀粉芽孢杆菌	有效活菌数≥0.20亿/g 有机质≥40.0%	番茄、油菜、苹果	微生物肥（2017）准字（2117）号
恩施众惠富硒农业科技发展有限公司	生物有机肥	生物有机肥	粉剂	弗氏链霉菌	有效活菌数≥0.20亿/g 有机质≥40.0%	黄瓜、烟草	微生物肥（2017）准字（2118）号
湖北富之源生物科技有限公司	生物有机肥	富之源生物有机肥	粉剂	解淀粉芽孢杆菌	有效活菌数≥0.20亿/g 有机质≥40.0%	白菜、油菜、菊花、山药	微生物肥（2017）准字（2119）号
江苏楷丰生物科技有限公司	生物有机肥	生物有机肥	粉剂	解淀粉芽孢杆菌、地衣芽孢杆菌	有效活菌数≥0.20亿/g 有机质≥40.0%	烟草、小麦、玉米、葡萄、辣椒、水稻	微生物肥（2017）准字（2120）号
山东和田田旺生物科技有限公司	生物有机肥	生物有机肥	粉剂	枯草芽孢杆菌	有效活菌数≥0.20亿/g 有机质≥40.0%	黄瓜、苹果、番茄	微生物肥（2017）准字（2121）号
洋县益民绿色农业科技有限公司	生物有机肥	生物有机肥	粉剂	枯草芽孢杆菌、巨大芽孢杆菌	有效活菌数≥0.20亿/g 有机质≥40.0%	白菜、葡萄、苹果、猕猴桃	微生物肥（2017）准字（2122）号
广西田阳田志强生物科技有限公司	生物有机肥	生物有机肥	粉剂	枯草芽孢杆菌	有效活菌数≥0.20亿/g 有机质≥40.0%	白菜、芥菜、番茄、葡萄	微生物肥（2017）准字（2123）号
湖北谷瑞特生物技术有限公司	生物有机肥	谷瑞特生物有机肥	粉剂	淡紫拟青霉	有效活菌数≥0.20亿/g 有机质≥40.0%	番茄、黄瓜、烟草、香蕉	微生物肥（2017）准字（2124）号
陕西耕源生态农业有限公司	生物有机肥	生物有机肥	粉剂	枯草芽孢杆菌	有效活菌数≥0.20亿/g 有机质≥40.0%	白菜	微生物肥（2017）准字（2125）号

续表

企业名称	产品通用名	产品商品名	产品形态	有效菌种名称	技术指标（有效成分及含量）	适用作物/区域	登记证号
陕西耕源生态农业有限公司	生物有机肥	生物有机肥	颗粒	枯草芽孢杆菌	有效活菌数≥0.20亿/g 有机质≥40.0%	白菜	微生物肥（2017）准字（2126）号
黑龙江盛瑞康生物科技开发有限公司	生物有机肥	生物有机肥	颗粒	枯草芽孢杆菌	有效活菌数≥0.20亿/g 有机质≥40.0%	水稻、黄瓜、玉米、马铃薯、樱桃	微生物肥（2017）准字（2127）号
北京市辰泰生物科技有限公司	生物有机肥	生物有机肥	颗粒	枯草芽孢杆菌	有效活菌数≥0.20亿/g 有机质≥40.0%	番茄、茄子、白菜	微生物肥（2017）准字（2128）号
临沂舜尧有机肥业有限公司	生物有机肥	生物有机肥	颗粒	解淀粉芽孢杆菌	有效活菌数≥0.20亿/g 有机质≥40.0%	白菜、芹菜、黄瓜、苹果	微生物肥（2017）准字（2129）号
辽宁中合千越生物科技有限公司	生物有机肥	生物有机肥	颗粒	解淀粉芽孢杆菌	有效活菌数≥0.20亿/g 有机质≥40.0%	玉米、水稻、黄瓜	微生物肥（2017）准字（2130）号
依安县地依农技术发展有限公司	生物有机肥	生物有机肥	颗粒	解淀粉芽孢杆菌、地衣芽孢杆菌	有效活菌数≥0.20亿/g 有机质≥40.0%	水稻、玉米、西瓜	微生物肥（2017）准字（2131）号
湖北禹晖化工有限公司	生物有机肥	生物有机肥	颗粒	枯草芽孢杆菌、胶冻样类芽孢杆菌	有效活菌数≥0.20亿/g 有机质≥40.0%	番茄、水稻、小麦、玉米	微生物肥（2017）准字（2132）号
黑龙江盛瑞康生物科技开发有限公司	复合微生物肥料	复合微生物肥料	粉剂	枯草芽孢杆菌	有效活菌数≥0.20亿/g $N+P_2O_5+K_2O=8.0\%$ 有机质≥20.0%	花生、烟草、水稻、草莓、番茄	微生物肥（2017）准字（2133）号
陕西耕源生态农业有限公司	复合微生物肥料	复合微生物肥料	粉剂	枯草芽孢杆菌	有效活菌数≥0.20亿/g $N+P_2O_5+K_2O=8.0\%$ 有机质≥20.0%	白菜	微生物肥（2017）准字（2134）号
山东和田旺生物科技有限公司	复合微生物肥料	复合微生物肥料	粉剂	枯草芽孢杆菌	有效活菌数≥0.20亿/g $N+P_2O_5+K_2O=25.0\%$ 有机质≥20.0%	黄瓜、苹果、番茄	微生物肥（2017）准字（2135）号

续表

企业名称	产品通用名	产品商品名	产品形态	有效菌种名称	技术指标（有效成分及含量）	适用作物/区域	登记证号
湖北和诺生物工程股份有限公司	复合微生物肥料		粉剂	枯草芽孢杆菌、地衣芽孢杆菌、胶冻样类芽孢杆菌	有效活菌数≥0.20亿/g $N+P_2O_5+K_2O$=8.0% 有机质≥20.0%	白菜、娃娃菜、烟叶、包菜	微生物肥（2017）准字（2136）号
上海温兴生物工程有限公司	复合微生物肥料		粉剂	解淀粉芽孢杆菌、黑曲霉	有效活菌数≥0.20亿/g $N+P_2O_5+K_2O$=8.0% 有机质≥20.0%	白菜、番茄、葡萄、脐橙	微生物肥（2017）准字（2137）号
哈尔滨谷润阳光科技有限公司	复合微生物肥料		颗粒	解淀粉芽孢杆菌、地衣芽孢杆菌	有效活菌数≥0.20亿/g $N+P_2O_5+K_2O$=8.0% 有机质≥20.0%	水稻、玉米、马铃薯、西甜瓜、大豆	微生物肥（2017）准字（2138）号
黑龙江黑土加速度生物科技有限公司	复合微生物肥料		颗粒	解淀粉芽孢杆菌	有效活菌数≥0.20亿/g $N+P_2O_5+K_2O$=8.0% 有机质≥20.0%	大豆、玉米	微生物肥（2017）准字（2140）号
黑龙江惠禾生物科技有限公司	复合微生物肥料	千金棒复合微生物肥料	颗粒	拜赖青霉	有效活菌数≥0.20亿/g $N+P_2O_5+K_2O$=25.0%	水稻、玉米、黄瓜、烟草、马铃薯、花生	微生物肥（2017）准字（2141）号
北票市辰泰生物科技有限公司	复合微生物肥料		颗粒	枯草芽孢杆菌	有效活菌数≥0.20亿/g $N+P_2O_5+K_2O$=8.0% 有机质≥20.0%	黄瓜、玉米、葡萄、水稻	微生物肥（2017）准字（2142）号
阜新市鑫鹏生物工程有限公司	复合微生物肥料		颗粒	枯草芽孢杆菌	有效活菌数≥0.20亿/g $N+P_2O_5+K_2O$=8.0% 有机质≥20.0%	黄瓜、水稻、生菜、萝卜	微生物肥（2017）准字（2143）号
陕西耕源生态农业有限公司	复合微生物肥料		颗粒	枯草芽孢杆菌	有效活菌数≥0.20亿/g $N+P_2O_5+K_2O$=8.0% 有机质≥20.0%	白菜	微生物肥（2017）准字（2144）号

续表

企业名称	产品通用名	产品商品名	产品形态	有效菌种名称	技术指标（有效成分及含量）	适用作物/区域	登记证号
山东天威生物科技有限公司	复合微生物肥料		颗粒	枯草芽孢杆菌	有效活菌数≥0.20亿/g N+P₂O₅+K₂O=25.0% 有机质≥20.0%	番茄、玉米、花生、大豆	微生物肥（2017）准字（2145）号
哈尔滨福泰来泽生物科技有限公司	复合微生物肥料		液体	解淀粉芽孢杆菌	有效活菌数≥0.50亿/mL N+P₂O₅+K₂O=6.0%	黄瓜、水稻、玉米、马铃薯、辣椒	微生物肥（2017）准字（2146）号
湖北富之源生物科技有限公司	复合微生物肥料	富之源复合微生物肥料	液体	解淀粉芽孢杆菌	有效活菌数≥0.50亿/mL N+P₂O₅+K₂O=6.0%	白菜、茶叶、包菜	微生物肥（2017）准字（2147）号
依安县地依农业技术发展有限公司	复合微生物肥料		液体	解淀粉芽孢杆菌、地衣芽孢杆菌	有效活菌数≥0.50亿/mL N+P₂O₅+K₂O=6.0%	西瓜、水稻、马铃薯	微生物肥（2017）准字（2148）号
山东天威生物科技有限公司	有机物料腐熟剂		粉剂	枯草芽孢杆菌、解淀粉芽孢杆菌、米曲霉	有效活菌数≥5.0亿/g	农作物秸秆	微生物肥（2017）准字（2149）号
青岛明月蓝海生物科技有限公司	有机物料腐熟剂		粉剂	枯草芽孢杆菌、米曲霉、白浅灰链霉菌	有效活菌数≥0.50亿/g	农作物秸秆	微生物肥（2017）准字（2150）号
江门市金远洋生物科技有限公司	有机物料腐熟剂		粉剂	解淀粉芽孢杆菌、酿酒酵母、长枝木霉	有效活菌数≥0.50亿/g	农作物秸秆	微生物肥（2017）准字（2151）号
江西蓝月生物科技有限公司	有机物料腐熟剂		粉剂	解淀粉芽孢杆菌、酿酒酵母、黑曲霉	有效活菌数≥0.50亿/g	农作物秸秆	微生物肥（2017）准字（2152）号
领先生物农业股份有限公司	有机物料腐熟剂		粉剂	枯草芽孢杆菌、酿酒酵母、米曲霉	有效活菌数≥0.50亿/g	农作物秸秆	微生物肥（2017）准字（2153）号
新疆红云祥农业科技开发有限公司	有机物料腐熟剂		粉剂	枯草芽孢杆菌、哈茨木霉	有效活菌数≥0.50亿/g	农作物秸秆	微生物肥（2017）准字（2155）号

续表

企业名称	产品通用名	产品商品名	产品形态	有效菌种名称	技术指标（有效成分及含量）	适用作物/区域	登记证号
江苏楠丰生物科技有限公司	有机物料腐熟剂	有机物料腐熟剂	粉剂	枯草芽孢杆菌、酿酒酵母、米曲霉	有效活菌数≥0.50亿/g	农作物桔秆	微生物肥（2017）准字（2156）号
洛阳启禾生态农业科技有限责任公司	有机物料腐熟剂	有机物料腐熟剂	粉剂	解淀粉芽孢杆菌、酿酒酵母、黑曲霉	有效活菌数≥0.50亿/g	农作物桔秆	微生物肥（2017）准字（2157）号
湖北富之源生物科技有限公司	有机物料腐熟剂	富之源有机物料腐熟剂	粉剂	解淀粉芽孢杆菌、酿酒酵母	有效活菌数≥0.50亿/g	农作物桔秆	微生物肥（2017）准字（2158）号
上海联业农业科技有限公司	有机物料腐熟剂	谷霖有机物料腐熟剂	液体	枯草芽孢杆菌、地衣芽孢杆菌	有效活菌数≥5.0亿/mL	农作物桔秆	微生物肥（2017）准字（2159）号
河北金土生物科技股份有限公司	微生物菌剂	微生物菌剂	粉剂	侧孢短芽孢杆菌、胶冻样芽孢杆菌	有效活菌数≥2.0亿/g	油菜	微生物肥（2017）准字（2160）号
陕西联合利农有限公司	微生物菌剂	微生物菌剂	粉剂	解淀粉芽孢杆菌	有效活菌数≥5.0亿/g	黄瓜、苹果、葡萄、冬枣	微生物肥（2017）准字（2161）号
山东亿丰生物科技股份有限公司	微生物菌剂	微生物菌剂	粉剂	解淀粉芽孢杆菌、胶冻样芽孢杆菌	有效活菌数≥5.0亿/g	小麦	微生物肥（2017）准字（2162）号
石家庄市宏伟农业技术开发有限公司	微生物菌剂	微生物菌剂	粉剂	枯草芽孢杆菌、胶冻样芽孢杆菌	有效活菌数≥2.0亿/g	茄子、黄瓜、番茄、棉花	微生物肥（2017）准字（2163）号
龙岩正高生物科技有限公司	微生物菌剂	微生物菌剂	粉剂	枯草芽孢杆菌	有效活菌数≥2.0亿/g	白菜	微生物肥（2017）准字（2164）号
漳州闽绿生物科技有限公司	微生物菌剂	微生物菌剂	粉剂	胶冻样类芽孢杆菌	有效活菌数≥2.0亿/g	白菜	微生物肥（2017）准字（2165）号

续表

企业名称	产品通用名	产品商品名	产品形态	有效菌种名称	技术指标（有效成分及含量）		适用作物／区域	登记证号
北海宝农农业科技有限公司	微生物菌剂	微生物菌剂	粉剂	解淀粉芽孢杆菌	有效活菌数≥2.0亿/g	葡萄		微生物肥（2017）准字（2166）号
济宁市金山生物工程有限公司	微生物菌剂	微生物菌剂	粉剂	枯草芽孢杆菌	有效活菌数≥2.0亿/g	辣椒、番茄、黄瓜		微生物肥（2017）准字（2168）号
新兴县国研科技有限公司	微生物菌剂	微生物菌剂	粉剂	枯草芽孢杆菌	有效活菌数≥2.0亿/g	菜心、辣椒、苦瓜、柑橘		微生物肥（2017）准字（2169）号
北京航天恒丰科技股份有限公司	微生物菌剂	微生物菌剂	粉剂	枯草芽孢杆菌	有效活菌数≥1200.0亿/g	油菜		微生物肥（2017）准字（2170）号
江苏纳克生物工程有限公司	微生物菌剂	复合微生物菌剂	粉剂	解淀粉芽孢杆菌、胶冻样类芽孢杆菌	有效活菌数≥2.0亿/g	白菜、烟草、水稻、西瓜		微生物肥（2017）准字（2171）号
北京航天恒丰科技股份有限公司	微生物菌剂	微生物菌剂	粉剂	枯草芽孢杆菌、胶冻样类芽孢杆菌	有效活菌数≥5.0亿/g	油菜		微生物肥（2017）准字（2172）号
山东沃地丰生物肥料有限公司	微生物菌剂	微生物菌剂	粉剂	枯草芽孢杆菌、地衣芽孢杆菌	有效活菌数≥5.0亿/g	大姜、马铃薯		微生物肥（2017）准字（2173）号
湖北吾尔利生物工程有限责任公司	微生物菌剂	微生物菌剂	颗粒	解淀粉芽孢杆菌	有效活菌数≥1.0亿/g	辣椒、小麦、葡萄、苹果		微生物肥（2017）准字（2174）号
北海宝农农业科技有限公司	微生物菌剂	微生物菌剂	液体	解淀粉芽孢杆菌	有效活菌数≥5.0亿/mL	油菜		微生物肥（2017）准字（2175）号
济宁市金山生物工程有限公司	微生物菌剂	微生物菌剂	液体	枯草芽孢杆菌	有效活菌数≥2.0亿/mL	茄子、番茄、黄瓜		微生物肥（2017）准字（2176）号
陕西祥隆生物工程有限公司	微生物菌肥	微生物菌剂	液体	枯草芽孢杆菌、地衣芽孢杆菌	有效活菌数≥2.0亿/mL	白菜		微生物肥（2017）准字（2177）号
漳州闽绿生物科技有限公司	微生物菌剂	微生物菌剂	液体	胶冻样类芽孢杆菌	有效活菌数≥2.0亿/mL	雍菜		微生物肥（2017）准字（2178）号

续表

企业名称	产品通用名	产品商品名	产品形态	有效菌种名称	技术指标（有效成分及含量）	适用作物/区域	登记证号
烟台地元生物科技有限公司	微生物菌剂	微生物菌剂	液体	解淀粉芽孢杆菌、地衣芽孢杆菌、巨大芽孢杆菌	有效活菌数≥2.0亿/mL	番茄、玉米、草莓、黄瓜	微生物肥（2017）准字（2179）号
山西澳绅生农业股份有限公司	微生物菌剂	微生物菌剂	液体	枯草芽孢杆菌、巨大芽孢杆菌	有效活菌数≥2.0亿/mL	黄瓜、番茄、茄子、红薯、辣椒	微生物肥（2017）准字（2180）号
山东沃地丰生物肥料有限公司	微生物菌剂	微生物菌剂	液体	枯草芽孢杆菌、地衣芽孢杆菌	有效活菌数≥10.0亿/mL	马铃薯、草莓	微生物肥（2017）准字（2181）号
江苏植丰生物科技有限公司	根瘤菌剂	花生根瘤菌菌剂	液体	花生根瘤菌	有效活菌数≥20.0亿/mL	花生	微生物肥（2017）准字（2182）号
江苏植丰生物科技有限公司	根瘤菌剂	大豆根瘤菌菌剂	液体	大豆根瘤菌	有效活菌数≥5.0亿/mL	大豆	微生物肥（2017）准字（2183）号
长沙艾格里生物科技有限公司	微生物菌剂	光合细菌菌剂	液体	嗜硫小红卵菌	有效活菌数≥2.0亿/mL	豇豆	微生物肥（2017）准字（2184）号
博乐市华康生物肥料有限公司	生物有机肥	生物有机肥	粉剂	解淀粉芽孢杆菌、胶冻样类芽孢杆菌	有效活菌数≥0.20亿/g 有机质≥40.0%	棉花	微生物肥（2017）准字（2185）号
宁夏五丰农业科技有限公司	生物有机肥	"五丰"生物有机肥	粉剂	解淀粉芽孢杆菌	有效活菌数≥0.20亿/g 有机质≥40.0%	番茄	微生物肥（2017）准字（2187）号
北京绿洲之星科技有限公司	生物有机肥	生物有机肥	粉剂	解淀粉芽孢杆菌	有效活菌数≥0.20亿/g 有机质≥40.0%	苹果	微生物肥（2017）准字（2188）号
北海宝农农业科技有限公司	生物有机肥	生物有机肥	粉剂	解淀粉芽孢杆菌	有效活菌数≥0.20亿/g 有机质≥40.0%	菠菜、西瓜	微生物肥（2017）准字（2189）号
山东京青农业科技有限公司	生物有机肥	生物有机肥	粉剂	枯草芽孢杆菌	有效活菌数≥200.0亿/g 有机质≥40.0%	黄瓜、马铃薯、苹果、西瓜、水稻、玉米	微生物肥（2017）准字（2190）号

续表

企业名称	产品通用名	产品商品名	产品形态	有效菌种名称	技术指标（有效成分及含量）	适用作物/区域	登记证号
山西奥坤生物农业股份有限公司	生物有机肥	生物有机肥	粉剂	枯草芽孢杆菌、巨大芽孢杆菌	有效活菌数≥0.20亿/g 有机质≥40.0%	黄瓜、番茄、苹果、梨树、玉米	微生物肥（2017）准字（2191）号
陕西昊禾绿地农业科技有限公司	生物有机肥	生物有机肥	粉剂	枯草芽孢杆菌、胶冻样类芽孢杆菌、细黄链霉菌	有效活菌数≥0.20亿/g 有机质≥40.0%	白菜	微生物肥（2017）准字（2192）号
烟台地元生物科技有限公司	生物有机肥	生物有机肥	粉剂	解淀粉芽孢杆菌、地衣芽孢杆菌、巨大芽孢杆菌	有效活菌数≥0.20亿/g 有机质≥40.0%	葡萄、苹果、樱桃	微生物肥（2017）准字（2193）号
石家庄伊科斯农业科技有限公司	生物有机肥	伊科斯生物有机肥	粉剂	枯草芽孢杆菌	有效活菌数≥0.20亿/g 有机质≥40.0%	黄瓜、芹菜、油菜、番茄、茄子、辣椒、梨树	微生物肥（2017）准字（2194）号
北京航天恒丰科技股份有限公司	生物有机肥	生物有机肥	粉剂	枯草芽孢杆菌、胶冻样类芽孢杆菌	有效活菌数≥2.0亿/g 有机质≥40.0%	油菜	微生物肥（2017）准字（2195）号
时科生物科技（上海）有限公司	生物有机肥	生物有机肥	粉剂	枯草芽孢杆菌	有效活菌数≥0.20亿/g 有机质≥40.0%	白菜、烟草、草莓	微生物肥（2017）准字（2196）号
江西绿悦生物工程股份有限公司	生物有机肥	生物有机肥	粉剂	多粘类芽孢杆菌	有效活菌数≥0.30亿/g 有机质≥40.0%	油菜	微生物肥（2017）准字（2197）号
南昌绿谷生物科技有限公司	生物有机肥	生物有机肥	粉剂	多粘类芽孢杆菌	有效活菌数≥0.30亿/g 有机质≥40.0%	油菜	微生物肥（2017）准字（2198）号
北京宝农农业科技有限公司	生物有机肥	生物有机肥	颗粒	解淀粉芽孢杆菌	有效活菌数≥0.20亿/g 有机质≥40.0%	苹果、番茄	微生物肥（2017）准字（2199）号
辽宁鑫阳矿质肥料有限公司	生物有机肥	生物有机肥	颗粒	枯草芽孢杆菌、胶冻样类芽孢杆菌	有效活菌数≥0.20亿/g 有机质≥40.0%	番茄、苹果、柑橘、黄瓜	微生物肥（2017）准字（2200）号
陕西沃盈化肥有限公司	生物有机肥	生物有机肥	颗粒	解淀粉芽孢杆菌	有效活菌数≥0.20亿/g 有机质≥40.0%	苹果	微生物肥（2017）准字（2201）号

续表

企业名称	产品通用名	产品商品名	产品形态	有效菌种名称	技术指标（有效成分及含量）	适用作物/区域	登记证号
武汉日清生物科技有限公司	生物有机肥	生物有机肥	颗粒	解淀粉芽孢杆菌、胶冻样类芽孢杆菌	有效活菌数≥0.20亿/g 有机质≥40.0%	番茄、黄瓜	微生物肥（2017）准字（2202）号
山东京青农业科技有限公司	生物有机肥	有机菌肥	颗粒	枯草芽孢杆菌、地衣芽孢杆菌	有效活菌数≥3.0亿/g 有机质≥40.0%	黄瓜、西瓜、水稻、玉米、马铃薯、苹果	微生物肥（2017）准字（2203）号
山东京青农业科技有限公司	生物有机肥	有机菌肥	颗粒	枯草芽孢杆菌、地衣芽孢杆菌	有效活菌数≥5.0亿/g 有机质≥40.0%	黄瓜、水稻、玉米、马铃薯、苹果	微生物肥（2017）准字（2204）号
辽宁盛德源微生物业有限责任公司	生物有机肥	生物有机肥	颗粒	枯草芽孢杆菌、胶冻样类芽孢杆菌	有效活菌数≥0.20亿/g 有机质≥40.0%	白菜	微生物肥（2017）准字（2205）号
时科生物科技（上海）有限公司	生物有机肥	生物有机肥	颗粒	枯草芽孢杆菌	有效活菌数≥0.20亿/g 有机质≥40.0%	白菜、烟草、草莓	微生物肥（2017）准字（2206）号
石家庄薯源肥业有限公司	生物有机肥	生物有机肥	颗粒	枯草芽孢杆菌	有效活菌数≥0.20亿/g 有机质≥40.0%	番茄、玉米、大豆、苹果	微生物肥（2017）准字（2207）号
宁夏五丰农业科技有限公司	生物有机肥	"五丰"生物有机肥	颗粒	解淀粉芽孢杆菌	有效活菌数≥0.50亿/g 有机质≥40.0%	番茄	微生物肥（2017）准字（2208）号
咸阳佳源肥业有限公司	生物有机肥	生物有机肥	颗粒	枯草芽孢杆菌	有效活菌数≥0.20亿/g 有机质≥40.0%	白菜、苹果、葡萄	微生物肥（2017）准字（2209）号
河南潔效王生物科技股份有限公司	复合微生物肥料	复合微生物肥料	粉剂	枯草芽孢杆菌	有效活菌数≥0.20亿/g $N+P_2O_5+K_2O$≥25.0% 有机质≥20.0%	白菜	微生物肥（2017）准字（2210）号
湖南润邦生物工程有限公司	复合微生物肥料	复合微生物肥料	粉剂	解淀粉芽孢杆菌	有效活菌数≥0.20亿/g $N+P_2O_5+K_2O$≥22.0% 有机质≥20.0%	烟草、水稻、番茄、黄瓜	微生物肥（2017）准字（2211）号

续表

企业名称	产品通用名	产品商品名	产品形态	有效菌种名称	技术指标（有效成分及含量）	适用作物/区域	登记证号
北海宝农农业科技有限公司	复合微生物肥料	复合微生物肥料	粉剂	解淀粉芽孢杆菌	有效活菌数≥0.20亿/g N+P$_2$O$_5$+K$_2$O=8.0% 有机质≥20.0%	大蒜	微生物肥（2017）准字（2212）号
上海联业农业科技有限公司	复合微生物肥料	复合微生物肥料	粉剂	解淀粉芽孢杆菌	有效活菌数≥0.20亿/g N+P$_2$O$_5$+K$_2$O=14.0% 有机质≥20.0%	马铃薯、大姜、柑橘、香蕉	微生物肥（2017）准字（2213）号
江西绿悦生物工程股份有限公司	复合微生物肥料	复合微生物肥料	粉剂	多粘类芽孢杆菌	有效活菌数≥0.30亿/g N+P$_2$O$_5$+K$_2$O=8.0% 有机质≥20.0%	油菜	微生物肥（2017）准字（2214）号
南昌绿谷生物科技有限公司	复合微生物肥料	复合微生物肥料	粉剂	多粘类芽孢杆菌	有效活菌数≥0.30亿/g N+P$_2$O$_5$+K$_2$O=8.0% 有机质≥20.0%	油菜	微生物肥（2017）准字（2215）号
绍兴上虞百成生态肥有限公司	复合微生物肥料	复合微生物肥料	粉剂	枯草芽孢杆菌、胶冻样类芽孢杆菌	有效活菌数≥0.20亿/g N+P$_2$O$_5$+K$_2$O=8.0% 有机质≥20.0%	黄瓜	微生物肥（2017）准字（2216）号
成都华宏生物科技有限公司	复合微生物肥料	复合微生物肥料	粉剂	解淀粉芽孢杆菌、地衣芽孢杆菌	有效活菌数≥0.20亿/g N+P$_2$O$_5$+K$_2$O=8.0% 有机质≥20.0%	莴苣、番茄、烟草、水稻、棉花	微生物肥（2017）准字（2217）号
河南墨效王生物科技股份有限公司	复合微生物肥料	复合微生物肥料	颗粒	枯草芽孢杆菌	有效活菌数≥0.20亿/g N+P$_2$O$_5$+K$_2$O=25.0% 有机质≥20.0%	白菜	微生物肥（2017）准字（2218）号
霍州市海燕农化实业有限公司	复合微生物肥料	复合微生物肥料	颗粒	枯草芽孢杆菌、侧孢短芽孢杆菌	有效活菌数≥0.20亿/g N+P$_2$O$_5$+K$_2$O=8.0% 有机质≥20.0%	番茄、苹果、玉米、小麦、西瓜	微生物肥（2017）准字（2219）号

续表

企业名称	产品通用名	产品商品名	产品形态	有效菌种名称	技术指标（有效成分及含量）	适用作物/区域	登记证号
广西建兴生物科技有限公司	复合微生物肥料	复合生物肥料	颗粒	枯草芽孢杆菌	有效活菌数≥0.20亿/g N+P$_2$O$_5$+K$_2$O=20.0% 有机质≥20.0%	白菜	微生物肥（2017）准字（2220）号
北海宝农农业科技有限公司	复合微生物肥料	复合生物肥料	颗粒	解淀粉芽孢杆菌	有效活菌数≥0.20亿/g N+P$_2$O$_5$+K$_2$O=8.0% 有机质≥20.0%	番茄	微生物肥（2017）准字（2221）号
河北民得富生物技术有限公司	复合微生物肥料	复合生物肥料	颗粒	枯草芽孢杆菌、侧孢短芽孢杆菌	有效活菌数≥0.20亿/g N+P$_2$O$_5$+K$_2$O=25.0% 有机质≥20.0%	生菜	微生物肥（2017）准字（2222）号
山东沃地丰生物肥料有限公司	复合微生物肥料	复合生物肥料	颗粒	枯草芽孢杆菌、地衣芽孢杆菌	有效活菌数≥0.20亿/g N+P$_2$O$_5$+K$_2$O=25.0% 有机质≥20.0%	大姜、棉花	微生物肥（2017）准字（2223）号
铁岭鑫鑫生物科技有限公司	复合微生物肥料	复合生物肥料	颗粒	解淀粉芽孢杆菌、胶冻样类芽孢杆菌	有效活菌数≥0.20亿/g N+P$_2$O$_5$+K$_2$O=25.0% 有机质≥20.0%	玉米、水稻、白菜、大豆	微生物肥（2017）准字（2224）号
辽宁盛德源微生物肥业有限责任公司	复合微生物肥料	复合生物肥料	颗粒	枯草芽孢杆菌、胶冻样类芽孢杆菌	有效活菌数≥0.20亿/g N+P$_2$O$_5$+K$_2$O=25.0% 有机质≥20.0%	玉米	微生物肥（2017）准字（2225）号
神州汉邦（北京）生物技术有限公司	复合微生物肥料	禾神元-复合生物肥	颗粒	地衣芽孢杆菌	有效活菌数≥0.20亿/g N+P$_2$O$_5$+K$_2$O=25.0% 有机质≥20.0%	玉米	微生物肥（2017）准字（2226）号
山东宝源生物科技股份有限公司	复合微生物肥料	复合生物肥料	液体	枯草芽孢杆菌	有效活菌数≥2.50亿/mL N+P$_2$O$_5$+K$_2$O=8.0%	白菜	微生物肥（2017）准字（2227）号

续表

企业名称	产品通用名	产品商品名	产品形态	有效菌种名称	技术指标（有效成分及含量）	适用作物/区域	登记证号
北海宝农农业科技有限公司	复合微生物肥料	复合微生物肥料	液体	解淀粉芽孢杆菌	有效活菌数≥0.50亿/mL，N+P₂O₅+K₂O=6.0%	苹果	微生物肥（2017）准字（2228）号
上海联业农业科技有限公司	复合微生物肥料	复合微生物肥料	液体	解淀粉芽孢杆菌	有效活菌数≥0.50亿/mL，N+P₂O₅+K₂O=15.0%	马铃薯、番茄、白菜、葡萄	微生物肥（2017）准字（2229）号
成都华宏生物科技有限公司	复合微生物肥料	复合微生物肥料	液体	解淀粉芽孢杆菌、地衣芽孢杆菌	有效活菌数≥0.50亿/mL，N+P₂O₅+K₂O=6.0%	莴苣、烟草、水稻、棉花	微生物肥（2017）准字（2230）号
南阳楚汉大化农业科技有限公司	微生物菌剂	微生物菌剂	粉剂	枯草芽孢杆菌	有效活菌数≥2.0亿/g	白菜、小麦、玉米	微生物肥（2017）准字（2231）号
北京中农富源生物工程技术有限公司	微生物菌剂	微生物菌剂	粉剂	枯草芽孢杆菌、地衣芽孢杆菌	有效活菌数≥5.0亿/g	黄瓜、马铃薯	微生物肥（2017）准字（2232）号
北京中农富源生物工程技术有限公司	微生物菌剂	微生物菌剂	粉剂	枯草芽孢杆菌	有效活菌数≥200.0亿/g	大姜、葡萄	微生物肥（2017）准字（2233）号
山东黎昊源生物工程有限公司	微生物菌剂	微生物菌剂	粉剂	枯草芽孢杆菌、地衣芽孢杆菌	有效活菌数≥5.0亿/g	玉米、马铃薯	微生物肥（2017）准字（2234）号
山东黎昊源生物工程有限公司	微生物菌剂	微生物菌剂	粉剂	枯草芽孢杆菌	有效活菌数≥200.0亿/g	马铃薯、葡萄	微生物肥（2017）准字（2235）号
山东沃地丰生物科技有限公司	微生物菌肥	微生物菌剂	粉剂	枯草芽孢杆菌	有效活菌数≥200.0亿/g	西瓜、葡萄	微生物肥（2017）准字（2236）号
衡水旭丰生物科技有限公司	微生物菌剂	微生物菌剂	粉剂	枯草芽孢杆菌	有效活菌数≥2.0亿/g	韭菜、花生、辣椒	微生物肥（2017）准字（2237）号
石家庄宇博肥业有限公司	微生物菌剂	微生物菌剂	粉剂	枯草芽孢杆菌、地衣芽孢杆菌	有效活菌数≥2.0亿/g	番茄、枣树	微生物肥（2017）准字（2239）号
山东爱福地生物科技有限公司	微生物菌剂	微生物菌剂	粉剂	棘孢木霉	有效活菌数≥5.0亿/g	辣椒	微生物肥（2017）准字（2240）号

续表

企业名称	产品通用名	产品商品名	产品形态	有效菌种名称	技术指标（有效成分及含量）	适用作物/区域	登记证号
青岛普瑞有机农业发展有限公司	微生物菌剂	微生物菌剂	粉剂	解淀粉芽孢杆菌、胶冻样类芽孢杆菌	有效活菌数≥5.0亿/g	白菜	微生物肥（2017）准字（2241）号
青岛普瑞有机农业发展有限公司	微生物菌剂	微生物菌剂	粉剂	解淀粉芽孢杆菌	有效活菌数≥500.0亿/g	白菜	微生物肥（2017）准字（2242）号
衡水牛当家肥业有限公司	微生物菌剂	微生物菌剂	粉剂	枯草芽孢杆菌	有效活菌数≥2.0亿/g	韭菜、花生、辣椒	微生物肥（2017）准字（2243）号
湖南泰谷生态工程有限公司	微生物菌剂	微生物菌剂	粉剂	枯草芽孢杆菌	有效活菌数≥200.0亿/g	白菜、棉花、葡萄、柑橘	微生物肥（2017）准字（2244）号
陕西举众科技开发有限公司	微生物菌剂	复合微生物菌剂	粉剂	解淀粉芽孢杆菌、胶冻样类芽孢杆菌	有效活菌数≥2.0亿/g	白菜	微生物肥（2017）准字（2245）号
雷邦斯生物技术（北京）有限公司	微生物菌剂	微生物菌剂	粉剂	枯草芽孢杆菌、胶冻样类芽孢杆菌	有效活菌数≥2.0亿/g	黄瓜、苹果、小油菜	微生物肥（2017）准字（2247）号
南阳楚汉大化农业科技有限公司	微生物菌剂	微生物菌剂	颗粒	枯草芽孢杆菌	有效活菌数≥1.0亿/g	小麦、玉米	微生物肥（2017）准字（2248）号
北京航天佰丰股份有限公司	微生物菌剂	微生物菌剂	颗粒	枯草芽孢杆菌、胶冻样类芽孢杆菌	有效活菌数≥3.0亿/g	白菜	微生物肥（2017）准字（2249）号
山东沃地丰生物肥料科技有限公司	微生物菌剂	微生物菌剂	颗粒	地衣芽孢杆菌	有效活菌数≥1.0亿/g	番茄、黄瓜	微生物肥（2017）准字（2250）号
山东沃地丰生物肥料科技有限公司	微生物菌剂	微生物菌剂	颗粒	地衣芽孢杆菌	有效活菌数≥2.0亿/g	辣椒、西瓜	微生物肥（2017）准字（2251）号
河北润雨肥料科技有限公司	微生物菌剂	润雨微生物菌剂	液体	解淀粉芽孢杆菌、鼠李糖乳杆菌	有效活菌数≥2.0亿/mL	芹菜、黄瓜、番茄、马铃薯	微生物肥（2017）准字（2252）号
宝鸡丰农生物菌制造有限公司	微生物菌剂	微生物菌剂	液体	枯草芽孢杆菌	有效活菌数≥2.0亿/mL	白菜、猕猴桃	微生物肥（2017）准字（2253）号

续表

企业名称	产品通用名	产品商品名	产品形态	有效菌种名称	技术指标（有效成分及含量）	适用作物/区域	登记证号
沈阳九利肥业股份有限公司	微生物菌剂	微生物菌剂	液体	地衣芽孢杆菌	有效活菌数≥2.0亿/mL	油菜	微生物肥（2017）准字（2254）号
衡水牛当家肥业有限公司	微生物菌剂	微生物菌剂	液体	枯草芽孢杆菌	有效活菌数≥2.0亿/mL	韭菜、白菜、黄瓜	微生物肥（2017）准字（2255）号
神木县达沃特生物工程有限公司	微生物菌剂	微生物菌剂	液体	干酪芽孢杆菌	有效活菌数≥2.0亿/mL	白菜、生菜、辣椒、西葫芦	微生物肥（2017）准字（2256）号
武汉科诺生物科技股份有限公司	微生物菌剂	微生物菌剂	液体	多粘类芽孢杆菌	有效活菌数≥5.0亿/mL	草莓、梨树、番茄、甘蓝、白菜、烟草、葡萄、苹果、辣椒、大姜、西瓜、柑橘	微生物肥（2017）准字（2257）号
石家庄宏捷农化有限公司	微生物菌剂	微生物菌剂	液体	枯草芽孢杆菌、胶冻样类芽孢杆菌	有效活菌数≥2.0亿/mL	黄瓜	微生物肥（2017）准字（2258）号
河南省博南生物科技有限公司	微生物菌剂	微生物菌剂	液体	枯草芽孢杆菌、鼠李糖乳杆菌	有效活菌数≥2.0亿/mL	油菜	微生物肥（2017）准字（2259）号
徐州惠缘生物科技有限公司	微生物菌剂	微生物菌剂	液体	枯草芽孢杆菌、酿酒酵母	有效活菌数≥2.0亿/mL	白菜	微生物肥（2017）准字（2260）号
葫芦岛亿泰丰农业科技有限公司	微生物菌剂	亿泰丰微生物菌剂	液体	东方伊萨酵母、干酪乳杆菌	有效活菌数≥2.0亿/mL	番茄、生菜	微生物肥（2017）准字（2262）号
湖南润邦生物工程有限公司	根瘤菌菌剂	紫云英根瘤菌剂	液体	紫云英根瘤菌	有效活菌数≥2.0亿/mL	紫云英	微生物肥（2017）准字（2263）号
海南万绿宝生物科技有限公司	生物有机肥	生物有机肥	粉剂	甲基营养型芽孢杆菌	有效活菌数≥0.20亿/g 有机质≥40.0%	韭菜	微生物肥（2017）准字（2264）号
邯郸市晨丰生物科技有限公司	生物有机肥	生物有机肥	粉剂	枯草芽孢杆菌	有效活菌数≥0.20亿/g 有机质≥40.0%	白菜	微生物肥（2017）准字（2265）号

续表

企业名称	产品通用名	产品商品名	产品形态	有效菌种名称	技术指标（有效成分及含量）	适用作物/区域	登记证号
葫芦岛亿泰丰农业科技有限公司	生物有机肥	亿泰丰生物有机肥	粉剂	干酪乳杆菌、东方伊萨酵母	有效活菌数≥0.20亿/g 有机质≥40.0%	马铃薯、花生	微生物肥（2017）准字（2266）号
三门峡宝田生物科技有限公司	生物有机肥	生物有机肥	粉剂	枯草芽孢杆菌、胶冻样类芽孢杆菌	有效活菌数≥0.20亿/g 有机质≥40.0%	番茄	微生物肥（2017）准字（2267）号
雷邦斯生物技术（北京）有限公司	生物有机肥	生物有机肥	粉剂	枯草芽孢杆菌、胶冻样类芽孢杆菌	有效活菌数≥0.20亿/g 有机质≥40.0%	生菜、苹果、西瓜	微生物肥（2017）准字（2268）号
上海沪联生物药业（夏邑）股份有限公司	生物有机肥	生物有机肥	粉剂	枯草芽孢杆菌	有效活菌数≥0.20亿/g 有机质≥40.0%	白菜、番茄、小麦	微生物肥（2017）准字（2269）号
蒲城县奥星肥业有限公司	生物有机肥	生物有机肥	粉剂	枯草芽孢杆菌	有效活菌数≥0.20亿/g 有机质≥40.0%	黄瓜	微生物肥（2017）准字（2270）号
陕西朝农肥业有限责任公司	生物有机肥	生物有机肥	粉剂	枯草芽孢杆菌	有效活菌数≥0.20亿/g 有机质≥40.0%	菠菜、苹果、葡萄、枣树	微生物肥（2017）准字（2271）号
陕西君龙生态科技有限公司	生物有机肥	生物有机肥	粉剂	解淀粉芽孢杆菌	有效活菌数≥0.20亿/g 有机质≥40.0%	番茄、黄瓜、烟叶、包菜	微生物肥（2017）准字（2272）号
郑州快丰收生物科技有限公司	生物有机肥	生物有机肥	粉剂	枯草芽孢杆菌	有效活菌数≥0.20亿/g 有机质≥40.0%	白菜、黄瓜、葡萄	微生物肥（2017）准字（2273）号
陕西举众科技开发有限公司	生物有机肥	生物有机肥	粉剂	解淀粉芽孢杆菌、胶冻样类芽孢杆菌	有效活菌数≥0.20亿/g 有机质≥40.0%	白菜	微生物肥（2017）准字（2274）号
渭南生乐有限责任公司	生物有机肥	生物有机肥	粉剂	枯草芽孢杆菌	有效活菌数≥0.20亿/g 有机质≥40.0%	黄瓜	微生物肥（2017）准字（2275）号
河北巨微生物工程有限公司	生物有机肥	巨微生物有机肥	颗粒	枯草芽孢杆菌、胶冻样类芽孢杆菌	有效活菌数≥0.20亿/g 有机质≥40.0%	油菜	微生物肥（2017）准字（2276）号

续表

企业名称	产品通用名	产品商品名	产品形态	有效菌种名称	技术指标 （有效成分及含量）	适用作物 / 区域	登记证号
山东亿丰派生物科技股份有限公司	生物有机肥	生物有机肥	颗粒	解淀粉芽孢杆菌	有效活菌数≥2.0 亿 /g 有机质≥40.0%	大葱	微生物肥（2017）准字（2277）号
石家庄宏捷农化有限公司	生物有机肥	生物有机肥	颗粒	枯草芽孢杆菌、胶冻样类芽孢杆菌	有效活菌数≥0.20 亿 /g 有机质≥40.0%	番茄	微生物肥（2017）准字（2278）号
三门峡宝田生物科技有限公司	生物有机肥	生物有机肥	颗粒	枯草芽孢杆菌、胶冻样类芽孢杆菌	有效活菌数≥0.20 亿 /g 有机质≥40.0%	番茄	微生物肥（2017）准字（2279）号
河南艾农肥业有限公司	生物有机肥	生物有机肥	颗粒	解淀粉芽孢杆菌、黑曲霉	有效活菌数≥0.20 亿 /g 有机质≥40.0%	白菜	微生物肥（2017）准字（2280）号
郑州快丰收生物科技有限公司	生物有机肥	生物有机肥	颗粒	枯草芽孢杆菌	有效活菌数≥0.20 亿 /g 有机质≥40.0%	白菜、番茄、西瓜	微生物肥（2017）准字（2281）号
邯郸市晨丰生物科技有限公司	生物有机肥	生物有机肥	颗粒	枯草芽孢杆菌	有效活菌数≥0.20 亿 /g 有机质≥40.0%	白菜	微生物肥（2017）准字（2282）号
新疆泰谷生物肥料有限公司	生物有机肥	生物有机肥	颗粒	枯草芽孢杆菌、地衣芽孢杆菌	有效活菌数≥0.20 亿 /g 有机质≥40.0%	棉花、玉米、红枣、番茄	微生物肥（2017）准字（2283）号
湖南泰谷生态工程有限公司	复合微生物肥料	复合微生物肥料	粉剂	枯草芽孢杆菌、地衣芽孢杆菌	有效活菌数≥0.20 亿 /g $N + P_2O_5 + K_2O = 18.0\%$ 有机质≥20.0%	白菜、水稻、红枣、小麦	微生物肥（2017）准字（2284）号
江阴市联业生物科技有限公司	复合微生物肥料	复合微生物肥料	粉剂	解淀粉芽孢杆菌	有效活菌数≥0.20 亿 /g $N + P_2O_5 + K_2O = 8.0\%$ 有机质≥20.0%	番茄、梨树	微生物肥（2017）准字（2285）号
陕西峯众科技开发有限公司	复合微生物肥料	复合微生物肥料	粉剂	解淀粉芽孢杆菌、胶冻样类芽孢杆菌	有效活菌数≥2.0 亿 /g $N + P_2O_5 + K_2O = 10.0\%$ 有机质≥20.0%	白菜	微生物肥（2017）准字（2286）号
雷邦斯生物技术（北京）有限公司	复合微生物肥料	复合微生物肥料	粉剂	枯草芽孢杆菌、胶冻样类芽孢杆菌	有效活菌数≥0.20 亿 /g $N + P_2O_5 + K_2O = 12.0\%$ 有机质≥20.0%	黄瓜、苹果、白菜	微生物肥（2017）准字（2287）号

续表

企业名称	产品通用名	产品商品名	产品形态	有效菌种名称	技术指标（有效成分及含量）	适用作物/区域	登记证号
雷邦斯生物技术（北京）有限公司	复合微生物肥料	复合微生物肥料	粉剂	枯草芽孢杆菌、类芽孢杆菌	有效活菌数≥0.20亿/g N+P$_2$O$_5$+K$_2$O=25.0% 有机质≥20.0%	黄瓜、苹果、西瓜	微生物肥（2017）准字（2288）号
广西地源之本肥业有限公司	复合微生物肥料	复合微生物肥料	粉剂	地衣芽孢杆菌	有效活菌数≥0.20亿/g N+P$_2$O$_5$+K$_2$O=8.0% 有机质≥20.0%	空心菜	微生物肥（2017）准字（2289）号
广东丰康生物科技有限公司	复合微生物肥料	复合微生物肥料	粉剂	解淀粉芽孢杆菌、地衣芽孢杆菌	有效活菌数≥0.20亿/g N+P$_2$O$_5$+K$_2$O=8.0% 有机质≥20.0%	菜心	微生物肥（2017）准字（2290）号
江阴市联业生物科技有限公司	复合微生物肥料	复合微生物肥料	颗粒	解淀粉芽孢杆菌	有效活菌数≥0.20亿/g N+P$_2$O$_5$+K$_2$O=8.0% 有机质≥20.0%	番茄、梨树	微生物肥（2017）准字（2291）号
陕西联合利农有限公司	复合微生物肥料	复合微生物肥料	颗粒	枯草芽孢杆菌、类芽孢杆菌	有效活菌数≥0.50亿/g N+P$_2$O$_5$+K$_2$O=8.0% 有机质≥20.0%	白菜、苹果、葡萄、猕猴桃	微生物肥（2017）准字（2294）号
雷邦斯生物技术（北京）有限公司	复合微生物肥料	复合微生物肥料	颗粒	枯草芽孢杆菌、类芽孢杆菌	有效活菌数≥0.20亿/g N+P$_2$O$_5$+K$_2$O=8.0% 有机质≥20.0%	黄瓜、苹果	微生物肥（2017）准字（2295）号
雷邦斯生物技术（北京）有限公司	复合微生物肥料	复合微生物肥料	颗粒	枯草芽孢杆菌、类芽孢杆菌	有效活菌数≥0.20亿/g N+P$_2$O$_5$+K$_2$O=15.0% 有机质≥20.0%	大豆、苹果	微生物肥（2017）准字（2296）号
山东亿丰源生物科技股份有限公司	复合微生物肥料	复合微生物肥料	颗粒	解淀粉芽孢杆菌、地衣芽孢杆菌	有效活菌数≥2.0亿/g N+P$_2$O$_5$+K$_2$O=22.0% 有机质≥20.0%	马铃薯	微生物肥（2017）准字（2297）号

续表

企业名称	产品通用名	产品商品名	产品形态	有效菌种名称	技术指标（有效成分及含量）	适用作物/区域	登记证号
石家庄宏捷农化有限公司	复合微生物肥料	复合微生物肥料	颗粒	枯草芽孢杆菌、胶冻样类芽孢杆菌	有效活菌数≥0.20亿/g N+P₂O₅+K₂O=25.0% 有机质≥20.0%	番茄	微生物肥（2017）准字（2298）号
河南艾农肥业有限公司	复合微生物肥料	复合微生物肥料	颗粒	解淀粉芽孢杆菌、黑曲霉	有效活菌数≥0.20亿/g N+P₂O₅+K₂O=25.0% 有机质≥25.0%	白菜	微生物肥（2017）准字（2299）号
广西地源之本肥业有限公司	复合微生物肥料	复合微生物肥料	颗粒	地衣芽孢杆菌	有效活菌数≥0.20亿/g N+P₂O₅+K₂O=24.0% 有机质≥20.0%	空心菜	微生物肥（2017）准字（2300）号
济源市金亮生物科技有限公司	复合微生物肥料	复合微生物肥料	颗粒	枯草芽孢杆菌、胶冻样类芽孢杆菌	有效活菌数≥0.20亿/g N+P₂O₅+K₂O=25.0% 有机质≥20.0%	油菜、小麦、梨树、白菜	微生物肥（2017）准字（2301）号
邯郸市晨丰生物有限公司	复合微生物肥料	复合微生物肥料	颗粒	枯草芽孢杆菌	有效活菌数≥0.20亿/g N+P₂O₅+K₂O=8.0% 有机质≥20.0%	番茄	微生物肥（2017）准字（2302）号
河南远见农业科技有限公司	复合微生物肥料	复合微生物肥料	颗粒	枯草芽孢杆菌	有效活菌数≥0.20亿/g N+P₂O₅+K₂O=25.0% 有机质≥20.0%	白菜	微生物肥（2017）准字（2303）号
广西地源之本肥业有限公司	复合微生物肥料	复合微生物肥料	液体	地衣芽孢杆菌	有效活菌数≥0.50亿/mL N+P₂O₅+K₂O=6.0%	空心菜	微生物肥（2017）准字（2304）号
兴农药业（中国）有限公司	复合微生物肥料	复合微生物肥料	液体	枯草芽孢杆菌	有效活菌数≥0.50亿/mL N+P₂O₅+K₂O=6.0%	甘蓝	微生物肥（2017）准字（2305）号
盘山县双裕生物化工有限公司	微生物菌剂	微生物菌剂	粉剂	枯草芽孢杆菌	有效活菌数≥2.0亿/g	白菜、黄瓜	微生物肥（2017）准字（2306）号
湖北绿天地生物科技有限公司	微生物菌剂	微生物菌剂	粉剂	枯草芽孢杆菌	有效活菌数≥2.0亿/g	黄瓜	微生物肥（2017）准字（2307）号

续表

企业名称	产品通用名	产品商品名	产品形态	有效菌种名称	技术指标（有效成分及含量）	适用作物/区域	登记证号
石家庄市丰硕肥业有限公司	微生物菌剂	微生物菌剂	粉剂	枯草芽孢杆菌、胶冻样类芽孢杆菌	有效菌数≥2.0亿/g	白菜	微生物肥（2017）准字（2308）号
哈尔滨金丰绿源生物科技有限公司	微生物菌剂	微生物菌剂	颗粒	解淀粉芽孢杆菌	有效菌数≥2.0亿/g	玉米、水稻	微生物肥（2017）准字（2309）号
衡水旭丰生物科技有限公司	微生物菌剂	微生物菌剂	颗粒	枯草芽孢杆菌	有效活菌数≥2.0亿/g	韭菜、花生、辣椒	微生物肥（2017）准字（2310）号
衡水俄乐斯生物肥业有限公司	微生物菌剂	微生物菌剂	颗粒	枯草芽孢杆菌	有效活菌数≥2.0亿/g	韭菜	微生物肥（2017）准字（2311）号
衡水当家肥业有限公司	微生物菌剂	微生物菌剂	颗粒	枯草芽孢杆菌	有效活菌数≥2.0亿/g	韭菜、花生、辣椒	微生物肥（2017）准字（2312）号
衡水丰瑞生物科技有限公司	微生物菌剂	微生物菌剂	颗粒	枯草芽孢杆菌	有效活菌数≥2.0亿/g	韭菜	微生物肥（2017）准字（2313）号
石家庄市丰硕肥业有限公司	微生物菌剂	微生物菌剂	颗粒	枯草芽孢杆菌、胶冻样类芽孢杆菌	有效活菌数≥2.0亿/g	白菜	微生物肥（2017）准字（2314）号
山东黎昊源生物工程有限公司	微生物菌剂	微生物菌剂	颗粒	枯草芽孢杆菌、地衣芽孢杆菌	有效活菌数≥1.0亿/g	大豆、番茄	微生物肥（2017）准字（2315）号
徐州爱保生物工程有限公司	微生物菌剂	微生物菌剂	液体	枯草芽孢杆菌	有效活菌数≥2.0亿/mL	白菜	微生物肥（2017）准字（2316）号
衡水俄乐斯生物肥业有限公司	微生物菌剂	微生物菌剂	液体	枯草芽孢杆菌	有效活菌数≥2.0亿/mL	韭菜	微生物肥（2017）准字（2318）号
哈尔滨金丰绿源生物科技有限公司	微生物菌剂	微生物菌剂	液体	解淀粉芽孢杆菌	有效活菌数≥2.0亿/mL	大豆、黄瓜	微生物肥（2017）准字（2319）号

续表

企业名称	产品通用名	产品商品名	产品形态	有效菌种名称	技术指标（有效成分及含量）	适用作物/区域	登记证号
江苏植丰生物科技有限公司	根瘤菌菌剂	紫云英根瘤菌菌剂	液体	紫云英根瘤菌	有效活菌数≥10.0亿/mL	紫云英	微生物肥（2017）准字（2320）号
宝鸡丰农生物菌制造有限公司	生物有机肥	生物有机肥	粉剂	枯草芽孢杆菌	有效活菌数≥0.20亿/g 有机质≥40.0%	白菜、猕猴桃	微生物肥（2017）准字（2321）号
铜川鑫天源农化科技有限公司	生物有机肥	生物有机肥	粉剂	枯草芽孢杆菌	有效活菌数≥0.20亿/g 有机质≥40.0%	白菜	微生物肥（2017）准字（2322）号
沈阳九利肥业股份有限公司	生物有机肥	生物有机肥	粉剂	地衣芽孢杆菌	有效活菌数≥0.20亿/g 有机质≥40.0%	番茄	微生物肥（2017）准字（2323）号
湖南金叶众望科技股份有限公司	生物有机肥	生物有机肥	粉剂	巨大芽孢杆菌	有效活菌数≥0.20亿/g 有机质≥40.0%	白菜	微生物肥（2017）准字（2324）号
济源恒元丰科技发展有限公司	生物有机肥	生物有机肥	粉剂	枯草芽孢杆菌	有效活菌数≥0.20亿/g 有机质≥40.0%	白菜	微生物肥（2017）准字（2325）号
保定正天生物肥料制造有限公司	生物有机肥	生物有机肥	颗粒	枯草芽孢杆菌、胶冻样类芽孢杆菌	有效活菌数≥0.50亿/g 有机质≥40.0%	黄瓜	微生物肥（2017）准字（2326）号
安琪酵母（赤峰）生物有限公司	生物有机肥	生物有机肥	颗粒	枯草芽孢杆菌、侧孢短芽孢杆菌	有效活菌数≥0.20亿/g 有机质≥40.0%	辣椒、茄子、黄瓜、番茄、葡萄、水稻	微生物肥（2017）准字（2327）号
湖北绿天地生物科技有限公司	生物有机肥	生物有机肥	颗粒	枯草芽孢杆菌	有效活菌数≥0.20亿/g 有机质≥40.0%	芹菜	微生物肥（2017）准字（2328）号
江西丰蓝生物工程有限公司	生物有机肥	生物有机肥	颗粒	枯草芽孢杆菌	有效活菌数≥0.20亿/g 有机质≥40.0%	油菜、葡萄、猕猴桃、脐橙	微生物肥（2017）准字（2329）号
沈阳九利肥业股份有限公司	生物有机肥	生物有机肥	颗粒	地衣芽孢杆菌	有效活菌数≥0.20亿/g 有机质≥40.0%	番茄	微生物肥（2017）准字（2330）号
库尔勒天邦肥料厂	生物有机肥	生物有机肥	颗粒	解淀粉芽孢杆菌	有效活菌数≥0.20亿/g 有机质≥40.0%	番茄	微生物肥（2017）准字（2331）号

续表

企业名称	产品通用名	产品商品名	产品形态	有效菌种名称	技术指标（有效成分及含量）	适用作物/区域	登记证号
阜平县新动力生物有机肥料有限公司	生物有机肥	生物有机肥	颗粒	枯草芽孢杆菌、类芽孢杆菌	有效活菌数≥0.50亿/g 有机质≥40.0%	白菜	微生物肥（2017）准字（2332）号
铜川鑫天源农化科技有限公司	生物有机肥	生物有机肥	颗粒	枯草芽孢杆菌	有效活菌数≥0.20亿/g 有机质≥40.0%	白菜	微生物肥（2017）准字（2333）号
铜川鑫天源农化科技有限公司	复合微生物肥料	复合微生物肥料	粉剂	枯草芽孢杆菌	有效活菌数≥0.20亿/g $N+P_2O_5+K_2O=8.0\%$ 有机质≥20.0%	白菜	微生物肥（2017）准字（2334）号
唐山宏文有机肥料股份有限公司	复合微生物肥料	复合微生物肥料	粉剂	枯草芽孢杆菌、酿酒酵母	有效活菌数≥0.20亿/g $N+P_2O_5+K_2O=8.0\%$ 有机质≥20.0%	油菜	微生物肥（2017）准字（2336）号
河南莲味宝肥业有限公司	复合微生物肥料	复合微生物肥料	颗粒	枯草芽孢杆菌、胶冻样类芽孢杆菌	有效活菌数≥0.20亿/g $N+P_2O_5+K_2O=8.0\%$ 有机质≥20.0%	黄瓜	微生物肥（2017）准字（2337）号
新疆慧尔农业集团股份有限公司	复合微生物肥料	复合微生物肥料	颗粒	枯草芽孢杆菌、地衣芽孢杆菌	有效活菌数≥0.20亿/g $N+P_2O_5+K_2O=12.0\%$ 有机质≥20.0%	番茄、玉米、棉花、番茄	微生物肥（2017）准字（2338）号
雷邦斯生物技术（北京）有限公司	复合微生物肥料	复合微生物肥料	颗粒	枯草芽孢杆菌、胶冻样类芽孢杆菌	有效活菌数≥0.20亿/g $N+P_2O_5+K_2O=25.0\%$ 有机质≥20.0%	大豆、苹果	微生物肥（2017）准字（2339）号
哈尔滨贫恒诺生物工程发展有限公司	复合微生物肥料	复合微生物肥料	颗粒	枯草芽孢杆菌	有效活菌数≥0.20亿/g $N+P_2O_5+K_2O=25.0\%$ 有机质≥20.0%	水稻、玉米	微生物肥（2017）准字（2340）号
深圳市地神肥业有限公司	复合微生物肥料	复合微生物肥料	颗粒	枯草芽孢杆菌	有效活菌数≥0.50亿/g $N+P_2O_5+K_2O=8.0\%$ 有机质≥20.0%	油菜、桃树、花生	微生物肥（2017）准字（2341）号

企业名称	产品通用名	产品商品名	产品形态	有效菌种名称	技术指标（有效成分及含量）	适用作物/区域	登记证号
西安科达农化有限责任公司	复合微生物肥料	复合微生物肥料	颗粒	枯草芽孢杆菌	有效活菌数≥0.20 亿/g $N+P_2O_5+K_2O$=10.0% 有机质≥20.0%	白菜	微生物肥（2017）准字（2342）号
铜川鑫天源农化科技有限公司	复合微生物肥料	复合微生物肥料	颗粒	枯草芽孢杆菌	有效活菌数≥0.20 亿/g $N+P_2O_5+K_2O$=8.0% 有机质≥20.0%	白菜	微生物肥（2017）准字（2343）号
江西菲蓝生物工程有限公司	复合微生物肥料	复合微生物肥料	颗粒	枯草芽孢杆菌	有效活菌数≥0.20 亿/g $N+P_2O_5+K_2O$=15.0% 有机质≥20.0%	油菜、西瓜、蓝莓	微生物肥（2017）准字（2344）号
湖北兰克生物科技有限公司	复合微生物肥料	复合微生物肥料	液体	解淀粉芽孢杆菌	有效活菌数≥0.50 亿/mL $N+P_2O_5+K_2O$=6.0%	番茄、白菜、黄瓜、豆角、油麦菜	微生物肥（2017）准字（2345）号
佛山市碧天生物科技有限公司	复合微生物肥料	复合微生物肥料	液体	解淀粉芽孢杆菌	有效活菌数≥0.50 亿/mL $N+P_2O_5+K_2O$=6.0%	菜心	微生物肥（2017）准字（2346）号
河北巨微生物科技有限公司	有机物料腐熟剂	秸秆腐熟剂	粉剂	枯草芽孢杆菌、解淀粉芽孢杆菌、米曲霉	有效活菌数≥0.50 亿/g	农作物秸秆	微生物肥（2017）准字（2347）号
湖南泰谷生物科技股份有限公司	有机物料腐熟剂	秸秆腐熟剂	粉剂	解淀粉芽孢杆菌、酿酒酵母、长枝木霉	有效活菌数≥0.50 亿/g	农作物秸秆	微生物肥（2017）准字（2348）号
邢台和阳生物工程有限公司	有机物料腐熟剂	有机物料腐熟剂	粉剂	解淀粉芽孢杆菌、米曲霉、嗜热侧孢霉	有效活菌数≥0.50 亿/g	畜禽粪便	微生物肥（2017）准字（2349）号
山东土秀才生物科技有限公司	有机物料腐熟剂	有机物料腐熟剂	粉剂	解淀粉芽孢杆菌、酿酒酵母、黑曲霉	有效活菌数≥2.0 亿/g	农作物秸秆	微生物肥（2017）准字（2351）号
湖北绿天地生物科技有限公司	有机物料腐熟剂	有机物料腐熟剂	粉剂	枯草芽孢杆菌、地衣芽孢杆菌、侧孢短芽孢杆菌、米曲霉、黑曲霉	有效活菌数≥0.50 亿/g	农作物秸秆	微生物肥（2017）准字（2353）号

续表

企业名称	产品通用名	产品商品名	产品形态	有效菌种名称	技术指标（有效成分及含量）	适用作物/区域	登记证号
衡水丰瑞生物科技有限公司	微生物菌剂	微生物菌剂	粉剂	枯草芽孢杆菌	有效活菌数≥2.0亿/g	韭菜	微生物肥（2017）准字（2354）号
济宁立信生物工程有限公司	微生物菌剂	微生物菌剂	粉剂	枯草芽孢杆菌、植物乳杆菌	有效活菌数≥2.0亿/g	苹果、葡萄、柑橘	微生物肥（2017）准字（2355）号
黑龙江格林恒业生物科技有限公司	微生物菌剂	微生物菌剂	粉剂	枯草芽孢杆菌	有效活菌数≥2.0亿/g	水稻、马铃薯、黄瓜	微生物肥（2017）准字（2356）号
海南金雨丰生物工程有限公司	微生物菌剂	微生物菌剂	粉剂	哈茨木霉	有效活菌数≥2.0亿/g	菜心、番茄、生姜、辣椒	微生物肥（2017）准字（2357）号
江西菲蓝生物工程有限公司	微生物菌剂	微生物菌剂	粉剂	枯草芽孢杆菌	有效活菌数≥2.0亿/g	油菜、茶叶、烟草、苹果	微生物肥（2017）准字（2358）号
陕西沁稼生态科技有限公司	微生物菌剂	微生物菌剂	粉剂	枯草芽孢杆菌	有效活菌数≥2.0亿/g	白菜	微生物肥（2017）准字（2361）号
鹤壁市汇恩生物科技有限公司	微生物菌剂	微生物菌剂	粉剂	解淀粉芽孢杆菌、胶冻样类芽孢杆菌	有效活菌数≥2.0亿/g	白菜、黄瓜、番茄、芦笋	微生物肥（2017）准字（2362）号
安阳市喜满地肥业有限责任公司	微生物菌剂	微生物菌剂	粉剂	枯草芽孢杆菌	有效活菌数≥2.0亿/g	番茄、黄瓜、辣椒	微生物肥（2017）准字（2363）号
山东沃地丰生物肥料有限公司	微生物菌剂	微生物菌剂	粉剂	枯草芽孢杆菌、地衣芽孢杆菌	有效活菌数≥2.0亿/g	大豆、辣椒	微生物肥（2017）准字（2364）号
山东沃地丰生物工程有限公司	微生物菌剂	微生物菌剂	粉剂	枯草芽孢杆菌、地衣芽孢杆菌	有效活菌数≥8.0亿/g	玉米、大蒜	微生物肥（2017）准字（2365）号
山东黎昊源生物工程有限公司	微生物菌剂	微生物菌剂	粉剂	枯草芽孢杆菌、地衣芽孢杆菌	有效活菌数≥8.0亿/g	西瓜、大蒜	微生物肥（2017）准字（2366）号
北京中农富源生物工程技术有限公司	微生物菌剂	微生物菌剂	粉剂	枯草芽孢杆菌、地衣芽孢杆菌	有效活菌数≥8.0亿/g	白菜、大蒜	微生物肥（2017）准字（2367）号

续表

企业名称	产品通用名	产品商品名	产品形态	有效菌种名称	技术指标（有效成分及含量）	适用作物／区域	登记证号
山东黎昊源生物工程有限公司	微生物菌剂	微生物菌剂	颗粒	枯草芽孢杆菌、地衣芽孢杆菌	有效活菌数≥2.0亿/g	辣椒、西瓜	微生物肥（2017）准字（2368）号
北京中农富源生物工程技术有限公司	微生物菌剂	微生物菌剂	颗粒	枯草芽孢杆菌、地衣芽孢杆菌	有效活菌数≥2.0亿/g	番茄、西瓜	微生物肥（2017）准字（2369）号
郑州云大化工有限公司	微生物菌剂	微生物菌剂	颗粒	枯草芽孢杆菌、侧孢短芽孢杆菌、巨大芽孢杆菌	有效活菌数≥2.0亿/g	白菜、小麦、黄瓜、水稻	微生物肥（2017）准字（2370）号
郑州沙隆达植物保护技术有限公司	微生物菌剂	微生物菌剂	颗粒	枯草芽孢杆菌、侧孢短芽孢杆菌、巨大芽孢杆菌	有效活菌数≥2.0亿/g	白菜、花生、玉米、小麦	微生物肥（2017）准字（2372）号
黑龙江格林恒业生物科技有限公司	微生物菌剂	微生物菌剂	液体	枯草芽孢杆菌	有效活菌数≥2.0亿/mL	水稻、马铃薯、黄瓜	微生物肥（2017）准字（2376）号
陕西沁稼生态科技有限公司	微生物菌剂	微生物菌剂	液体	枯草芽孢杆菌	有效活菌数≥2.0亿/mL	白菜	微生物肥（2017）准字（2377）号
双鸭山市瑞禾田农业科技有限公司	微生物菌剂	微生物菌剂	液体	枯草芽孢杆菌	有效活菌数≥2.0亿/mL	番茄	微生物肥（2017）准字（2382）号
山东益生源微生物技术有限公司	微生物菌剂	微生物菌剂	液体	枯草芽孢杆菌	有效活菌数≥2.0亿/mL	番茄、黄瓜、辣椒、茄子	微生物肥（2017）准字（2383）号
兴邦（武汉）生物科技有限公司	根瘤菌菌剂	花生根瘤菌菌剂	液体	花生根瘤菌	有效活菌数≥5.0亿/mL	花生	微生物肥（2017）准字（2384）号
济宁立信生物工程有限公司	生物有机肥	生物有机肥	粉剂	枯草芽孢杆菌	有效活菌数≥0.20亿/g 有机质≥40.0%	葡萄、马铃薯、山药、水稻	微生物肥（2017）准字（2386）号
陕西百代可可生态科技有限公司	生物有机肥	生物有机肥	粉剂	枯草芽孢杆菌	有效活菌数≥0.20亿/g 有机质≥40.0%	黄瓜	微生物肥（2017）准字（2390）号

续表

企业名称	产品通用名	产品商品名	产品形态	有效菌种名称	技术指标（有效成分及含量）	适用作物/区域	登记证号
陕西昂绿生物科技有限公司	生物有机肥	生物有机肥	粉剂	枯草芽孢杆菌	有效活菌数≥0.20亿/g 有机质≥40.0%	番茄	微生物肥（2017）准字（2392）号
鹤壁市汇恩生物科技有限公司	生物有机肥	生物有机肥	粉剂	解淀粉芽孢杆菌、地衣芽孢杆菌	有效活菌数≥0.20亿/g 有机质≥40.0%	白菜、黄瓜、番茄、芦笋	微生物肥（2017）准字（2394）号
辽宁宏阳生物有限公司	生物有机肥	生物有机肥	颗粒	解淀粉芽孢杆菌、胶冻样类芽孢杆菌	有效活菌数≥0.20亿/g 有机质≥40.0%	番茄、黄瓜、茄子、辣椒	微生物肥（2017）准字（2397）号
河北国沃生物技术有限公司	生物有机肥	生物有机肥	颗粒	巨大芽孢杆菌、胶冻样类芽孢杆菌	有效活菌数≥0.20亿/g 有机质≥40.0%	番茄、甜瓜、红薯、芹菜	微生物肥（2017）准字（2398）号
联合绿友生物技术河北公司	生物有机肥	生物有机肥	颗粒	枯草芽孢杆菌、胶冻样类芽孢杆菌	有效活菌数≥0.50亿/g 有机质≥40.0%	油菜	微生物肥（2017）准字（2399）号
陕西百代可可生态科技有限公司	生物有机肥	生物有机肥	颗粒	枯草芽孢杆菌	有效活菌数≥0.20亿/g 有机质≥40.0%	黄瓜	微生物肥（2017）准字（2401）号
黑龙江瑞苗肥料制造有限责任公司	生物有机肥	生物有机肥	颗粒	枯草芽孢杆菌	有效活菌数≥0.20亿/g 有机质≥40.0%	大豆、水稻、花生、玉米、番茄、油菜、烤烟	微生物肥（2017）准字（2402）号
榆林市榆阳区民兴现代农业开发有限公司	生物有机肥	生物有机肥	颗粒	枯草芽孢杆菌	有效活菌数≥0.20亿/g 有机质≥40.0%	白菜	微生物肥（2017）准字（2403）号
佛山金麦子植物营养有限公司	复合微生物肥料	金麦子复合微生物肥	粉剂	枯草芽孢杆菌、地衣芽孢杆菌、米曲霉	有效活菌数≥0.20亿/g N+P₂O₅+K₂O=8.0% 有机质≥20.0%	白菜、水稻、小麦、花生、茄、柑橘	微生物肥（2017）准字（2406）号
石家庄奋豆肥业科技有限公司	复合微生物肥料	复合微生物肥料	粉剂	解淀粉芽孢杆菌	有效活菌数≥0.20亿/g N+P₂O₅+K₂O=8.0% 有机质≥20.0%	小麦、苹果、葡萄、水稻	微生物肥（2017）准字（2407）号

311

续表

企业名称	产品通用名	产品商品名	产品形态	有效菌种名称	技术指标（有效成分及含量）	适用作物/区域	登记证号
陕西百代可可生态科技有限公司	复合微生物肥料	复合微生物肥料	粉剂	枯草芽孢杆菌	有效活菌数≥0.20亿/g $N+P_2O_5+K_2O$≥8.0% 有机质≥20.0%	番茄	微生物肥（2017）准字（2408）号
沈阳鑫嘉捷生物制剂有限公司	复合微生物肥料	复合微生物肥料	粉剂	枯草芽孢杆菌、地衣芽孢杆菌、胶冻样类芽孢杆菌	有效活菌数≥0.20亿/g $N+P_2O_5+K_2O$≥15.0% 有机质≥20.0%	黄瓜、番茄、水稻、草莓	微生物肥（2017）准字（2409）号
陕西百代可可生态科技有限公司	复合微生物肥料	复合微生物肥料	颗粒	枯草芽孢杆菌	有效活菌数≥0.20亿/g $N+P_2O_5+K_2O$≥8.0% 有机质≥20.0%	番茄	微生物肥（2017）准字（2410）号
榆林市榆阳区民兴现代农业开发有限公司	复合微生物肥料	复合微生物肥料	颗粒	枯草芽孢杆菌	有效活菌数≥0.20亿/g $N+P_2O_5+K_2O$≥25.0% 有机质≥20.0%	白菜	微生物肥（2017）准字（2413）号
唐山宏文有机肥料有限公司	复合微生物肥料	复合微生物肥料	颗粒	枯草芽孢杆菌、酿酒酵母	有效活菌数≥0.20亿/g $N+P_2O_5+K_2O$≥18.0% 有机质≥20.0%	番茄	微生物肥（2017）准字（2414）号
漳州立加得农业科技有限公司	复合微生物肥料	复合微生物肥料	液体	侧孢短芽孢杆菌	有效活菌数≥0.50亿/mL $N+P_2O_5+K_2O$≥6.0%	雍菜、水稻、花生、马铃薯	微生物肥（2017）准字（2415）号
陕西先农生物科技有限公司	微生物菌剂	微生物菌剂	粉剂	解淀粉芽孢杆菌	有效活菌数≥5.0亿/g	黄瓜	微生物肥（2017）准字（2423）号
金正大生态工程集团股份有限公司	微生物菌剂	微生物菌剂	粉剂	解淀粉芽孢杆菌	有效活菌数≥5.0亿/g	番茄、辣椒	微生物肥（2017）准字（2426）号
辽宁一亩神农业科技有限公司	微生物菌剂	微生物菌剂	颗粒	枯草芽孢杆菌、巨大芽孢杆菌	有效活菌数≥1.0亿/g	黄瓜	微生物肥（2017）准字（2435）号
济宁立信生物工程有限公司	微生物菌剂	微生物菌剂	液体	枯草芽孢杆菌、植物乳杆菌	有效活菌数≥2.0亿/mL	番茄	微生物肥（2017）准字（2441）号

续表

企业名称	产品通用名	产品商品名	产品形态	有效菌种名称	技术指标（有效成分及含量）	适用作物／区域	登记证号
金正大生态工程集团股份有限公司	微生物菌剂	微生物菌剂	液体	解淀粉芽孢杆菌	有效活菌数≥5.0 亿／mL	辣椒、番茄	微生物肥（2017）准字（2443）号
辽宁一苗神农业科技有限公司	复合微生物肥料	复合微生物肥料	颗粒	地衣芽孢杆菌、类芽孢杆菌	有效活菌数≥0.20 亿／g N+P$_2$O$_5$+K$_2$O=8.0% 有机质≥20.0%	黄瓜	微生物肥（2017）准字（2475）号
黑龙江农得鑫肥业有限公司	复合微生物肥料	复合微生物肥料	颗粒	枯草芽孢杆菌、类芽孢杆菌	有效活菌数≥0.20 亿／g N+P$_2$O$_5$+K$_2$O≥20.0% 有机质≥20.0%	玉米	微生物肥（2017）准字（2477）号
辽宁一苗神农业科技有限公司	微生物菌剂	微生物菌剂	液体	植物乳杆菌	有效活菌数≥2.0 亿／mL	辣椒	微生物肥（2017）准字（2498）号
黑龙江省誉东生物科技有限公司	复合微生物肥料	复合微生物肥料	粉剂	解淀粉芽孢杆菌	有效活菌数≥0.20 亿／g N+P$_2$O$_5$+K$_2$O=10.0% 有机质≥20.0%	水稻	微生物肥（2017）准字（2521）号
衡水俄乐斯生物肥业有限公司	微生物菌剂	微生物菌剂	粉剂	枯草芽孢杆菌	有效活菌数≥2.0 亿／g	韭菜	微生物肥（2017）准字（2555）号
兰州强华生农生物科技有限公司	生物有机肥	生物有机肥	颗粒	枯草芽孢杆菌、类芽孢杆菌	有效活菌数≥0.20 亿／g 有机质≥40.0%	番茄	微生物肥（2017）准字（2587）号
唐山明仁生物能开发有限公司	生物有机肥	生物有机肥	粉剂	地衣芽孢杆菌、类芽孢杆菌	有效活菌数≥2.0 亿／g 有机质≥45.0%	油菜	微生物肥（2017）准字（2638）号
武威威力特生物肥业有限公司	生物有机肥	生物有机肥	颗粒	地衣芽孢杆菌	有效活菌数≥0.20 亿／g 有机质≥40.0%	番茄	微生物肥（2017）准字（2651）号
泰安达沃斯生物科技有限公司	达沃斯微生物菌剂	达沃斯微生物菌剂	粉剂	枯草芽孢杆菌	有效活菌数≥2.0 亿／g	菠菜	微生物肥（2017）准字（2681）号

续表

企业名称	产品通用名称	产品商品名	产品形态	有效菌种名称	技术指标（有效成分及含量）	适用作物/区域	登记证号
江苏植丰生物科技有限公司	微生物菌剂	微生物菌剂	粉剂	枯草芽孢杆菌、弗氏链霉菌	有效活菌数≥5.0亿/g	白菜	微生物肥（2017）准字（2687）号
河南力克化工有限公司	微生物菌剂	微生物菌剂	粉剂	枯草芽孢杆菌	有效活菌数≥2.0亿/g	白菜	微生物肥（2017）准字（2698）号
哈尔滨圣苗生物科技有限公司	微生物菌剂	微生物菌剂	颗粒	枯草芽孢杆菌	有效活菌数≥1.0亿/g	玉米	微生物肥（2017）准字（2706）号
河南点土成金肥业有限公司	微生物菌剂	微生物菌剂	液体	枯草芽孢杆菌	有效活菌数≥2.0亿/g	白菜	微生物肥（2017）准字（2709）号
泰安达沃斯生物科技有限公司	微生物菌剂	达沃斯微生物菌剂	液体	枯草芽孢杆菌	有效活菌数≥2.0亿/mL	生菜	微生物肥（2017）准字（2711）号
哈尔滨圣苗生物科技有限公司	微生物菌剂	微生物菌剂	液体	枯草芽孢杆菌	有效活菌数≥2.0亿/mL	玉米	微生物肥（2017）准字（2716）号
宝鸡科瑞生物科技有限责任公司	生物有机肥	生物有机肥	粉剂	枯草芽孢杆菌	有效活菌数≥0.20亿/g 有机质≥40.0%	黄瓜	微生物肥（2017）准字（2729）号
重庆圣沛农业科技有限公司	生物有机肥	生物有机肥	粉剂	巨大芽孢杆菌	有效活菌数≥0.20亿/g 有机质≥40.0%	莴苣	微生物肥（2017）准字（2744）号
甘肃米亚生物科技有限公司	生物有机肥	生物有机肥	颗粒	地衣芽孢杆菌	有效活菌数≥0.20亿/g 有机质≥40.0%	番茄	微生物肥（2017）准字（2745）号
湖北田禾生物科技有限公司	生物有机肥	生物有机肥	颗粒	解淀粉芽孢杆菌	有效活菌数≥0.20亿/g 有机质≥40.0%	茶叶	微生物肥（2017）准字（2753）号
临西县老官寨镇六和有机肥厂	生物有机肥	生物有机肥	颗粒	枯草芽孢杆菌	有效活菌数≥0.20亿/g 有机质≥40.0%	油菜	微生物肥（2017）准字（2754）号

续表

企业名称	产品通用名	产品商品名	产品形态	有效菌种名称	技术指标（有效成分及含量）	适用作物/区域	登记证号
重庆圣沛农业科技有限公司	复合微生物肥料	复合微生物肥料	粉剂	巨大芽孢杆菌	有效活菌数≥0.20亿/g N+P$_2$O$_5$+K$_2$O=10.0% 有机质≥20.0%	莴苣	微生物肥（2017）准字（2761）号
南宁新艾美生物工程技术有限公司	复合微生物肥料	复合微生物肥料	粉剂	解淀粉芽孢杆菌、地衣芽孢杆菌	有效活菌数≥5.0亿/g N+P$_2$O$_5$+K$_2$O=8.0% 有机质≥20.0%	白菜	微生物肥（2017）准字（2766）号
南宁新艾美生物工程技术有限公司	复合微生物肥料	复合微生物肥料	液体	解淀粉芽孢杆菌、地衣芽孢杆菌	有效活菌数≥0.50亿/mL N+P$_2$O$_5$+K$_2$O=6.0%	白菜	微生物肥（2017）准字（2778）号
吉米高（马来西亚）有限公司（GEOM-ICO SDN.BHD）	复合微生物肥料	复合微生物肥料	液体	枯草芽孢杆菌、地衣芽孢杆菌	有效活菌数≥0.50亿/mL N+P$_2$O$_5$+K$_2$O=6.0%	白菜	微生物肥（2017）准字（2779）号
江苏稹丰生物科技有限公司	有机物料腐熟剂	有机物料腐熟剂	粉剂	枯草芽孢杆菌、酿酒酵母、乳酸乳球菌、米曲霉	有效活菌数≥5.0亿/g	农作物秸秆、畜禽粪便	微生物肥（2017）准字（2790）号
河北国沃生物技术有限公司	微生物菌剂	微生物菌剂	颗粒	枯草芽孢杆菌、胶冻样类芽孢杆菌	有效活菌数≥1.0亿/g	油菜	微生物肥（2017）准字（2809）号
河北丰农有机肥制造有限公司	生物有机肥	生物有机肥	粉剂	枯草芽孢杆菌	有效活菌数≥0.20亿/g 有机质≥40.0%	生菜	微生物肥（2017）准字（2823）号
鹤壁涌田生物科技有限公司	生物有机肥	生物有机肥	粉剂	枯草芽孢杆菌、地衣芽孢杆菌	有效活菌数≥0.20亿/g 有机质≥40.0%	白菜	微生物肥（2017）准字（2825）号
昆明线叙生物科技有限公司	生物有机肥	生物有机肥	粉剂	枯草芽孢杆菌	有效活菌数≥0.20亿/g 有机质≥40.0%	白菜、莲花白、花菜、芹菜	微生物肥（2017）准字（2387）号
江西县立于生物肥业有限公司	生物有机肥	生物有机肥	粉剂	枯草芽孢杆菌、胶冻样类芽孢杆菌	有效活菌数≥0.20亿/g 有机质≥40.0%	油菜	微生物肥（2017）准字（2640）号

续表

企业名称	产品通用名	产品商品名	产品形态	有效菌种名称	技术指标（有效成分及含量）	适用作物/区域	登记证号
黑龙江省大地丰农科技业开发有限公司	微生物菌剂	微生物菌剂	粉剂	枯草芽孢杆菌	有效活菌数≥2.0 亿/g	水稻	微生物肥（2017）准字（2694）号
江苏天补生态肥业有限公司	有机物料腐熟剂	有机物料腐熟剂	粉剂	枯草芽孢杆菌、地衣芽孢杆菌、里氏木霉、娄彻氏链霉菌	有效活菌数≥0.50 亿/g	农作物秸秆	微生物肥（2017）准字（2352）号
山东新超农业科技有限公司	微生物菌剂	微生物菌剂	液体	解淀粉芽孢杆菌	有效活菌数≥2.0 亿/mL	油菜	微生物肥（2017）准字（2374）号
山东新超农业科技有限公司	生物有机肥	生物有机肥	粉剂	解淀粉芽孢杆菌	有效活菌数≥0.20 亿/g 有机质≥40.0%	菠菜	微生物肥（2017）准字（2391）号
新乡市莱恩坪安园林有限公司	微生物菌剂	微生物菌剂	粉剂	枯草芽孢杆菌	有效活菌数≥2.0 亿/g	油菜	微生物肥（2017）准字（2429）号
江苏禛丰生物科技有限公司	复合微生物肥料	复合微生物肥料	粉剂	枯草芽孢杆菌、芽孢杆菌、弗氏链霉菌	有效活菌数≥5.0 亿/g N+P₂O₅+K₂O=20.0% 有机质≥20.0%	葡萄	微生物肥（2017）准字（2467）号
江苏禛丰生物科技有限公司	生物有机肥	生物有机肥	颗粒	解淀粉芽孢杆菌、地衣芽孢杆菌	有效活菌数≥0.20 亿/g 有机质≥40.0%	烟草、小麦、玉米	微生物肥（2017）准字（2517）号
杨凌新领地生物科技有限公司	生物有机肥	生物有机肥	粉剂	枯草芽孢杆菌	有效活菌数≥0.20 亿/g 有机质≥40.0%	番茄	微生物肥（2017）准字（2727）号
新乡市莱恩坪安园林有限公司	微生物菌剂	微生物菌剂	液体	枯草芽孢杆菌	有效活菌数≥2.0 亿/mL	黄瓜	微生物肥（2017）准字（2820）号
江苏禛丰生物科技有限公司	有机物料腐熟剂	有机物料腐熟剂	液体	枯草芽孢杆菌、地衣芽孢杆菌	有效活菌数≥5.0 亿/mL	农作物秸秆	微生物肥（2017）准字（3047）号
南京三美农业发展有限公司	有机物料腐熟剂	有机物料腐熟剂	粉剂	枯草芽孢杆菌、酿酒酵母、绿色木霉	有效活菌数≥0.50 亿/g	农作物秸秆、畜禽粪便	微生物肥（2017）准字（2350）号

续表

企业名称	产品通用名	产品商品名	产品形态	有效菌种名称	技术指标（有效成分及含量）	适用作物/区域	登记证号
石家庄中农兴泰生物科技有限公司	微生物菌剂	微生物菌剂	颗粒	枯草芽孢杆菌、胶冻样类芽孢杆菌	有效活菌数≥2.0 亿/g	番茄、苹果、花生、山药	微生物肥（2017）准字（2371）号
海南霖田农业生物技术有限公司	微生物菌剂	微生物菌剂	液体	解淀粉芽孢杆菌、地衣芽孢杆菌	有效活菌数≥2.0 亿/mL	白菜、豇豆、西瓜、柑橘	微生物肥（2017）准字（2378）号
山东沃丰生物肥料有限公司	微生物菌剂	微生物菌剂	液体	枯草芽孢杆菌、地衣芽孢杆菌	有效活菌数≥20.0 亿/mL	黄瓜、花生	微生物肥（2017）准字（2379）号
山东黎昊源生物工程有限公司	微生物菌剂	微生物菌剂	液体	枯草芽孢杆菌、地衣芽孢杆菌	有效活菌数≥20.0 亿/mL	白菜、花生	微生物肥（2017）准字（2380）号
北京中农富源生物工程技术有限公司	微生物菌剂	微生物菌剂	液体	枯草芽孢杆菌、地衣芽孢杆菌	有效活菌数≥20.0 亿/mL	马铃薯、草莓	微生物肥（2017）准字（2381）号
石家庄科报化工有限公司	生物有机肥	生物有机肥	颗粒	枯草芽孢杆菌、胶冻样类芽孢杆菌	有机质≥40.0%	番茄、苹果、花生、山药	微生物肥（2017）准字（2396）号
阿拉尔恩禾生物科技有限责任公司	复合生物肥料	复合生物肥料	液体	解淀粉芽孢杆菌	有效活菌数≥0.50 亿/mL N+P₂O₅+K₂O=6.0%	枣树、番茄、辣椒、黄瓜、苹果、葡萄	微生物肥（2017）准字（2416）号
河南省亿民兴肥业有限公司	微生物菌剂	微生物菌剂	粉剂	枯草芽孢杆菌	有效活菌数≥2.0 亿/g	小麦	微生物肥（2017）准字（2422）号
山西绿图生物科技有限公司	生物有机肥	生物有机肥	颗粒	解淀粉芽孢杆菌、胶冻样类芽孢杆菌	有效活菌数≥0.20 亿/g 有机质≥40.0%	大豆、西瓜、谷子	微生物肥（2017）准字（2457）号
山西绿图生物科技有限公司	复合微生物肥料	复合微生物肥料	颗粒	解淀粉芽孢杆菌、胶冻样类芽孢杆菌	有效活菌数≥0.20 亿/g N+P₂O₅+K₂O=8.0% 有机质≥20.0%	玉米、小麦、番茄	微生物肥（2017）准字（2470）号
山东裕丰农化集团有限公司	微生物菌剂	微生物菌剂	液体	枯草芽孢杆菌	有效活菌数≥10.0 亿/mL	芹菜	微生物肥（2017）准字（3000）号

续表

企业名称	产品通用名	产品商品名	产品形态	有效菌种名称	技术指标 （有效成分及含量）	适用作物/区域	登记证号
山东植丰农化集团有限公司	复合微生物肥料	复合微生物肥料	粉剂	枯草芽孢杆菌	有效活菌数≥0.20亿/g N+P₂O₅+K₂O=8.0% 有机质≥20.0%	芹菜	微生物肥（2017）准字（3005）号
山东植丰农化集团有限公司	复合微生物肥料	复合微生物肥料	颗粒	枯草芽孢杆菌	有效活菌数≥0.20亿/g N+P₂O₅+K₂O=8.0% 有机质≥20.0%	芹菜	微生物肥（2017）准字（3006）号
新疆丰宝生物科技有限公司	生物有机肥	生物有机肥	颗粒	枯草芽孢杆菌	有效活菌数≥0.20亿/g 有机质≥40.0%	玉米	微生物肥（2017）准字（3044）号

2017 年中国生物技术企业上市情况

附表 8　2017 年中国生物技术／医疗健康领域的上市公司[436]

上市时间	上市企业	所属行业	募资金额	交易所
20171222	火鹤制药	医药	非公开	全国中小企业股份转让系统（新三板）
20171220	爱康医疗	医疗设备	HKD 4.4 亿	香港证券交易所主板
20171218	科炬生物	医疗设备	非公开	全国中小企业股份转让系统（新三板）
20171211	康奇生物	保健品	非公开	全国中小企业股份转让系统（新三板）
20171208	一飞药业	医药	非公开	全国中小企业股份转让系统（新三板）
20171129	博瑞生物	医药	非公开	全国中小企业股份转让系统（新三板）
20171116	盘龙药业	化学药品制剂制造业	RMB 2.2 亿	深圳证券交易所中小板
20171116	中农立华	其他生物技术／医疗健康	RMB 4.2 亿	上海证券交易所
20171116	一品红	医药	RMB 6.8 亿	深圳证券交易所创业板
20171110	药石科技	化学药品制剂制造业	RMB 2.1 亿	深圳证券交易所创业板
20171110	万洁天元	医疗设备	非公开	全国中小企业股份转让系统（新三板）
20171109	冠翔生物	医疗设备	非公开	全国中小企业股份转让系统（新三板）
20171108	康亚药业	医药	非公开	全国中小企业股份转让系统（新三板）
20171103	汉邦生物	生物工程	非公开	全国中小企业股份转让系统（新三板）
20171102	安普泽	其他生物技术／医疗健康	非公开	全国中小企业股份转让系统（新三板）
20171020	华森制药	医药	RMB 1.8 亿	深圳证券交易所中小板
20171016	康隆生物	医药	非公开	全国中小企业股份转让系统（新三板）
20171016	俊豪医械	医疗设备	非公开	全国中小企业股份转让系统（新三板）
20171010	九典制药	医药	RMB 3.0 亿	深圳证券交易所创业板
20171009	泓迅生物	其他生物技术／医疗健康	非公开	全国中小企业股份转让系统（新三板）
20170929	辰欣药业	医药	RMB 11.7 亿	上海证券交易所
20170928	润虹医药	其他生物技术／医疗健康	非公开	全国中小企业股份转让系统（新三板）
20170922	大博医疗	医疗设备	RMB 4.6 亿	深圳证券交易所中小板
20170922	哈三联	化学药品制剂制造业	RMB 9.5 亿	深圳证券交易所中小板
20170922	大理药业	医药	RMB 3.1 亿	上海证券交易所
20170921	英华融泰	医疗设备	非公开	全国中小企业股份转让系统（新三板）
20170920	再鼎医药	医药	USD 15.0 亿	纳斯达克证券交易所
20170919	SISRAM MED	医疗设备	HKD 9.8 亿	香港证券交易所主板
20170919	天宇股份	医药	RMB 6.7 亿	深圳证券交易所创业板
20170918	滇草六味	医药	非公开	全国中小企业股份转让系统（新三板）

436 数据来源：清科数据；RMB：人民币；USD：美元；HKD：港币。

续表

上市时间	上市企业	所属行业	募资金额	交易所
20170912	赛隆药业	医药	RMB 3.3 亿	深圳证券交易所中小板
20170908	金域医学	生物技术 / 医疗健康	RMB 4.8 亿	上海证券交易所
20170908	日月生物	保健品	非公开	全国中小企业股份转让系统（新三板）
20170908	豪迈生物	医疗设备	非公开	全国中小企业股份转让系统（新三板）
20170906	麦澳医疗	医疗设备	非公开	全国中小企业股份转让系统（新三板）
20170828	橘香斋	保健品	非公开	全国中小企业股份转让系统（新三板）
20170825	爱民制药	医药	非公开	全国中小企业股份转让系统（新三板）
20170825	天意药业	医药	非公开	全国中小企业股份转让系统（新三板）
20170825	昭衍新药	医药	RMB 2.6 亿	上海证券交易所
20170824	侨森医疗	医疗设备	非公开	全国中小企业股份转让系统（新三板）
20170824	八通生物	医疗设备	非公开	全国中小企业股份转让系统（新三板）
20170823	圣达生药	化学药品原药制造业	RMB 3.0 亿	上海证券交易所
20170823	凯思特	医疗设备	非公开	全国中小企业股份转让系统（新三板）
20170823	华声医疗	医疗设备	非公开	全国中小企业股份转让系统（新三板）
20170822	凯润药业	医药	非公开	全国中小企业股份转让系统（新三板）
20170822	大唐汉方	医药	非公开	全国中小企业股份转让系统（新三板）
20170822	贝参药业	医药	非公开	全国中小企业股份转让系统（新三板）
20170821	柏荟医疗	医疗服务	非公开	全国中小企业股份转让系统（新三板）
20170818	浩大海洋	保健品	非公开	全国中小企业股份转让系统（新三板）
20170818	澳凯龙	医疗设备	非公开	全国中小企业股份转让系统（新三板）
20170818	奥绿新	其他生物技术 / 医疗健康	非公开	全国中小企业股份转让系统（新三板）
20170817	科美华	医疗服务	非公开	全国中小企业股份转让系统（新三板）
20170816	锦荣股份	医药	非公开	全国中小企业股份转让系统（新三板）
20170816	科英激光	医疗设备	非公开	全国中小企业股份转让系统（新三板）
20170815	正夫控股	医疗服务	非公开	全国中小企业股份转让系统（新三板）
20170815	驰洪医疗	医疗设备	非公开	全国中小企业股份转让系统（新三板）
20170815	电生理	医疗设备	非公开	全国中小企业股份转让系统（新三板）
20170815	德威铭达	医疗设备	非公开	全国中小企业股份转让系统（新三板）
20170810	大禹生物	生物工程	非公开	全国中小企业股份转让系统（新三板）
20170809	远东药业	医药	非公开	全国中小企业股份转让系统（新三板）
20170809	百年堂	保健品	非公开	全国中小企业股份转让系统（新三板）
20170808	海特生物	化学药品制剂制造业	RMB 8.5 亿	深圳证券交易所创业板
20170807	南卫股份	医疗设备	RMB 2.9 亿	上海证券交易所
20170804	双星药业	生物工程	非公开	全国中小企业股份转让系统（新三板）

上市时间	上市企业	所属行业	募资金额	交易所
20170802	艾德生物	生物制药	RMB 2.8 亿	深圳证券交易所创业板
20170731	大参林	医药	RMB 9.9 亿	上海证券交易所
20170731	海星通	医疗设备	非公开	全国中小企业股份转让系统（新三板）
20170721	英科医疗	医疗设备	RMB 5.0 亿	深圳证券交易所创业板
20170721	卫信康	化学药品制剂制造业	RMB 3.5 亿	上海证券交易所
20170719	健友股份	化学药品制剂制造业	RMB 4.6 亿	上海证券交易所
20170719	兰桂医疗	其他生物技术 / 医疗健康	非公开	全国中小企业股份转让系统（新三板）
20170719	阳光眼科	医疗服务	非公开	全国中小企业股份转让系统（新三板）
20170717	基蛋生物	生物工程	RMB 7.3 亿	上海证券交易所
20170714	华大基因	生物工程	RMB 5.5 亿	深圳证券交易所创业板
20170712	恒智控股	医疗服务	HKD 7200.0 万	香港证券交易所创业板
20170705	瀚洋环保	其他生物技术 / 医疗健康	非公开	全国中小企业股份转让系统（新三板）
20170703	鑫科生物	医疗设备	非公开	全国中小企业股份转让系统（新三板）
20170629	科域生物	医疗设备	非公开	全国中小企业股份转让系统（新三板）
20170627	康沁药业	化学药品制剂制造业	非公开	全国中小企业股份转让系统（新三板）
20170619	诺必隆	动物用药品制造业	非公开	全国中小企业股份转让系统（新三板）
20170619	中逸安科	化学药品制剂制造业	非公开	全国中小企业股份转让系统（新三板）
20170616	卫光生物	生物制药	RMB 6.8 亿	深圳证券交易所中小板
20170614	Athenex	医药	USD 6600.0 万	纳斯达克证券交易所
20170613	药明生物	生物制药	HKD 39.8 亿	香港证券交易所主板
20170612	西力生物	生物工程	非公开	全国中小企业股份转让系统（新三板）
20170607	普东医疗	医疗设备	非公开	全国中小企业股份转让系统（新三板）
20170602	小白兔	医疗服务	非公开	全国中小企业股份转让系统（新三板）
20170525	佐今明	其他医药	非公开	全国中小企业股份转让系统（新三板）
20170524	顾得医药	医药	非公开	全国中小企业股份转让系统（新三板）
20170524	富丽华德	保健品	非公开	全国中小企业股份转让系统（新三板）
20170523	泽生科技	生物制药	非公开	全国中小企业股份转让系统（新三板）
20170522	陇萃堂	中药材及中成药加工业	非公开	全国中小企业股份转让系统（新三板）
20170519	新天药业	中药材及中成药加工业	RMB 3.2 亿	深圳证券交易所中小板
20170519	天圣制药	医药	RMB 11.9 亿	深圳证券交易所中小板
20170518	风和医疗	医疗设备	非公开	全国中小企业股份转让系统（新三板）
20170517	安泰医药	医药	非公开	全国中小企业股份转让系统（新三板）
20170516	正海生物	其他生物技术 / 医疗健康	RMB 2.3 亿	深圳证券交易所创业板
20170515	联川生物	医疗服务	非公开	全国中小企业股份转让系统（新三板）

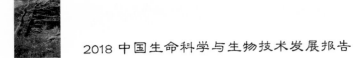

续表

上市时间	上市企业	所属行业	募资金额	交易所
20170511	同泰生物	动物用药品制造业	非公开	全国中小企业股份转让系统（新三板）
20170510	美伦医疗	医疗设备	非公开	全国中小企业股份转让系统（新三板）
20170510	百生医疗	医疗设备	非公开	全国中小企业股份转让系统（新三板）
20170510	寿仙谷	中药材及中成药加工业	RMB 4.0 亿	上海证券交易所
20170509	奥翔药业	医药	RMB 3.1 亿	上海证券交易所
20170508	美泰科技	保健品	非公开	全国中小企业股份转让系统（新三板）
20170503	绿康生化	生物制药	RMB 4.6 亿	深圳证券交易所中小板
20170421	透景生命	医疗服务	RMB 5.4 亿	深圳证券交易所创业板
20170421	康惠制药	化学药品制剂制造业	RMB 3.6 亿	上海证券交易所
20170417	博大制药	化学药品原药制造业	非公开	全国中小企业股份转让系统（新三板）
20170413	洪泽生物	动物用药品制造业	非公开	全国中小企业股份转让系统（新三板）
20170412	凯普生物	生物工程	RMB 4.1 亿	深圳证券交易所创业板
20170407	美诺华	化学药品制剂制造业	RMB 4.2 亿	上海证券交易所
20170406	开立医疗	医疗设备	RMB 2.1 亿	深圳证券交易所创业板
20170405	龙发制药	医药	非公开	全国中小企业股份转让系统（新三板）
20170331	同和药业	化学药品原药制造业	RMB 2.9 亿	深圳证券交易所创业板
20170331	弘泰嘉业	医疗服务	非公开	全国中小企业股份转让系统（新三板）
20170329	诺康医疗	医疗设备	非公开	全国中小企业股份转让系统（新三板）
20170328	中维特药	化学药品原药制造业	非公开	全国中小企业股份转让系统（新三板）
20170328	普利制药	生物制药	RMB 3.5 亿	深圳证券交易所创业板
20170323	华健药包	医药	非公开	全国中小企业股份转让系统（新三板）
20170323	神龙药业	医药	非公开	全国中小企业股份转让系统（新三板）
20170316	康睿生物	生物工程	非公开	全国中小企业股份转让系统（新三板）
20170316	弘和仁爱医疗	医疗服务	HKD 4.3 亿	香港证券交易所主板
20170315	诚意药业	化学药品原药制造业	RMB 3.4 亿	上海证券交易所
20170314	龙翔药业	动物用药品制造业	非公开	全国中小企业股份转让系统（新三板）
20170310	天济草堂	中药材及中成药加工业	非公开	全国中小企业股份转让系统（新三板）
20170310	希思医美	医疗服务	非公开	全国中小企业股份转让系统（新三板）
20170310	斯玛特	医疗设备	非公开	全国中小企业股份转让系统（新三板）
20170309	万春药业	医药	USD 3.5 万	纳斯达克证券交易所
20170309	爱迪特	医疗设备	非公开	全国中小企业股份转让系统（新三板）
20170309	永和阳光	其他生物技术 / 医疗健康	非公开	全国中小企业股份转让系统（新三板）
20170309	友合医疗	医疗设备	非公开	全国中小企业股份转让系统（新三板）

续表

上市时间	上市企业	所属行业	募资金额	交易所
20170309	百草堂	中药材及中成药加工业	非公开	全国中小企业股份转让系统（新三板）
20170309	盛伟科技	医药	非公开	全国中小企业股份转让系统（新三板）
20170303	兰花药业	中药材及中成药加工业	非公开	全国中小企业股份转让系统（新三板）
20170301	长峰医院	医疗服务	非公开	全国中小企业股份转让系统（新三板）
20170301	济群医药	医药	非公开	全国中小企业股份转让系统（新三板）
20170301	诚辉医疗	医疗设备	非公开	全国中小企业股份转让系统（新三板）
20170228	天章股份	其他生物技术/医疗健康	非公开	全国中小企业股份转让系统（新三板）
20170228	鹏扬药业	医药	非公开	全国中小企业股份转让系统（新三板）
20170222	吉美瑞	医疗设备	非公开	全国中小企业股份转让系统（新三板）
20170222	鹏海制药	医药	非公开	全国中小企业股份转让系统（新三板）
20170221	阿诺医药	医药	非公开	全国中小企业股份转让系统（新三板）
20170220	隆赋药业	医药	非公开	全国中小企业股份转让系统（新三板）
20170217	精茂健康	医疗设备	非公开	全国中小企业股份转让系统（新三板）
20170216	玉星生物	其他生物技术/医疗健康	非公开	全国中小企业股份转让系统（新三板）
20170216	青蒿药业	中药材及中成药加工业	非公开	全国中小企业股份转让系统（新三板）
20170216	豫辰药业	化学药品制剂制造业	非公开	全国中小企业股份转让系统（新三板）
20170215	御心堂	保健品	非公开	全国中小企业股份转让系统（新三板）
20170214	弘森药业	医药	非公开	全国中小企业股份转让系统（新三板）
20170214	佰奥达	医疗设备	非公开	全国中小企业股份转让系统（新三板）
20170213	中农劲腾	医药	非公开	全国中小企业股份转让系统（新三板）
20170210	海昇药业	生物制药	非公开	全国中小企业股份转让系统（新三板）
20170207	康泰生物	生物制药	RMB 1.4 亿	深圳证券交易所创业板
20170206	三真康复	医疗服务	非公开	全国中小企业股份转让系统（新三板）
20170206	益升益恒	医疗设备	非公开	全国中小企业股份转让系统（新三板）
20170206	盛齐安	生物工程	非公开	全国中小企业股份转让系统（新三板）
20170203	康华药业	中药材及中成药加工业	非公开	全国中小企业股份转让系统（新三板）
20170203	为正生物	医疗设备	非公开	全国中小企业股份转让系统（新三板）
20170203	柯菲平	生物制药	非公开	全国中小企业股份转让系统（新三板）
20170125	德威兰	医疗设备	非公开	全国中小企业股份转让系统（新三板）
20170124	和藤医药	中药材及中成药加工业	非公开	全国中小企业股份转让系统（新三板）
20170120	亳药千草	医药	非公开	全国中小企业股份转让系统（新三板）
20170120	仁恒医药	医药	非公开	全国中小企业股份转让系统（新三板）
20170120	大洋医疗	医疗设备	非公开	全国中小企业股份转让系统（新三板）
20170120	生之源	医疗设备	非公开	全国中小企业股份转让系统（新三板）

上市时间	上市企业	所属行业	募资金额	交易所
20170119	美迪医疗	医疗设备	非公开	全国中小企业股份转让系统（新三板）
20170118	兴德通	其他生物技术/医疗健康	非公开	全国中小企业股份转让系统（新三板）
20170118	新世纪医疗	医疗服务	HKD 8.8亿	香港证券交易所主板
20170117	鼎诚医药	医药	非公开	全国中小企业股份转让系统（新三板）
20170117	欧普康视	其他生物技术/医疗健康	RMB 4.0亿	深圳证券交易所创业板
20170113	友睦口腔	医疗服务	非公开	全国中小企业股份转让系统（新三板）
20170113	民生医药	动物用药品制造业	非公开	全国中小企业股份转让系统（新三板）
20170112	海辰药业	生物技术/医疗健康	RMB 2.2亿	深圳证券交易所创业板
20170112	华康生物	医药	非公开	全国中小企业股份转让系统（新三板）
20170110	卓珈控股	医疗服务	HKD 8 000.0万	香港证券交易所创业板
20170106	赛托生物	医药	RMB 10.7亿	深圳证券交易所创业板
20170106	汉典生物	保健品	非公开	全国中小企业股份转让系统（新三板）
20170105	泰华股份	医药	非公开	全国中小企业股份转让系统（新三板）
20170104	紫竹星	医药	非公开	新三板
20170103	普瑞柏	医药	非公开	新三板

2017 年国家科学技术奖励 [437]

附表 9　2017 年度国家自然科学奖获奖项目目录（生物和医药相关）

一等奖		
编号	项目名称	主要完成人
Z-105-1-01	水稻高产优质性状形成的分子机理及品种设计	李家洋（中国科学院遗传与发育生物学研究所），韩斌（中国科学院上海生命科学研究院），钱前（中国水稻研究所），王永红（中国科学院遗传与发育生物学研究所），黄学辉（中国科学院上海生命科学研究院）

二等奖		
编号	项目名称	主要完成人
Z-105-2-01	飞蝗两型转变的分子调控机制研究	康乐（中国科学院动物研究所），王宪辉（中国科学院动物研究所），马宗源（中国科学院动物研究所），郭伟（中国科学院动物研究所），王云丹（中国科学院动物研究所）
Z-105-2-02	植物油菜素内酯等受体激酶的结构及功能研究	柴继杰（清华大学），常俊标（郑州大学），韩志富（清华大学），李磊（中国科学院遗传与发育生物学研究所），宋传君（郑州大学）
Z-105-2-03	促进稻麦同化物向籽粒转运和籽粒灌浆的调控途径与生理机制	杨建昌（扬州大学），张建华（香港浸会大学），刘立军（扬州大学），王志琴（扬州大学），朱庆森（扬州大学）
Z-106-2-01	细胞钙信号及分子调控	王世强（北京大学），程和平（北京大学），徐明（北京大学第三医院），魏朝亮（北京大学），张幼怡（北京大学第三医院）
Z-106-2-02	胶质细胞-神经元功能耦合与缺血脑保护	王伟（华中科技大学同济医学院附属同济医院），段树民（中国科学院上海生命科学研究院），韩静（陕西师范大学），谢敏杰（华中科技大学同济医学院附属同济医院），张旻（华中科技大学同济医学院附属同济医院）
Z-106-2-03	艾滋病病毒与宿主天然防御因子相互作用新机制的研究	于晓方（吉林大学），张文艳（吉林大学），杜娟（吉林大学），于湘晖（吉林大学），赵可（吉林大学）

---

437 数据来源：中华人民共和国科学技术部。

附表 10   2017 年度国家技术发明奖获奖项目目录（生物和医药相关）

二等奖（通用项目）		
编号	项目名称	主要完成人
F-301-2-01	水稻精量穴直播技术与机具	罗锡文（华南农业大学）， 王在满（华南农业大学）， 曾山（华南农业大学）， 臧英（华南农业大学）， 朱敏（上海市农业机械鉴定推广站）， 章秀福（中国水稻研究所）
F-301-2-02	生鲜肉品质无损高通量实时光学检测关键技术及应用	彭彦昆（中国农业大学）， 黄岚（中国农业大学）， 汤修映（中国农业大学）， 李永玉（中国农业大学）， 韩东海（中国农业大学）， 陈兴海（北京卓立汉光仪器有限公司）
F-301-2-03	优质蜂产品安全生产加工及质量控制技术	吴黎明（中国农业科学院蜜蜂研究所）， 彭文君（中国农业科学院蜜蜂研究所）， 胡福良（浙江大学）， 薛晓锋（中国农业科学院蜜蜂研究所）， 田文礼（中国农业科学院蜜蜂研究所）， 张中印（河南科技学院）
F-302-2-02	国家 1.1 类新药盐酸安妥沙星	杨玉社（中国科学院上海药物研究所）， 王祥（安徽环球药业股份有限公司）， 蒋华良（中国科学院上海药物研究所）， 陈凯先（中国科学院上海药物研究所）， 张沭（安徽环球药业股份有限公司）， 嵇汝运（中国科学院上海药物研究所）
F-305-2-02	黄酒绿色酿造关键技术与智能化装备的创制及应用	毛健（江南大学）， 刘双平（江南大学）， 傅建伟（浙江古越龙山绍兴酒股份有限公司）， 金建顺（会稽山绍兴酒股份有限公司）， 俞剑燊（上海金枫酒业股份有限公司）， 邹慧君（浙江古越龙山绍兴酒股份有限公司）

附表 11　2017 年度国家科学技术进步奖获奖项目目录（生物和医药相关）

特等奖（通用项目）			
编号	项目名称	主要完成人	主要完成单位
J-23302-0-01	以防控人感染 H7N9 禽流感为代表的新发传染病防治体系重大创新和技术突破	李兰娟，舒跃龙，管　轶，冯子健，袁国勇，高　福，袁正宏，王　宇，余宏杰，王大燕，高海女，王　辰，郑树森，杨仕贵，杨维中，曹　彬，陈鸿霖，李　群，朱华晨，周剑芳，刘　翟，高荣保，吴南屏，胡芸文，姚航平，张　曦，俞　亮，郑书发，吴　凡，卢洪洲，王　嘉，夏时畅，崔大伟，白　天，梁伟峰，林赞育，武桂珍，揭志军，郭　静，杜启泓，盛吉芳，刁宏燕，向妮娟，杨益大，赵　翔，汤灵玲，邹淑梅，余　斐，朱丹华	浙江大学医学院附属第一医院，中国疾病预防控制中心病毒病预防控制所，中国疾病预防控制中心，汕头大学，香港大学，复旦大学，中国科学院微生物研究所，上海市疾病预防控制中心，上海市第五人民医院，首都医科大学附属北京朝阳医院，浙江省疾病预防控制中心

创新团队			
编号	团队名称	团队主要成员	主要支持单位
J-207-1-02	袁隆平杂交水稻创新团队	袁隆平，邓启云，邓华凤，张玉烛，马国辉，徐秋生，阳和华，齐绍武，彭既明，赵炳然，袁定阳，李新奇，王伟平，吴　俊，李　莉	湖南杂交水稻研究中心，湖南省农业科学院

二等奖（通用项目）			
编号	项目名称	主要完成人	主要完成单位
J-201-2-01	多抗广适高产稳产小麦新品种山农 20 及其选育技术	田纪春，王振林，王延训，邓志英，陈建军，张永祥，赵延兵，王书平，晁林海，高新勇	山东农业大学，山东圣丰种业科技有限公司
J-201-2-02	早熟优质多抗马铃薯新品种选育与应用	金黎平，庞万福，卞春松，徐建飞，李广存，段绍光，金石桥，李　飞，郿　刚，谢开云	中国农业科学院蔬菜花卉研究所
J-201-2-03	寒地早粳稻优质高产多抗龙粳新品种选育及应用	潘国君，刘传雪，张淑华，王瑞英，张兰民，关世武，冯雅舒，黄晓群，吕　彬，鄂文顺	黑龙江省农业科学院佳木斯水稻研究所
J-201-2-04	花生抗黄曲霉优质高产品种的培育与应用	廖伯寿，雷　永，姜慧芳，夏友霖，王圣玉，李　栋，任小平，漆　燕，晏立英，王　峰	中国农业科学院油料作物研究所，南充市农业科学院
J-201-2-05	食用菌种质资源鉴定评价技术与广适性品种选育	张金霞，黄晨阳，陈　强，高　巍，王　波，谢宝贵，赵永昌，赵梦然，张瑞颖，黄忠乾	中国农业科学院农业资源与农业区划研究所，四川省农业科学院土壤肥料研究所，福建农林大学，云南省农业科学院生物技术与种质资源研究所

续表

二等奖（通用项目）			
编号	项目名称	主要完成人	主要完成单位
J-201-2-06	中国野生稻种质资源保护与创新利用	杨庆文，陈大洲，陈成斌，潘大建，戴陆园，王效宁，李小湘，王金英，梁世春，余丽琴	中国农业科学院作物科学研究所，广西壮族自治区农业科学院水稻研究所，江西省农业科学院水稻研究所，广东省农业科学院水稻研究所，云南省农业科学院生物技术与种质资源研究所，海南省农业科学院粮食作物研究所，湖南省水稻研究所
J-202-2-03	中国松材线虫病流行规律与防控新技术	叶建仁，吴小芹，陈凤毛，徐六一，胡林，朱丽华，黄麟，郝德君，柴忠心，高景斌	南京林业大学，安徽省林业科学研究院，杭州优思达生物技术有限公司，南京生兴有害生物防治技术股份有限公司
J-203-2-01	重要食源性人兽共患病原菌的传播生态规律及其防控技术	焦新安，方维焕，黄金林，蔡会全，李肖梁，潘志明，宋厚辉，巢国祥，许明曙，殷月兰	扬州大学，浙江大学，上海康利得动物药品有限公司，浙江青莲食品股份有限公司
J-203-2-02	青藏高原特色牧草种质资源挖掘与育种应用	白史且，李达旭，马啸，郭旭生，鄢家俊，严学兵，游明鸿，张蕴薇，李新一，何光武	四川省草原科学研究院，四川农业大学，全国畜牧总站，兰州大学，河南农业大学，中国农业大学，四川省草原工作总站
J-203-2-03	民猪优异种质特性遗传机制、新品种培育及产业化	刘娣，张树敏，刘忠华，李一经，李娜，张冬杰，杨秀芹，马红，尹智，刘春龙	黑龙江省农业科学院畜牧研究所，吉林省农业科学院，东北农业大学，中国科学院东北地理与农业生态研究所，中国农业科学院哈尔滨兽医研究所，哈尔滨玉泉山养殖有限公司，吉林精气神有机农业股份有限公司
J-204-2-04	《肾脏病科普丛书》	刘章锁，章海涛，刘东伟，刘正钊，梁献慧，陈旻，陈崴，郁胜强，赵占正，李贵森	
J-211-2-01	干坚果贮藏与加工保质关键技术及产业化	郜海燕，陈杭君，宁正祥，陈先保，穆宏磊，梁嘉臻，吕金刚，房祥军，赵文革，令博	浙江省农业科学院，华南理工大学，洽洽食品股份有限公司，西北农林科技大学，广东广益科技实业有限公司，四川徽记食品股份有限公司，杭州姚生记食品有限公司
J-211-2-03	食品和饮水安全快速检测、评估和控制技术创新及应用	高志贤，李君文，关亚风，宋大千，谢增鸿，宁保安，邱志刚，周焕英，金敏，尹静	中国人民解放军军事医学科学院卫生学环境医学研究所，中国科学院大连化学物理研究所，吉林大学，福州大学，中食净化科技（北京）股份有限公司，长春吉大·小天鹅仪器有限公司，厦门斯坦道科学仪器股份有限公司

续表

		二等奖（通用项目）	
编号	项目名称	主要完成人	主要完成单位
J-211-2-04	鱿鱼贮藏加工与质量安全控制关键技术及应用	励建荣，马永钧，方旭波，牟伟丽，李钰金，李学鹏，仪淑敏，李婷婷，蔡路昀，沈 琳	渤海大学，浙江兴业集团有限公司，蓬莱京鲁渔业有限公司，荣成泰祥食品股份有限公司，浙江海洋大学，大连东霖食品股份有限公司，大连民族大学
J-211-2-05	两百种重要危害因子单克隆抗体制备及食品安全快速检测技术与应用	胥传来，匡 华，刘丽强，郑乾坤，徐丽广，韩 飞，马 伟，骆鹏杰，吴晓玲，沈崇钰	江南大学，得利斯集团有限公司，国家食品安全风险评估中心，国家粮食局科学研究院，中华人民共和国江苏出入境检验检疫局
J-216-2-02	药剂高效分装成套装备及产业化	唐 岳，陶 波，马宏绪，李新华，蔡大宇，陈建魁，李 杰，杨裕相，徐 健，姜晓明	楚天科技股份有限公司，华中科技大学，中国人民解放军国防科学技术大学，江苏恒瑞医药股份有限公司，人福医药集团股份公司，正大天晴药业集团股份有限公司
J-230-2-04	我国检疫性有害生物国境防御技术体系与标准	朱水芳，陈乃中，黄庆林，赵文军，张永江，章桂明，李新实，严 进，陈 克，张瑞峰	中国检验检疫科学研究院，天津出入境检验检疫局动植物与食品检测中心，深圳出入境检验检疫局动植物检验检疫技术中心
J-23301-2-01	单倍型相合造血干细胞移植的关键技术建立及推广应用	黄晓军，王 昱，刘启发，张晓辉，常英军，赵翔宇，许兰平，刘开彦，闫晨华，莫晓冬	北京大学人民医院，南方医科大学南方医院
J-23301-2-02	肺癌分子靶向精准治疗模式的建立与推广应用	吴一龙，莫树锦，程 颖，宋 勇，周 清，张绪超，钟文昭，杨衿记，杨学宁，聂强	广东省人民医院（广东省医学科学院），香港中文大学，吉林省肿瘤医院，中国人民解放军南京军区南京总医院
J-23301-2-03	肺癌精准放射治疗关键技术研究与临床应用	李宝生，于金明，舒华忠，傅小龙，卢 冰，黄 伟，尹 勇，袁双虎，朱 健，邢力刚	山东省肿瘤防治研究院，东南大学，上海市胸科医院，贵州医科大学
J-23301-2-04	内分泌肿瘤发病机制新发现与临床诊治技术的建立和应用	王卫庆，叶 蕾，曹亚南，蒋怡然，苏颐为，周薇薇，姜 蕾，孙首悦，朱 巍，宁 光	上海交通大学医学院附属瑞金医院，上海市内分泌代谢病研究所
J-23301-2-05	缺血性脑卒中防治的新策略与新技术及推广应用	周华东，谢 鹏，黄家星，张永红，王陇德，王延江，陈康宁，付建辉，华 扬，张 猛	中国人民解放军陆军军医大学，重庆医科大学，香港中文大学，苏州大学，中华预防医学会，复旦大学附属华山医院，首都医科大学宣武医院
J-23302-2-01	红斑狼疮诊治策略及其关键技术的创新与应用	陆前进，赵 明，戴 勇，张建中，肖 嵘，吴海竞，龙 海，廖洁月，李亚萍，汤冬娥	中南大学湘雅二医院，深圳市人民医院，北京大学人民医院

二等奖（通用项目）			
编号	项目名称	主要完成人	主要完成单位
J-23302-2-02	疟疾、血吸虫病等重大寄生虫病防治关键技术的建立及其应用	潘卫庆，余新炳，李　明，张冬梅，吴英松，王继华，徐新东，黄　艳，郝文波，康可人	中国人民解放军海军军医大学，中山大学，南方医科大学，同济大学，广州市达瑞生物技术股份有限公司，广州万孚生物技术股份有限公司
J-234-2-01	中药大品种三七综合开发的关键技术创建与产业化应用	孙晓波，孙桂波，徐惠波，杨崇仁，张颖君，王　涛，董方言，陈中坚，兰　锋，余育启	中国医学科学院药用植物研究所，吉林省中医药科学院，中国科学院昆明植物研究所，天津中医药大学，文山苗乡三七股份有限公司，昆明圣火药业（集团）有限公司，昆药集团股份有限公司
J-234-2-02	寰枢椎脱位中西医结合治疗技术体系的创建与临床应用	谭明生，移　平，郝庆英，杨　峰，王文军，吕国华，田纪伟，谭远超，周英杰，王　清	中日友好医院，河南省洛阳正骨医院（河南省骨科医院），中南大学湘雅二医院，山东省文登整骨医院，上海市第一人民医院，南华大学附属第一医院，西南医科大学附属医院
J-234-2-03	中药和天然药物的三萜及其皂苷成分研究与应用	叶文才，王广基，吴晓明，范春林，王　英，张晓琦，张冬梅，汪　豪，刘东来，裴　红	暨南大学，中国药科大学，丽珠集团利民制药厂，广州康和药业有限公司
J-234-2-04	神经根型颈椎病中医综合方案与手法评价系统	朱立国，冯敏山，于　杰，魏　戌，王　平，李金学，高景华，黄远灿，孙树椿，杨克新	中国中医科学院望京医院，天津中医药大学第一附属医院，中国康复研究中心，广东省中医院，国家电网公司北京电力医院，上海中医药大学附属岳阳中西医结合医院，北京理工大学
J-235-2-01	坎地沙坦酯原料与制剂关键技术体系构建及产业化	高永吉，郑庚修，张福利，丛日刚，王　冠，邹元华，李宗文，刘炳朋，龙连清，李　靖	迪沙药业集团有限公司，济南大学，上海医药工业研究院，威海迪素制药有限公司
J-235-2-02	艾滋病诊断、治疗和预防产品的评价关键技术建立与推广应用	王佑春，郑永唐，黄维金，杨柳萌，许四宏，王睿睿，聂建辉，刘　强，罗荣华，宋爱京	中国食品药品检定研究院，中国科学院昆明动物研究所
J-235-2-03	大血管覆膜支架系列产品关键技术开发及大规模产业化	常兆华，李中华，孙立忠，朱　清，袁振宇，黄定国，王丽文，彭大冬，鹿洪杰，邢智凯	上海微创医疗器械（集团）有限公司，微创心脉医疗科技（上海）有限公司，首都医科大学附属北京安贞医院

续表

二等奖（通用项目）			
编号	项目名称	主要完成人	主要完成单位
J-251-2-05	番茄加工产业化关键技术创新与应用	廖小军，余庆辉，胡小松，连运河，陈　芳，李风春，杨生保，韩文杰，韩启新，陈　贺	新疆农业科学院园艺作物研究所，中国农业大学，中粮屯河股份有限公司，晨光生物科技集团股份有限公司，新疆农业科学院农业质量标准与检测技术研究所
J-251-2-06	作物多样性控制病虫害关键技术及应用	朱有勇，李成云，陈万权，李　隆，骆世明，卢宝荣，李正跃，何霞红，陈　欣，王云月	云南农业大学，中国农业科学院植物保护研究所，中国农业大学，华南农业大学，复旦大学，浙江大学
J-253-2-01	肝移植新技术——脾窝异位辅助性肝移植的建立与应用	窦科峰，陶开山，岳树强，袁建林，韩　骅，王德盛，杨诏旭，潘登科，曾代文，李　霄	中国人民解放军空军军医大学，中国农业科学院北京畜牧兽医研究所，四川省医学科学院·四川省人民医院实验动物研究所
J-253-2-02	脑胶质瘤诊疗关键技术创新与推广应用	江　涛，尤永平，王伟民，康春生，张　伟，邱晓光，李文斌，李桂林，李少武，游　赣	首都医科大学附属北京天坛医院，江苏省人民医院，广州军区广州总医院，天津医科大学总医院，北京市神经外科研究所，首都医科大学附属北京世纪坛医院
J-253-2-03	胃癌综合防治体系关键技术的创建及其应用	季加孚，游伟程，陈　凛，沈　琳，梁　寒，吕有勇，潘凯枫，寿成超，邓大君，柯　杨	北京肿瘤医院，中国人民解放军总医院，天津医科大学肿瘤医院，北京大学人民医院
J-253-2-04	免疫性高致盲眼病发生的创新理论、防治及应用	杨培增，侯胜平，杜利平，迟　玮，黄璐琳，周庆芸，蒋正轩，胡　柯，于红松，王朝奎	重庆医科大学，中山大学中山眼科中心，电子科技大学附属医院·四川省人民医院
J-253-2-05	配子胚胎发育研究与生育力改善新方法的应用	乔　杰，汤富酬，闫丽盈，李　蓉，于　洋，严　杰，赵　越，廉　颖，刘　平，李　敏	北京大学第三医院，北京大学
J-253-2-06	外科术式改变脑血流的基础与临床创新	毛　颖，周良辅，徐　斌，朱　巍，陈　亮，宋剑平，倪　伟，朱凤平，岳　琪，雷　宇	复旦大学附属华山医院
J-253-2-07	骨质疏松性椎体骨折微创治疗体系的建立及应用	杨惠林，陈　亮，郑召民，殷国勇，吕维加，王根林，朱雪松，邹　俊，耿德春，周　军	苏州大学附属第一医院，中山大学附属第一医院，江苏省人民医院，香港大学